U0651868

前 言

QIAN YAN

　　掌握婴幼儿的身心发展特点是开展一切保教工作的基础。由于幼儿保育、婴幼儿托育等专业为新兴专业，课程教材紧缺，尤其是能体现当下托幼一体化发展要求及融入职业教育改革理念的"工作页式"融媒体教材紧缺，因此，基于以上背景和需求，我们编写了《婴幼儿身心发展与保育》教材。

　　本教材深入贯彻党的二十大精神，坚持落实立德树人根本任务，既体现职业教育"工学结合""理实一体"的理念，又贴合婴幼儿保育"保教结合""教养医融合"的要求，在充分尊重职业院校学生职业成长规律、学习特点、生涯发展需要的同时，紧扣当下托幼一体化人才培养需求的新变化。此外，本教材也顺应了教育数字化发展对教育教学改革的新要求。

一、教材特色

（一）涵盖 0—6 岁婴幼儿身心发展特点，满足托幼一体化人才培养需求

　　为了给保育、托育人才的就业和升学提供更广阔的空间，也为了帮助学前教育类专业人才搭建比较完整的知识结构，以便做好托育园与幼儿园阶段的衔接工作，本教材提供的是 0—6 岁婴幼儿身心发展与保育的内容。教材中的教养实践、家园沟通、小链接等栏目均依据托幼一体化的理念和要求精心设计，以满足 0—6 岁托幼一体化保教人才贯通培养的需求。

（二）体例设计形式多样，符合学生的学习特点

　　本教材基于职业教育教学规律及学生的认知特点，精心设计了形式丰富多元、内容生动活泼的学习模块，即：通过课前小活动引导学生进行课前预习，了解本学习活动的主要内容；通过案例导入将学生引入托幼机构真实的工作情境，激发学生的学习兴趣和创新潜

能；通过探索与学习支持帮助学生有效内化知识的重难点；通过课后练习检验学生对相关知识的掌握情况。此外，教材中还配有大量来自托幼机构的照片和案例，以帮助学生直观感知真实的婴幼儿保育工作。

（三）配套教学资源丰富，便于实施混合式教学

为满足信息化教学改革需要，本教材同步开发了丰富的数字教学资源，包括微课视频、课件、电子教案、自测题库等。资源呈现方式灵活多元，在为教师的信息化教学提供便利的同时，也能激发学生自主学习的积极性，提升教学效果。

（四）园校合作编写，注重"理实一体"

本教材由职业院校优秀教师与幼儿园园长合作编写完成。其中，职业院校团队编写"工作页式"教材经验丰富，确保了教材内容的选择和编排符合学生的认知发展特点；幼儿园园长具有婴幼儿保教工作实践经验，保证了教材内容贴近托幼机构保教工作的实际需求。教材遵循职业教育"理实一体"的要求，与工作实践紧密结合。教材内容既有理论梳理，又有大量的实践案例，能够帮助学生具体、直观地掌握基于婴幼儿的身心发展特点开展保育工作的科学方法，为今后的岗位实践打下坚实的基础。

二、教材使用建议

本教材适用于职业院校幼儿保育、婴幼儿托育、早期教育、学前教育等专业。本教材也可以用于幼儿园保育员、托育机构保育师、幼儿园教师的职后培训。

本教材建议学时数为 51 学时，一学期完成（3 学时 / 周），具体安排见表 0-1。

表 0-1　教学时数安排

模块	学习活动	建议学时
模块 1　婴幼儿生长发育的特点及保育	学习活动 1 婴幼儿生长发育的规律与影响因素认知	3
	学习活动 2 婴幼儿神经系统的生理特点及保育	3
	学习活动 3 婴幼儿呼吸系统的生理特点及保育	3
	学习活动 4 婴幼儿消化系统的生理特点及保育	3
	学习活动 5 婴幼儿泌尿及生殖系统的生理特点及保育	3
	学习活动 6 婴幼儿循环系统的生理特点及保育	3
	学习活动 7 婴幼儿内分泌系统的生理特点及保育	3

上海市职业教育"十四五"规划教材

i教育·融合创新一体化教材

婴幼儿身心发展与保育

微课版

主　编　张艳娟　许敏臻
副主编　杨　明　邹梦雨　张　徽　刘　博

华东师范大学出版社
·上海·

图书在版编目（CIP）数据

婴幼儿身心发展与保育 / 张艳娟，许敏臻主编. — 上海：
华东师范大学出版社, 2024
ISBN 978-7-5760-4550-5

Ⅰ.①婴⋯　Ⅱ.①张⋯　②许⋯　Ⅲ.①婴幼儿—哺育
Ⅳ.①TS976.31

中国国家版本馆CIP数据核字（2024）第052833号

婴幼儿身心发展与保育

主　　编　张艳娟　许敏臻
责任编辑　罗　彦
责任校对　时东明
装帧设计　庄玉侠

出版发行　华东师范大学出版社
社　　址　上海市中山北路3663号　邮编 200062
网　　址　www.ecnupress.com.cn
电　　话　021-60821666　行政传真　021-62572105
客服电话　021-62865537　门市（邮购）电话　021-62869887
地　　址　上海市中山北路3663号华东师范大学校内先锋路口
网　　店　http://hdsdcbs.tmall.com

印 刷 者　上海邦达彩色包装印务有限公司
开　　本　787毫米×1092毫米　1/16
印　　张　14.75
字　　数　336千字
版　　次　2024年12月第1版
印　　次　2024年12月第1次
书　　号　ISBN 978-7-5760-4550-5
定　　价　45.00元

出 版 人　王　焰

（如发现本版图书有印订质量问题，请寄回本社客服中心调换或电话021-62865537联系）

模块	学习活动	建议学时
模块 2 婴幼儿动作、感知觉发展的特点及保育	学习活动 1 婴幼儿动作发展的特点及保育	6
	学习活动 2 婴幼儿感知觉发展的特点及保育	3
模块 3 婴幼儿认知、言语发展的特点及保育	学习活动 1 婴幼儿认知发展的特点及保育	6
	学习活动 2 婴幼儿言语发展的特点及保育	3
模块 4 婴幼儿情绪情感、个性与社会性发展的特点及保育	学习活动 1 婴幼儿情绪情感发展的特点及保育	3
	学习活动 2 婴幼儿个性发展的特点及保育	3
	学习活动 3 婴幼儿社会性发展的特点及保育	3
小计		48
考试（核）		3
合计		51

在教材编写的过程中，上海市教育委员会教学研究室谭移民老师对本教材的框架结构进行了悉心指导；北京师范大学教育学部副教授李晓巍老师对本教材的内容进行了审核；上海市黄浦区西凌第一幼儿园的教师为本教材提供了大量的案例及教养实践知识，并协助照片及微课视频的拍摄；上海市教育委员会聘请了有关专家对本教材进行了审核和指导。在此，对所有支持本教材编写的领导、专家、教师表示衷心的感谢！

在本教材的编写过程中，编者参考、借鉴、引用了国内外相关书籍与论文，并列出了其中大部分资料的来源，在此向这些书籍与论文的作者表示感谢与敬意！

由于编者的实践经验和知识储备有限，教材难免存在诸多不足，欢迎各位专家、同行、婴幼儿保教工作者不吝指正！

编　者

目 录

MU LU

模块 1 婴幼儿生长发育的特点及保育

🎈 **任务概述**

　　婴幼儿身体的各个器官、系统尚未发育成熟，正处于生长发育迅速的重要时期。为此，认识和掌握婴幼儿的身体结构和生理特点，是做好婴幼儿保育工作的重要前提。

　　本模块主要介绍婴幼儿生长发育的规律与影响因素，以及神经系统、呼吸系统、消化系统、泌尿及生殖系统、循环系统、内分泌系统的生理特点和保育要点，并通过案例展现托幼机构在促进婴幼儿生理发展方面的实践做法。

学习活动 1（3 学时）
婴幼儿生长发育的规律与影响因素认知

学习活动 2（3 学时）
婴幼儿神经系统的生理特点及保育

学习活动 3（3 学时）
婴幼儿呼吸系统的生理特点及保育

学习活动 4（3 学时）
婴幼儿消化系统的生理特点及保育

建议学时
21 学时

学习活动 5（3 学时）
婴幼儿泌尿及生殖系统的生理特点及保育

学习活动 6（3 学时）
婴幼儿循环系统的生理特点及保育

学习活动 7（3 学时）
婴幼儿内分泌系统的生理特点及保育

阅读笔记

学习活动 1　婴幼儿生长发育的规律与影响因素认知

---○ 学习目标 ○---

☑ 能简述婴幼儿的年龄分期及相应的保育要点。
☑ 能概述婴幼儿生长发育的规律。
☑ 能举例说明影响婴幼儿生长发育的因素。
☑ 能认识到科学地开展保教工作对婴幼儿身心健康的重要价值，增强专业自豪感。

---○ 课前小活动 ○---

☑ 预习本学习活动内容，完成案例导入中的思考题及各探索活动。
☑ 通过查询相关资料，列举常用的婴幼儿生长发育评价指标。

---○ 案例导入 ○---

▎健康不等于胖▎

亮亮在托班入园体检时被评估为肥胖幼儿。在家长接待日，班主任老师和保健老师邀请了亮亮的妈妈，希望与她一起聊聊孩子的情况。通过交谈，他们得知亮亮家中的长辈大多存在超重或肥胖问题，并且对孩子非常溺爱。亮亮吃东西速度很快，尤其偏爱肉类、甜食等热量高的食物，只要他吃得下，家人都会满足他。此外，亮亮在家基本不运动，最喜欢和爸爸一起看电视和玩桌面游戏。

保健老师对亮亮的妈妈说："家长要对肥胖有正确的认识，肥胖有许多危害，比如体重过高会对内脏造成负担，严重的甚至会影响智力发育。因此，家长需调整家中的饮食结构，平时饭菜应以蔬菜为主，肉食为辅，并且让孩子做到早睡早起、睡觉前不吃零食。此外，家长需培养孩子细嚼慢咽的好习惯，这样可以让大脑有时间接受饱腹信号，有助于防止过度进食。除了有合理的膳食和规律的生活作息外，还需让孩子进行适当的运动。运动不仅能使孩子精神饱满，提高灵敏度和应激反应能力，还能增强机体免疫力，改善心肺功能，减少呼吸道感染的发生。家长可在饭后半小时与孩子一起进行他感兴趣的户外活动，如骑车、踢球等。这样的运动既能锻炼孩子的身体，又能使他开心地玩耍。只有将适当运动与合理饮食相结合，才能有效地帮助孩子控制体重，使他的身体更加健康。"

（由韩超老师提供）

思考　造成亮亮肥胖的原因可能有哪些？保教人员应如何帮助家长树立"健康不等于胖"的教养理念？

....

....

....

....

　　人的生长发育是指从受精卵到成人的成熟过程，包括生长和发育。生长是指身体各器官、系统的长大及其形态的变化，是量的变化。发育是指细胞、组织和器官的分化、完善及其功能的成熟，主要是指一系列生理、心理和社会功能的发育，如感知觉的发育、思维的发育、运动功能的发育、人格的发育、语言的发育等，是质的改变。生长和发育紧密相关：生长是发育的物质基础，而发育则是生长从量变到质变的必然结果。两者不可单独存在，而是共同反映了人体的动态变化。

　　保教人员应充分了解婴幼儿生长发育的特点，遵循他们生长发育的规律，为他们提供良好的条件，科学地开展保教工作，使婴幼儿生长发育的潜能得到最大限度的发挥。

探索 **1**　在生长发育的过程中，婴幼儿的年龄分期是怎样的？

　　请结合学习支持1中的内容，分别使用几个关键词来描述婴幼儿五个发展阶段的生长发育特点。

胎儿期　..

新生儿期　..

婴儿期　..

| 幼儿期 | .... |
| 学龄前期 | .... |

学习支持 1

⭐ 0—6 岁婴幼儿年龄分期及各阶段保育要点

婴幼儿的生长发育是一个连续的过程。在这个过程中，婴幼儿的身心将发生质和量的变化，形成不同的发育阶段。根据婴幼儿每个阶段不同的生理和心理特点，其年龄分期可以划分为胎儿期、新生儿期、婴儿期、幼儿期、学龄前期五个阶段。作为保教人员，我们需根据婴幼儿各阶段的发育特点采取适宜的保育措施。

一、胎儿期

胎儿期指从受精卵的形成到胎儿娩出前的阶段，周期一般为 280 天，共 40 周。胎儿期是个体的身体结构和功能在母体内发育的重要阶段，对人的一生有着重要的影响。母亲在妊娠期间的各种不良行为及受到的不利因素都会对胎儿造成影响，如吸烟、酗酒、感染、外伤、接触放射线、心理问题等都会影响胎儿的正常生长发育。因此，母亲在妊娠期间的良好生活习惯、均衡饮食、健康的身心状态等对胎儿的健康发育及其今后的成长至关重要。

在该阶段，我们可以通过对孕妇的保健措施来开展胎儿保育工作，以促进子宫内胎儿的健康生长发育。具体来说，胎儿期的保育要点包括：（1）预防遗传性疾病。例如：有家族遗传病史者在备孕时需听从医生建议。（2）预防先天畸形。例如：母亲在孕期要注意养成良好的生活习惯，避免受到化学物质、污染物、放射线的伤害；孕妇患病要积极治疗，并在医生的指导下用药；孕妇生活要有规律，保持心情愉快，注意合理饮食。

二、新生儿期

新生儿期指从个体出生后脐带结扎开始至出生后满 28 天的阶段。新生儿脱离母体后，所处的环境发生了巨大变化。他们需要从原先的在母亲体内摄取营养转变为自己通过饮食汲取营养，从受到母亲子宫这一天然屏障的保护转换到需要通过自身调节来适应环境。

由于新生儿身体各器官、系统的发育和生理功能都不完善，他们对外界环境的适应性差、抵抗感染能力弱，因此需要保教人员提供特别护理。具体来说，新生儿期的保育要点包括：（1）指导母亲科学地进行母乳喂养。（2）注意新生儿的保暖，但也不宜捂得过热。（3）为新生儿选择棉质的衣物，且不宜过紧。（4）注意新生儿的清洁卫生，预防感染。（5）适当地为新生儿做抚触，以帮助其更好地适应外界环境。（6）做好预防接种和新生儿疾病筛查工作。

◆ 教养实践 ◆

新生儿日常护理要点

（1）居室温度适宜。寒冷冬季的室内温度一般在 20—22℃，炎热夏季的室内温度一般在 26℃ 左右。此外，还要注意避免室内过于干燥，应适当加湿，以保持一定的湿度。

在线阅读
《3 岁以下婴幼儿健康养育照护指南（试行）》

（2）选择合适的衣物。新生儿的衣物一定要柔软、宽松，可为他们选择浅色系、棉线材质的衣物；注意衣服不要有领子和纽扣。新生儿的衣物要及时清洗，且与成人衣物分开清洗。

（3）勤换尿布。白天应及时为新生儿更换尿布，以防止新生儿患上"尿布疹"；晚上如果尿量不多，可以减少更换次数，以免影响新生儿休息。

（4）注重眼部护理。操作方法为：准备温开水和经消毒的脱脂棉球；用脱脂棉球蘸温开水，从新生儿一只眼睛的内眼角向外眼角方向擦拭，换一块脱脂棉球擦洗另外一只眼睛；注意动作轻柔，避免弄伤新生儿。

（5）关注囟门护理。由于新生儿的囟门未闭合，需注意特别保护，不能抓和按压。

（6）皮肤清洁。新生儿在出生一周左右就可以洗澡了。夏天可以天天洗，冬天可以适当减少次数（一般每周 1 至 2 次较适宜）。冬季洗澡时要注意室内温度不低于23℃，水温保持在 40℃ 左右。如果没有水温计，成人可以将水洒在手腕内侧皮肤处试温。

（7）加强脐部护理。保持新生儿脐部清洁与干燥，每日使用 75% 浓度的酒精对脐带的断端及其周围皮肤进行消毒，以加速脐部干燥，预防感染。同时，务必密切观察新生儿的脐部状况，注意是否有渗血、脓性分泌物、皮肤发红或伴随发热等症状出现，这些症状可能是脐炎的警示信号。一旦发现上述症状，应立即带新生儿就医，以便得到专业处理。

（8）预防意外事故。确保新生儿所处环境安全，避免放置有窒息风险的物品，如过软的枕头等。定期带新生儿进行体检，以便及时发现并妥善处理可能的健康问题。

三、婴儿期

婴儿期指从个体出生第 29 天至 1 周岁的阶段。这一期间是婴儿生长发育最迅速的时期，婴儿的身长约增长 50%，体重约增加 3—3.5 倍，头围约增加 12 厘米。因此，婴儿对能量和蛋白质的需求相对较高，若供给不足，易导致营养不良和发育迟缓。同时，随着月龄的增长，婴儿从母体获得的免疫力逐渐消失，而自身的免疫系统又尚未成熟，故较容易患感染性疾病。

具体来说，婴儿期的保育要点包括：（1）母乳喂养和科学添加辅食。6 个月之前，婴儿以母乳喂养为宜，因为母乳能够满足该阶段婴儿的营养需求；6 个月以后，需要开始给婴儿添加辅食。（2）定期进行体格检测。婴儿在出生后的一年内需要进行四次体检（3月龄、6 月龄、9 月龄、12 月龄）。（3）按时接种疫苗。（4）加强体格锻炼。2 个月时就可以给婴儿做被动操，6个月时可以给婴儿做主被动操，每日坚持带婴儿进行户外活动（恶劣天气除外）。（5）关注早期教育，积极进行语言训练。（6）做好生活护理工作。

四、幼儿期

幼儿期指个体自1周岁起至3周岁的阶段。该阶段是幼儿体格和心理发育的重要时期。在此时期，幼儿的消化系统仍不完善，营养需求量相对较高；开始会走路，活动范围逐渐扩大，接触的外界事物逐渐增多；好奇心强且好动，安全意识比较薄弱，自我保护能力也非常有限；语言、思维、情绪、社会交往等方面的能力都得到了迅速的发展。

具体来说，幼儿期的保育要点包括：（1）合理搭配膳食，注意营养均衡，每日进餐次数需固定（三餐两点）。（2）培养良好的生活习惯及自理能力。（3）开展粗大动作与精细动作的训练，如跑、跳、攀爬、平衡能力的锻炼，以及手眼协调能力的训练。（4）积极促进语言、思维、社会交往等能力的发展。（5）加强安全教育，注意安全防护，避免发生意外事故。（6）预防疾病及传染病，定期进行体格检查。

五、学龄前期

学龄前期指个体自3周岁起至进入小学前的阶段。此时期，幼儿的体格发育处于稳步增长的状态，各类感觉功能趋于完善，空间知觉和时间知觉逐渐发展；智力发展迅速，理解能力逐渐加强，喜欢模仿，好奇心强；可以表达自己的情绪情感，思维活动以具体形象思维为主；神经系统兴奋大于抑制，容易激动，注意力容易被外界事物分散；社会认知能力逐渐增强，自理能力与社会交往能力也得到了锻炼，有了初步的性别意识；具备基本的自我服务能力，如能够自己吃饭、睡觉、如厕等；具有较强的好奇心、想象力和创造力。

具体来说，学龄前期的保育要点包括：（1）保证充足的营养，膳食要均衡。（2）注重自理能力与良好生活习惯的养成。（3）预防各类疾病。（4）开展早期教育活动，为步入学龄期做好准备。（5）培养良好的社会交往能力。（6）定期进行健康检查，预防意外伤害。

需要说明的是，为了便于表述，本教材将处于新生儿期、婴儿期的儿童统称为婴儿，将处于幼儿期、学龄前期的儿童统称为幼儿。

探索 2　婴幼儿生长发育的规律是怎样的？

洋洋的爸爸、妈妈都是高个子。妈妈发现，洋洋2岁之前身高增长很快，可是2岁以后，身高增长的速度就没有以前那样快了，有时1个月增长不到1厘米。虽然洋洋还是比同龄幼儿高出很多，但妈妈对洋洋2岁之后身高增长放缓的情况感到十分担忧。

请结合学习支持2中的内容，帮助妈妈分析洋洋2岁后身高增长放缓的问题。

....

....

学习支持 2

⭐ 婴幼儿生长发育的规律

在婴幼儿生长发育的过程中，无论是体格发育，还是身体各器官、系统的发育，都遵循着一定的规律。明确婴幼儿生长发育的规律，将有助于保教人员科学地开展保育工作。

一、生长发育的连续性与阶段性

婴幼儿的生长发育是一个连续的过程，由不同的阶段组成。前一个阶段的生长发育会为后一个阶段奠定基础，因此，任何一个阶段的发育若有异常，都会影响下一个阶段的生长发育。任何一个生长发育的阶段都不可被跨越，比如，婴幼儿不会从"会坐"直接跳跃到"会走"，因为这中间不能缺少"会站"这一阶段的发生。婴幼儿的生长发育一般遵循由上到下、由近到远、由粗到细、由低级到高级、由简单到复杂的规律。例如：粗大动作的发展必须经历抬头、转头、翻身、坐、爬、站、走（由上到下）的过程；精细动作的发展必须经历从全手掌抓握到可以较灵活地运用手指拿或捏（由粗到细）的过程；思维的发展必须经历从通过听、看、触碰等来感知外界事物到有记忆、会思考、能判断（由低级到高级）的过程。

二、生长发育的顺序性和方向性

在婴幼儿发展的过程中，无论是生理成熟的过程还是心理发展的过程，均表现出一种稳定的顺序，且这种稳定的顺序又总是沿着"由低级到高级，由简单到复杂"的固定方向进行。例如：在婴幼儿的身体发展方面，其整体结构的发展遵循着"由上到下，由中心向四周"的顺序，即人的头部首先得到发展，而后才是躯干和四肢的发展；骨骼和肌肉的发展遵循着"由大到小"的顺序，即大骨骼与大肌肉首先得到发展，而后才是小骨骼与小肌肉群的发展与协调。在婴幼儿的动作发展方面，首先发展的是粗大动作，随后才是精细动作。在婴幼儿的认知和思维能力发展方面，遵循着"先具体后抽象"的顺序。基本上，婴幼儿在身心发展过程中所表现出来的这种顺序性是固定不变的，且先前的发展变化又是其生长发育序列中紧随其后的发展和变化的基础。

三、生长发育的不均衡性

人体各系统的发育是不均衡的，有的系统发育较早，而有的系统则发育较晚。即使是同一个系统，在不同时期的生长发育速度也是不一样的，即呈现不均衡的规律。

一般来说，人体的呼吸、消化、循环等系统的生长发育与身高、体重的增长呈同样的规律化模式，即分别在胎儿中后期至出生后第一年以及青春期出现两次生长突增。人体的神经系统、视觉器官以及能反映脑发育情况的头围等，均只会出现一次生长突增，这一关键时期主要发生在婴幼儿期，尤其是在出生后的前两年。人体的淋巴系统发育较早，并于青春期达到成熟的巅峰，但在10岁至20岁时，它会随着其他系统的不断成熟和机体免疫功能的完善而逐渐萎缩。人体的生殖系统发育较其他系统相对较晚，在婴幼儿期几乎不怎么发育（在出生后第一个十年内，其外形几乎没有发展），直至进入青春期后才会迅速发育。

在整个生长发育的过程中，身体各部分的增长幅度也是不均衡的。个体身体各部分的比例不断变化，从胎儿时较大的头颅（约占全身 4/8）、较长的躯干（约占全身 3/8）和短小的下肢（约占全身 1/8），逐渐发育到成人时较小的头颅（约占全身 1/8）、较短的躯干（约占全身 4/8）和较长的下肢（约占全身 3/8）。

| 2个月
（胎儿期） | 5个月
（胎儿期） | 新生儿 | 2岁 | 6岁 | 12岁 | 25岁 |

▲ 图 1-1-1　人体的身体比例变化

四、生长发育的个体差异性

婴幼儿的生长发育虽然有一定的规律，但是在一定范围内仍存在个体差异。比如，受遗传、外界环境等因素的影响，婴幼儿在相貌、体态、高矮胖瘦、机体功能等方面存在相当大的个体差异。个体差异不仅表现在生长发育的水平方面，还反映在生长发育的速度、体形特点等方面。即便是双胞胎，也会存在微小的个体差异。因此，在评价婴幼儿的生长发育水平时，不能简单地将其指标数据同标准平均数比较，并由此得出结论，而应考虑个体生长发育的差异，将个体自身以往的发育情况与现在的情况进行纵向比较，观察其生长发育的动态趋势，这样才更有参考价值。需要注意的是，保教人员切勿盲目比较，要做到有教无类，公平公正地对待每一位婴幼儿。

·教养实践·

婴幼儿身高（长）的测量方法

（1）选择测量工具。为 3 岁以下婴幼儿进行测量，可选择卧式身长测量板；为 3 岁以上幼儿进行测量，可选用立式身高测量计。

（2）做好测量前的准备工作。测量时，将室温调至 20℃ 左右，脱去婴幼儿的外衣、鞋袜、帽子，只留内衣、内裤。女孩若有发饰要为其取下。

（3）选择正确的体位。3 岁以下婴幼儿选择仰卧位；3 岁以上幼儿采用立位。

（4）进行测量操作。在为 3 岁以下婴幼儿测量身长时，测量者站在婴幼儿的右侧，让婴幼儿平卧于测量床的正中线上，头顶紧靠头板，脖颈自然伸直，两手臂自然靠近身体两侧，两腿并拢伸直。然后，测量者用左手轻轻地将婴幼儿的两膝压平，右手移

在线阅读
《7 岁以下儿童
生长标准》

动足板，紧抵婴幼儿的足跟与足底，当足板两边的刻度对准时方能读数。在为 3 岁以上幼儿测量身高时，幼儿呈立正姿势，脚跟靠拢，并将足跟、臀部、两肩胛骨三点紧贴身高测量计的立柱。然后，测量者站在身高测量计有刻度的一侧，测量时将滑测板轻轻移动至幼儿的头顶，眼睛与滑测板呈水平位，读出滑测板底面立柱上的数字，即得到身高厘米读数。

（5）尽量减少测量误差。应同时测量 2—3 次，取平均数；尽可能在相同时间（如早晨）和相似环境下进行测量，以减少因时间或环境变化而带来的误差。

（6）测量结果记录。身高（长）单位为厘米，读数保留一位小数，按姓名记录。例如：张红，20×× 年 11 月 20 日，身高为 95.5 厘米。

如果发现婴幼儿的身高（长）明显低于或高于同龄婴幼儿，或者本次测量的身高（长）与上次测量的数据差距较大，就要复测。

探索 3 影响婴幼儿生长发育的因素有哪些？

亮亮在一次体检的时候被评估为营养不良，可是家长却不以为意。亮亮的妈妈觉得自己小的时候也是偏瘦的，亮亮像她一样，没什么问题。她还认为，孩子不愿意吃的食物就不吃，只要保证每天蛋白质的摄入量充足就可以了。此外，亮亮在幼儿园的时候经常表现出情绪低落的状态。保教人员经过深入了解得知，亮亮的妈妈因离异而时常情绪不稳定，这给孩子造成了很大的精神压力。

请结合学习支持 3 的内容，思考以下问题。

（1）亮亮为什么会营养不良？

....

（2）影响婴幼儿生长发育的因素有哪些？

....

....

学习支持 3

★ 婴幼儿生长发育的影响因素

婴幼儿的生长发育受到多种因素的影响，大致可分为遗传因素和环境因素两大类。

一、遗传因素

遗传是生物及人类生命在世代间得以延续的机制，并表现出子代与亲代之间显著的相似性或类同现象。遗传因素在个体身上的具体体现即为遗传素质，主要包括机体在构造、形态、感官和神经系统等方面的特征。遗传素质不仅为个体心理的发展提供了必要的生物前提和自然条件，为个体的发展提供了潜在的可能性，而且也制约着个体身心发展的年龄特征，对个体差异的形成具有一定的影响。需要明确的是，尽管遗传素质在精子和卵子结合的那一刻就已经确定，但它并非一成不变，而是可以在环境的影响下展现出一定的可塑性。所有的遗传生物特征都是由细胞染色体所载基因决定的。基因是染色体上具有控制生物性状作用的 DNA（脱氧核糖核酸）片段。在个体生长发育的过程中，基因是遗传变异的主要物质，支持着生命的基本构造和性能，存储着生命的种族、血型，以及孕育、生长、凋亡过程的全部信息。正是借助基因的传递，子女能继承父母的某些遗传特征，如肤色、体形、面部特征、对传染性疾病的易感性等。此外，个体的智力、个性与气质等也深受基因的影响。然而，若遗传基因发生突变或染色体出现异常，就可能会引发遗传性疾病，如苯丙酮尿症、唐氏综合征等。这些疾病将直接影响婴幼儿正常的生长发育过程。

二、环境因素

任何一种人类性状①的形成，都并非基因遗传单一因素作用的结果。实际上，环境因素在人类性状的生长和发展中同样起着关键作用。这里的"环境"代指所有非遗传性的影响因素，即所有与婴幼儿生长发育过程产生相互作用的人、事物及情境，包括物理暴露（如辐射）、化学暴露（如重金属）、生物暴露（如病毒）、营养、生活事件（如生病）、家庭、社会经济水平、医疗卫生状况、文化与习俗等。下面将从营养、疾病、家庭和社会环境等方面做具体介绍。

1. 营养因素

营养是影响婴幼儿生长发育的重要因素，且年龄越小，影响越大。因此，充足、合理的营养是婴幼儿生长发育的物质基础。长期营养摄入不足会导致婴幼儿的体重不增或下降，严重的甚至会影响其身高的增长和智力的发育，造成身体的免疫、内分泌及神经调节等功能低下。比如，膳食中的碘、锌等微量元素缺乏，容易导致婴幼儿智力发育受阻及学习能力不足。而营养过剩或不平衡则会导致婴幼儿超重或肥胖，同样会对生长发育造成不良影响。

2. 疾病因素

各种急慢性疾病均可能对婴幼儿的生长发育产生直接影响，如甲状腺功能减退、基础代谢缓慢等疾病会造成婴幼儿体格矮小及智能障碍。一般来说，急性感染性疾病会使婴幼儿在短期内体重减轻、生长迟缓，但病愈后若有合理的营养供给和良好的作息规律，则可以使他们的生长发育水平恢复到正常状态。而长期的慢性病，如哮喘反复发作、先天性心脏病等则会对婴幼儿的生长发育带来不可逆的影响。

---

① 说明：在遗传学中，性状是指生物体所展现出的形态结构、生理特性和行为习惯等方面所具备的特征。

3. 家庭和社会环境因素

良好的居住环境配合良好的生活习惯、教养方式等，是促进婴幼儿生长发育的重要家庭环境因素。家庭成员对婴幼儿的影响非常显著，良好的亲子关系、和睦而民主的家庭氛围，有益于婴幼儿的生长发育及身心健康。若婴幼儿长期处于压抑、紧张的家庭氛围中，则会对他们的生长发育产生不良影响。

良好的社会生活环境能减少婴幼儿疾病的发生，使他们保持愉快的生活状态，促进他们健康成长。而不良的社会生活环境，如污染、经济状况不佳、卫生保健或社会福利水平低下等，则会对婴幼儿的生长发育和身心健康造成负面影响。

● 家园沟通 ●

根据本学习活动所学知识，保教人员在开展家园沟通工作时，可参考以下内容：

（1）引导家长认识到婴幼儿的生长发育有一定的规律，对婴幼儿的教养需遵循这一规律。

（2）引导家长认识到遗传、营养、疾病、家庭和社会环境等因素都会对婴幼儿的生长发育产生影响，并指导家长如何有效避免这些不利因素对婴幼儿造成负面影响。

○ 学习水平评价表 ○

评价内容	观测点	分值	得分
0—6岁婴幼儿年龄分期及各阶段保育要点	• 能正确说出0—6岁婴幼儿生长发育的年龄分期（5分） • 能概述婴幼儿各阶段的保育要点（15分）	20分	
婴幼儿生长发育的规律	• 能概述婴幼儿生长发育的规律（10分） • 能根据婴幼儿生长发育的规律，向家长提出适宜的教养建议（20分）	30分	
婴幼儿生长发育的影响因素	• 能正确说出婴幼儿生长发育的影响因素（15分） • 能结合婴幼儿生长发育的影响因素，向家长提出适宜的教养建议（15分）	30分	
素养目标达成情况	• 能在学习过程中主动提出疑问或分享自己的观点（10分）	20分	

（续表）

评价内容	观测点	分值	得分
	• 能认识到充分了解婴幼儿的生长发育特点，遵循其生长发育规律，科学地开展保教工作对婴幼儿身心健康的重要价值（10分）		
总　分		100分	

---------------- ● **课后练习** ● ----------------

一、单选题

1. 从孩子出生第 29 天到 1 周岁的这一阶段称为（　　），是孩子出生后生长发育最快的时期。

　A. 新生儿期　　　　　B. 幼儿期　　　　　　C. 婴幼儿期　　　　　D. 婴儿期

2. 生长发育具有阶段性的规律，且每一个阶段都有其不同的特点。在下列关于阶段性的表述中，正确的是（　　）。

　A. 各个阶段相互联系、相互衔接

　B. 每一个阶段都有一定的顺序，不能够跨越

　C. 生长发育遵循由上到下、由近到远、由粗到细、由低级到高级、由简单到复杂的规律

　D. 以上都对

3. 营养是保证婴幼儿生长发育的（　　）。

　A. 物质基础　　　　　B. 膳食基础　　　　　C. 唯一要素　　　　　D. 全部需求

4. 2—3 岁幼儿身长的平均增长速率为（　　）厘米 / 年。

　A. 7—8　　　　　　　B. 5—6　　　　　　　C. 4—5　　　　　　　D. 9—10

5. 婴幼儿时期是个体智力开发及人格意识养成的"关键期"。"关键期"体现了婴幼儿身心发展的（　　）规律。

　A. 阶段性　　　　　　B. 顺序性　　　　　　C. 不平衡性　　　　　D. 差异性

二、简答题

1. 婴幼儿生长发育的基本规律有哪些？

2. 影响婴幼儿生长发育的因素有哪些？

三、拓展题

　　婴幼儿的生长发育是各个组织、器官和系统逐渐"量变"与"质变"的复杂过程。如果我们想了解某个婴幼儿的生长发育状况，应该从哪些方面来了解呢？请通过网络查询有关材料，并结合本学习活动所学知识回答问题。

学习活动 2　婴幼儿神经系统的生理特点及保育

---○ **学习目标** ○---

- ☑ 能简述人体神经系统的主要结构及功能。
- ☑ 能概述婴幼儿神经系统的生理特点。
- ☑ 能结合婴幼儿神经系统的生理特点，选择恰当的保育措施。
- ☑ 能根据婴幼儿神经系统的生理特点，向家长提出适宜的教养建议，并与家长进行有效的沟通。
- ☑ 能认识到合理作息、适当锻炼对婴幼儿身心健康的重要价值，主动关注并帮助午睡困难的婴幼儿养成良好的午休习惯，增强职业责任感。
- ☑ 能主动获取并整理有关婴幼儿神经系统保育的有效信息，乐于展示学习成果，并能对本学习活动的学习情况进行总结和反思。

---○ **课前小活动** ○---

- ☑ 预习本学习活动内容，完成案例导入中的思考题及各探索活动。
- ☑ 扫描二维码，学习微课"婴幼儿脑发育特点及保育"。

微课视频
婴幼儿脑发育
特点及保育

---○ **案例导入** ○---

▎我真的睡不着▎

　　午睡时间到了，张老师拉上窗帘，播放优美舒缓的午睡音乐。小一班的杰杰躺在床上，一会儿把头伸到床底玩鞋子，一会儿偷偷地和远处的朋友打招呼，说"悄悄话"。张老师走过去轻轻提醒："杰杰，闭上眼睛休息啦！"他马上闭紧双眼，假装入睡。

在随后的午睡巡视中，张老师又发现杰杰在摆弄被角。张老师再次走到杰杰床边，轻轻提醒："杰杰，午睡能帮助我们的身体好好休息，下午参加活动才有精神，而且每天午睡的小朋友还能长高。"杰杰说："我真的睡不着呀！""老师陪着你睡吧。"说着，张老师坐到了杰杰的身旁，用手轻轻拍他的身体，安抚其入睡，并小声说："小小眼睛闭起来，开心事情想一想，安安静静入梦乡。"在张老师的陪伴下，杰杰的情绪慢慢稳定下来，开始打起了哈欠。张老师轻拍的速度逐渐放慢，拍得更轻……渐渐地，杰杰睡着啦！离园的时候，妈妈来接杰杰，张老师表扬说："杰杰今天特别棒，午睡睡着了！"妈妈很吃惊，表示杰杰在家从不睡午觉。张老师说："午睡对孩子的生长发育很重要。想要孩子午睡睡得香，除了要早睡早起之外，还要确保上午有充分的运动。此外，家长还需要为孩子营造安静、舒适的午睡环境，如拉上窗帘、播放睡前故事或音乐等。"

（由谈佳乐老师提供）

> **思考** 托幼机构为什么要安排孩子午睡？每天午睡对婴幼儿神经系统的发育有什么益处？

　　神经系统是人体生命活动的主要调控系统。人体能够成为一个统一的整体进行各项生命活动，与外界环境相适应，得益于神经系统的调节作用。神经系统是人体最复杂的系统，是统帅和管理其他各器官、系统活动的"司令部"。在它的统一协调下，人体各器官、系统分工协作、密切配合，顺利完成各项生命活动。

　　婴幼儿的神经系统处于快速发育阶段，且具有自身的独特性。保教人员应根据婴幼儿各年龄段的神经系统生理特点，为其创设良好的促进神经系统发育的物理与心理环境。例如：为婴幼儿提供充足的营养和新鲜的空气，保证其大脑的发育；为婴幼儿制定合理的生活作息制度，科学安排保教活动，并注意采取合适的教学方法，使其劳逸结合；保证婴幼儿有充足的、高质量的睡眠，培养其健康的作息习惯；开展适当的、形式多样的体育锻炼，提高婴幼儿神经系统的协调能力；通过让婴幼儿多接触大自然，多交往、玩耍，以及欣赏艺术作品、听故事等方式来协调其左、右脑的发育，促进婴幼儿神经系统的健康发展。

探索 **1** 你了解人体的神经系统吗？

　　请结合学习支持1的内容与图1-2-1、图1-2-2，了解人体神经系统的基本结构与功能，再通过网络搜索相关知识，将图中对应的部位名称填写在空格中。

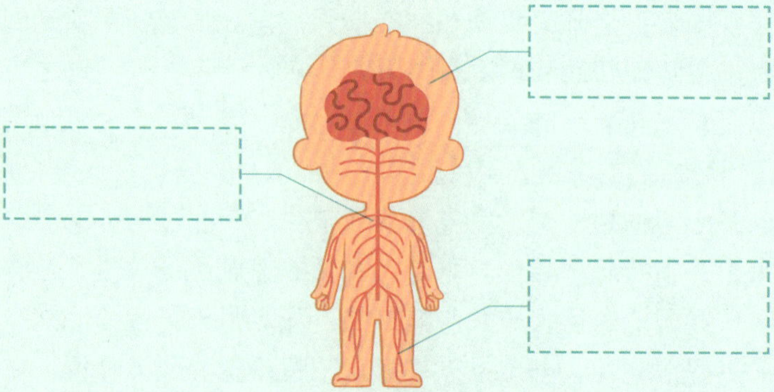

▲ 图 1-2-1 婴幼儿神经系统

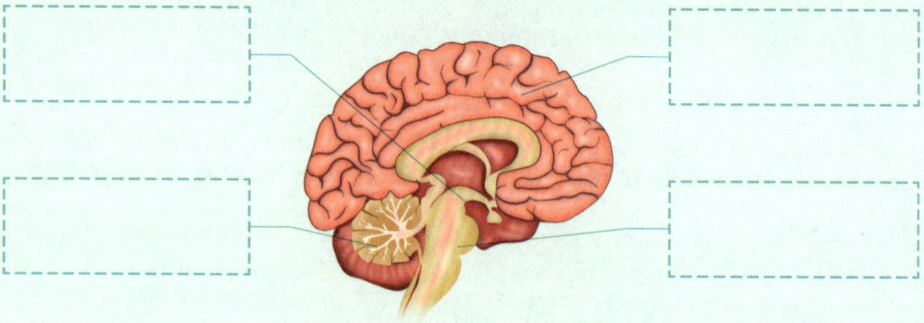

▲ 图 1-2-2 脑的纵剖面

学习支持 1

⭐ 神经系统的结构及功能

神经系统由中枢神经系统和周围神经系统两部分组成。中枢神经是人体的指挥中心；周围神经遍布全身，把中枢神经和全身各器官联系起来。机体在神经系统的统一调控下完成各项活动。

一、中枢神经系统

中枢神经系统包括脑和脊髓。脑和脊髓居于人体的中轴位。脑位于颅腔内，它的周围有颅骨保护。脊髓位于脊椎的椎管内，它的周围有脊椎保护。

1. 脑

脑是神经系统的中枢部分，负责协调整个神经系统的活动。脑由大脑、小脑、间脑和脑干组成。

（1）大脑：由左、右两个半球构成，是中枢神经系统的"最高级中枢"，能够进行意识和思维活动。大脑皮质功能复杂，分为许多功能区，如听觉中枢、感觉中枢、视觉中枢、运动中枢、语言中枢等。此外，左、右脑有各自侧重的分工（见图1-2-3）。左脑称为"学术脑"，主要负责语言、逻辑理解、计算、符号识别和分析等。右脑称为"艺术脑"，主管韵律、节奏、图画、想象、情感、创造力等。婴幼儿是否具有创造力和想象力，其右脑起主要作用。

▲ 图1-2-3　左、右脑有各自侧重的分工

（2）小脑：位于大脑的后下方，主要功能是调整人在运动时的身体重心，维持平衡并协调肌肉运动。如果小脑出现病变，人体可能会出现眩晕、运动失调等症状。

（3）间脑：位于中脑（脑干的组成部分）的上方，大部分被大脑覆盖，分为丘脑和下丘脑。丘脑主要负责维持和调节意识状态、警觉、注意力等，是重要的感觉整合中枢；下丘脑调节人体对环境刺激的反应，如体温、食欲、干渴等。

（4）脑干：上连间脑，下连脊髓，又与小脑相连。脑干分为中脑、脑桥和延髓。脑干对维持生命活动、觉醒和睡眠及保持肌肉的紧张度有重要作用。其中，延髓中有调节生命活动的重要中枢，负责调节呼吸、心跳、血液循环、吞咽等，如受到损伤可危及生命。因此，延髓被称为"生命中枢"。新生儿的脑干已具备生理功能，能够保证呼吸、血液循环等基本的生命活动。保教人员在组织婴幼儿活动时，应注意保护其后脑，以防伤害到延髓，危及生命。

2. 脊髓

脊髓是中枢神经系统的低级部位。脊髓起着上通下达的桥梁作用，能够把接收来的刺激传送至脑，再把脑发出的命令下达到各个器官，具有传导和反射的功能。如果脊髓受到横断损伤，损伤面以下的身体各部位将失去与脑的联系，从而发生感觉和运动障碍，造成截瘫。

二、周围神经系统

周围神经包括脑神经、脊神经和自主神经。

（1）脑神经：共12对，分布于头面部器官、胸腔和腹腔的内脏器官中，支配头部各器官的运动，并接收外界信息，产生感觉和表情。人能够"眼观六路，耳听八方"，以及做出喜、怒、哀、乐等表情，这些都是脑神经的作用。

（2）脊神经：共31对，分布于皮肤、肌肉、关节、内脏和腺体等部位，支配躯干和四肢的运动，并感受刺激。

（3）自主神经：又称植物性神经，分布于内脏、心血管和腺体，包括交感神经和副交感神经。每个脏器都受这两种神经的双重支配，它们作用相反且相互制约，使内脏器官的活动更加协调、准确。例如，交感神经兴奋，可使消化管的运动减弱，消化腺的分泌减少；副交感神经兴奋，可使消化管的运动加强，消化腺的分泌增加。人在发怒时，交感神经处于兴奋状态，因此有"气饱了"的说法。

小链接 🔍

无条件反射与条件反射

神经系统的基本活动方式是反射。反射是人体在神经系统的参与下对外界的刺激做出的反应。反射分为无条件反射和条件反射两大类。

（1）无条件反射：个体先天固有的较低级的神经活动。例如：食物进入口腔会反射性地引起唾液分泌，这就是一种无条件反射。

足月出生的婴儿，在出生时只有少量的无条件反射。例如：① 觅食反射，婴儿一侧面颊被触及，头即转向该侧；上唇被触及，即有噘唇动作，做觅食状。② 吮吸反射，将奶头、奶嘴或者其他物体放入婴儿口中，他们便会吮吸，且吸吮后有吞咽动作。③ 抓握反射，当成人用手指触及婴儿的手心时，他们会立即握住成人的手指不放。④ 拥抱反射，当婴儿仰卧时，如果成人用力拍击床垫，婴儿就会将双臂外展伸直，继而屈曲内收到胸前。⑤ 膝跳反射，在膝半屈且小腿自由下垂时，轻快地叩击膝腱（膝盖下方的韧带）可引起股四头肌收缩，使小腿做急速前踢的反应。该反射能够反映中枢神经系统的功能状态，是新生儿筛查的重要指标。

（2）条件反射：是个体后天获得的，即在生活过程中逐渐建立起来的一种高级的神经活动。比如，"望梅止渴"就是一种条件反射。条件反射的建立提高了人适应环境的能力，如一些学习和生活习惯的养成都是建立条件反射的过程。

探索 2 婴幼儿的神经系统有什么特点？

生活作息制度是指根据不同年龄段婴幼儿的生理特点，有计划地合理安排其生活，并在时间和顺序上给予划分的制度。表1-2-1是某托幼机构各年龄班的一日生活作息时间安排。

表 1-2-1　某托幼机构一日生活作息时间安排

活动安排	托班	小班	中班	大班
来园活动		7:30—8:20	7:30—8:20	7:30—8:15
室内游戏（托班） 自主游戏（其他班级）	8:00—9:10	8:20—9:00	8:20—9:00	8:15—9:05
生活活动		9:00—9:20	9:00—9:20	9:05—9:20
学习活动	—	9:20—9:35	9:20—9:40	9:20—9:45
户外活动（托班） 户外运动（其他班级）	9:35—10:20	9:40—10:30	9:45—10:35	
生活活动（托班） 自由活动（其他班级）	9:10—11:00	10:20—10:40	10:30—10:50	10:35—10:55
小集体活动（托班） 听赏活动（其他班级）		10:40—10:50	10:50—11:00	10:55—11:05
午餐	11:00—11:45	10:50—12:00	11:00—12:00	11:05—12:00
午睡		12:00—14:40	12:00—14:30	12:00—14:25
生活活动	11:45—15:10	14:40—15:00	14:30—14:45	14:25—14:45
点心		15:00—15:25	14:45—15:05	14:45—15:05
户外运动	15:10—15:40	15:25—15:55	15:05—15:25	15:05—15:25
个别化学习	—	—	15:25—15:55	15:25—16:05
离园准备	15:40—16:00	15:55—16:00	15:55—16:00	16:05—16:10

　　请小组合作，比较各年龄班在作息时间安排上的不同。结合学习支持2的有关知识，并查阅与婴幼儿神经系统生理特点有关的资料，说一说为什么要这样安排。

....

....

....

....

学习支持 2

⭐ 婴幼儿神经系统的生理特点

一、婴幼儿脑的生理特点

1. 脑重量增加，7 岁接近成人水平

神经系统的发育在各系统中处于领先地位。脑细胞数目的增长使脑重量迅速增加。新生儿出生时的脑重量通常为 350—370 克，占出生时体重的 10%—12%，约为成人脑重量的 25% 左右；1 岁时的脑重量约为 950 克；3 岁时增至 1100 克，约为成人脑重量的 80%；6 岁时，脑重量增至 1200 克左右，约为成人脑重量的 85%—90%；到 7 岁左右，脑重量已基本接近成人。同时，脑的功能也逐步变得复杂，为婴幼儿智力的发展奠定了生理基础。

2. 脑耗氧量大，对缺氧耐受力差

婴幼儿在基础代谢状态下，脑的耗氧量为全身耗氧量的 50% 左右，而成人则为 20%，故婴幼儿脑细胞需氧量更大。婴幼儿脑组织对缺氧十分敏感，对缺氧的耐受力也较差。在空气混浊、氧气不足的环境中，婴幼儿容易产生头晕、眼花、全身无力等疲劳表现，这不仅不利于婴幼儿的学习与生活，而且若长期处在这样的环境中，还会影响其脑的发育。因此，保持婴幼儿生活环境空气的清新，对其神经系统的正常发育和良好功能的维持至关重要。

3. 脑发育不完善、不平衡

在个体生命的早期阶段，脑的发育十分迅速。虽然婴幼儿的大脑在结构上与成人相似，但其整体发育仍不完善。特别是大脑皮质的生理功能，仍处于不成熟状态，因此婴幼儿保持注意力的时间不长。小脑发育相对较晚，脑沟不深，半球小，到 1 岁左右才迅速发育，3—6 岁逐渐发育成熟。因此，婴幼儿在 1 岁前肌肉活动不协调，1 岁左右学走路时步履蹒跚；3 岁时，虽然能稳稳地走和跑，但摆臂与迈步还不协调；直到 5—6 岁时，才能准确、协调地完成各种动作，如走、跑、跳、上下台阶等，而且能很好地维持身体的平衡。

4. 大脑皮质易兴奋、易疲劳

婴幼儿高级神经系统活动的抑制过程不够完善，兴奋过程强于抑制过程。神经系统虽以兴奋过程占优势，但兴奋持续时间短，易泛化，表现为易激动、自控力差、易分心，且不能长时间做同一件事，容易疲劳。疲劳会使大脑转入抑制，需要劳逸结合并通过较长时间的睡眠进行休整和恢复。因此，婴幼儿的活动时间不宜太长，活动内容不宜过难，且要有充足的睡眠。婴幼儿年龄越小，需要睡眠的时间越长：婴儿 3 个月后，白天可以睡 3 次觉；9 个月后，白天可以睡 2 次觉；2 岁后可在中午睡午觉。婴幼儿在获得充分休息后，身体能得到较好的恢复。

二、神经纤维髓鞘化逐渐完成

髓鞘是包裹在神经细胞轴突外面的一层膜（见图1-2-4），其作用是绝缘，防止神经元冲动从神经元轴突传递至另一神经元轴突。髓鞘化是髓鞘发展的过程，它使神经兴奋在沿神经纤维传导时速度加快，并保证定向传导，是婴幼儿神经系统发展必不可少的过程。髓鞘化是形成记忆的一种方式，能增强细胞组织间的连接。"驾轻就熟""熟能生巧""老马识途"等就是髓鞘化的结果。

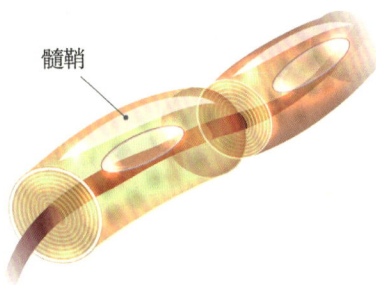

髓鞘

▲ 图1-2-4　髓鞘

新生儿由于神经纤维髓鞘化不全，当外界刺激由神经传入大脑时，也可传入邻近的神经纤维，大脑皮层内不能形成一个明确的兴奋区域，因此，他们对外来的刺激反应较慢，且易泛化。比如，当新生儿听到铃声时，会全身抖动。到了6岁左右，幼儿大脑半球的神经传导纤维几乎都髓鞘化了。这时，外界刺激可以很快地由感官沿着神经传导至幼儿的大脑皮层高级中枢，幼儿的反应日益精确。

三、自主神经发育不完善

婴幼儿交感神经兴奋性强，而副交感神经兴奋性较弱，表现为内脏器官的功能活动不稳定。比如，婴幼儿的心跳及呼吸频率较快且节律不稳定，胃肠消化功能和食欲容易受情绪影响等。

探索 3　如何促进婴幼儿神经系统的发育？

午睡时间到了，中一班的大部分小朋友都已经入睡了，可是悠悠在床上辗转反侧睡不着。王老师坐到悠悠的身旁，用手轻拍悠悠的身体，陪伴悠悠一起入睡。悠悠很困惑地问道："王老师，我不困，为什么幼儿园每天都要午睡呀？"王老师微笑着说……

请结合学习支持3的内容，回答以下问题。

（1）如果你是王老师，你会对悠悠说什么呢？

（2）为了促进婴幼儿的神经系统发育，应做好哪些保育工作？

....

....

....

....

....

....

学习支持 **3**

★ 婴幼儿神经系统的保育要点

婴幼儿的神经系统正处于旺盛的生长发育阶段，大脑皮层的神经细胞还很脆弱，对周围环境的适应能力差。因此，保教人员必须采取合理的保育措施，从而促进婴幼儿神经系统的正常生长发育，保证婴幼儿的健康成长。

一、制定和执行合理的生活制度

保教人员应根据婴幼儿的年龄特点和托幼机构所处的地域情况，制定科学、合理，且符合地域性特点的一日生活计划，安排好一日活动的时间和内容。在保教活动中，保教人员需注意为婴幼儿选择生动有趣的活动内容和方式，并要动静交替，且每项活动的持续时间不宜过长，注意及时组织休息，防止婴幼儿过度疲劳。

二、提供合理的营养

婴幼儿脑的发育十分迅速，需要丰富的蛋白质、磷脂等营养物质。同时，由于脑组织新陈代谢所需的能量主要由葡萄糖供给，脑组织对血糖的变化非常敏感，因此，婴幼儿在饮食中若主食摄入过少，会造成脑功能紊乱，出现头晕、注意力不集中、烦躁、出冷汗等现象。为此，保教人员要为婴幼儿提供热量充足、富含优质蛋白质的膳食，为他们的脑发育奠定物质基础，以提高脑的工作能力。

三、保持室内空气清新

婴幼儿脑组织代谢活跃，耗氧量相对较大，对缺氧的耐受性差。如果居室空气污浊，可能会对婴幼儿的脑细胞造成损伤。因此，保教人员应注意定时通风，保证室内空气新鲜。新鲜空气含氧量多，可以满足婴幼儿神经系统发育的需求。

四、保证充足的睡眠

睡眠对婴幼儿的神经系统发育具有直接的促进作用。睡眠可使婴幼儿全身各系统、器官，特别是神经系统得到充分休息，积蓄养料和能量。睡眠时，脑垂体的生长激素分泌量大大高于清醒时的分泌量，可以促进婴幼儿的生长发育。此外，婴幼儿神经系统的发育尚未成熟，需要较长的睡眠时间来加以休整，若长时间睡眠不足，会影响婴幼儿的身体生长和智力发育。因此，保教人员要保证婴幼儿有充足的睡眠时间。婴幼儿的睡眠时间有明显的年龄和个体差异，即年龄越小，所需的睡眠时间越长；体弱儿相比普通孩子，需要更多的睡眠时间。根据国家卫生健康委办公厅印发的《3岁以下婴幼儿健康养育照护指南（试行）》中的建议，不同年龄段婴幼儿所需的睡眠时间见表1-2-2。

除了要保证婴幼儿有充足的睡眠时间外，还要注意睡眠的质量，保教人员需为婴幼儿提供舒适、安静的睡眠环境。另外，需要注意的是，当婴幼儿因贪玩而兴奋过度时，抑制过程会遭到破坏，他们会因过于困倦而哭闹，且难以入睡。因此，保教人员要合理安排婴幼儿睡眠前的活动，避免发生婴幼儿大脑过度兴奋的情况，让他们能够平缓、安然地入睡。

表1-2-2 不同年龄段婴幼儿需要的睡眠时间

年龄	婴儿期（1个月—1岁）	幼儿期（2—6岁）
睡眠时间（小时/天）	12—17	10—14

五、安排丰富的活动，促进左、右脑均衡发展

为了促进婴幼儿大脑两半球的均衡发展，保教人员应在日常生活中注意让婴幼儿多动手，使他们尝试和掌握更为多样化的动作。例如：对于6—9个月的婴儿，保教人员可以将杯子、勺子作为玩具，引导他们练习抓握、传递、敲打等动作；对于9—12个月的婴儿，可以让他们尝试用拇指和食指捏取小物品；对于12—18个月的幼儿，可以利用套叠杯、碗、饮料瓶等材料，与他们一起玩堆叠游戏；对于18—24个月的幼儿，可以多开展户外活动，如玩扔球、踢球等游戏；对于24—36个月的幼儿，可以鼓励他们与同伴玩"开火车""骑竹竿"等游戏。通过多样化的动手活动，使他们能够尽早学会用筷子进餐、用剪刀剪纸、玩串珠等，让他们在日常活动中"左右开弓"，以更好地促进左、右脑的均衡发展。

▲ 图1-2-5 保教人员陪伴幼儿玩玩具

· 教养实践 ·

制定作息的原则——动静交替

在托幼机构一日活动中，保教人员需遵循动静交替的原则。保教人员需为婴幼儿提供多样化的活动，让他们劳逸结合。例如：在集体教学活动后，可以安排运动活动或自主游戏环节，从结构相对较高的集体性活动转向充分尊重婴幼儿自主性、自发性的游戏活动；在运动环节后，婴幼儿大脑处于高度兴奋的状态，此时可以设置自由活动环节，通过让婴幼儿去自然角看花草、散步、和同伴聊天、看书、搭积木等来平稳情绪，随后再开展其他活动。另外，在午睡起床后，可以安排婴幼儿进行户外活动，如做操、进行集体运动游戏等，调节他们活动的情绪状态。当遇到不

宜进行户外活动的天气（如寒冷、炎热，或大风、雨雪、雾霾、雷电等）时，可以灵活调整作息，开展室内活动（如音乐游戏、室内运动等），以此弥补婴幼儿动态活动时间的不足。托幼机构可开辟室内体育活动空间，通过不同班级错峰使用等精细化管理措施，确保婴幼儿能动静交替地展开一日活动。

· 家园沟通 ·

根据本学习活动所学知识，保教人员在开展家园沟通工作时，可参考以下内容：

（1）引导家长认识到合理的生活作息、均衡的饮食、充足的睡眠、适当的体育锻炼等对婴幼儿神经系统健康发育的重要性。

（2）针对婴幼儿神经系统的生理特点，向家长提供多种能促进婴幼儿神经系统发育的游戏和体育活动，如做手指操、玩串珠、攀爬等。

○ 学习水平评价表 ○

评价内容	观测点	分值	得分
神经系统的结构及功能	· 能说出人体神经系统的结构（7分） · 能说出人体神经系统各部分的主要功能（13分）	20分	
婴幼儿神经系统的生理特点	· 能简述婴幼儿神经系统的主要生理特点（8分） · 能结合婴幼儿神经系统的生理特点，分析托幼机构各年龄班一日生活作息安排的不同之处及其原因（12分）	20分	
婴幼儿神经系统的保育要点	· 能根据婴幼儿神经系统的生理特点，选择恰当的保育措施（20分） · 能根据婴幼儿神经系统的生理特点，向家长提出适宜的教养建议（20分）	40分	
素养目标达成情况	· 能在学习过程中主动提出疑问或分享自己的观点（10分） · 能认识到合理作息、适度锻炼对婴幼儿神经系统健康发育的重要性（10分）	20分	
总　分		100分	

-------------------- ● 课后练习 ● --------------------

一、单选题

1. 婴儿期出现的抓握反射、拥抱反射、吸吮反射等都属于（　　　）。

　　A. 条件反射　　　　　　B. 先天反射　　　　　　C. 无条件反射　　　　　　D. 应激反应

2. 在神经系统的中枢部分，负责协调整个神经系统活动的是（　　　）。

　　A. 脊髓　　　　　　　　B. 脑　　　　　　　　　C. 大脑　　　　　　　　　D. 中枢神经系统

3. 婴幼儿在进餐时，保教人员应避免训斥、批评婴幼儿，以下给出的原因中不正确的是（　　　）。

　　A. 会影响婴幼儿的进餐速度

　　B. 容易造成婴幼儿哭泣，导致噎呛等意外伤害的发生

　　C. 容易造成婴幼儿食欲不佳、消化不良

　　D. 婴幼儿交感神经兴奋性强，胃肠消化功能和食欲易受情绪影响

4. 婴幼儿1岁以前肌肉活动不协调，1岁左右学走路时步履蹒跚，3岁时能稳稳地走和跑，但摆臂与迈步还不协调，以上表现说明婴幼儿（　　　）。

　　A. 小脑发育较晚　　　　　　　　　　　B. 神经纤维外层髓鞘发育很不完善

　　C. 自主神经发育不完善　　　　　　　　D. 脑功能的区域化

5. 托幼机构在组织婴幼儿午睡时，各年龄班的活动安排略有不同，这主要体现在（　　　）。

　　A. 年龄越小，睡眠时间越短　　　　　　B. 年龄越小，睡眠时间越长

　　C. 年龄越小，学习时间越长　　　　　　D. 年龄越大，游戏时间越长

二、简答题

1. 简述组织婴幼儿进行适当的户外活动和体育锻炼对其神经系统发育的好处。

2. 简述促进婴幼儿神经系统发育的保育要点。

三、拓展题

　　阅读案例，回答问题。

　　小二班午睡前，张老师开展了有趣的"老狼老狼几点了"的游戏活动，小朋友们玩得非常开心。可到了午睡时间，张老师却犯了难，因为许多小朋友都不愿意睡午觉。费了半天工夫，张老师才把小朋友们哄睡着。之后，张老师又担心小朋友着凉，便轻轻地把卧室的所有窗户都关上了。午睡时间结束了，小朋友们都醒了，可唯独班里身体比较弱的豆豆还没睡醒。张老师没有喊醒豆豆，而是让他又多睡了一会儿。

　　问题1：午睡时间到了，为什么许多小朋友都不愿意睡午觉呢？

　　问题2：张老师在午睡中的保育行为是否合理？为什么？

学习活动 **3** 婴幼儿呼吸系统的生理特点及保育

◯ **学习目标** ◯

☑ 能简述人体呼吸系统的主要结构及功能。

☑ 能概述婴幼儿呼吸系统的生理特点。

☑ 能结合婴幼儿呼吸系统的生理特点，选择恰当的保育措施。

☑ 能根据婴幼儿呼吸系统的生理特点，向家长提出适宜的教养建议，并与家长进行有效的沟通。

☑ 能认识到健康的卫生习惯和良好的生活环境对婴幼儿身心健康的重要价值，并能合理安排婴幼儿的一日活动，促进婴幼儿呼吸系统的健康发展。

☑ 能主动获取并整理有关婴幼儿呼吸系统保育的有效信息，乐于展示学习成果，并能对本学习活动的学习情况进行总结和反思。

◯ **课前小活动** ◯

☑ 预习本学习活动内容，完成案例导入中的思考题及各探索活动。

☑ 扫描二维码，学习微课"婴幼儿呼吸道特点及保育"。

微课视频
婴幼儿呼吸道
特点及保育

◯ **案例导入** ◯

┃ 胖嘟嘟的阳阳

　　托班的阳阳是个胖嘟嘟的小男孩，生性活泼好动，总是停不下来。一天的午餐时间，阳阳和平时一样坐在饭桌前吃饭，他不停地往嘴巴里塞饭菜，吃得可快了。嘴里的饭菜还没咽完，他就匆匆将餐盘里的葡萄也塞进了嘴巴里，一边塞还一边和旁边的小朋友讲话。忽然，阳阳紧紧地捂住了嘴巴，开始咳嗽，然后用左手的手指抠自己的喉咙，右手也手足无措地揉捏着颈部。不一会儿，他的脸涨得通红，嘴唇渐渐发紫。正在巡视的李老师察觉到了异常，赶紧跑过来询问阳阳："喉咙怎么了，是不是有东西卡住了？"阳阳艰难地点了点头，李老师立刻查看阳阳的情况，并安抚他平静下来，一边让保育员通知保健老师，一边拍击阳阳的背部，试图让他把东西咳出来。保健老师很快也赶到了现场，马上对阳阳实施了海姆立克腹部冲击法，同时观察阳阳的呼吸情况。当葡萄被外力冲击出来后，阳阳的呼吸一下子顺畅了，症状也立即缓解了。随后，保健老师让阳阳坐在小椅子上休息并安抚他。

下午在进行集体教学活动时，李老师专门给小朋友们讲解了正确的进食方法，让他们明白：吃饭时要细嚼慢咽，不要说笑打闹，要养成良好的进食习惯。

（由张蓓蓓老师提供）

> **思考** 阳阳的喉咙为什么会被东西卡住？针对阳阳气道异物梗阻的情况，两位老师是如何做的？如何预防此类事情的发生？

人体在新陈代谢的过程中，不断地消耗着氧气并产生二氧化碳。人体不断地从外界吸取氧气和呼出体内二氧化碳的过程，称为呼吸。呼吸系统执行的正是机体与外界环境之间进行气体交换的功能，即吸入氧气、排出二氧化碳，因而被称为"人体气体交换站"。呼吸系统由呼吸道和肺两部分组成。呼吸道是气体进出肺的通道，由鼻、咽、喉、气管和各级支气管组成。肺是气体交换的场所。

婴幼儿的呼吸系统尚未发育完善，鼻腔狭窄，鼻黏膜柔软，易因受到感染而出现鼻腔闭塞、呼吸困难等症状；婴幼儿耳咽管较宽、短、平直，在发生上呼吸道感染时容易并发中耳炎。因此，保教人员要培养婴幼儿良好的卫生习惯，掌握擤鼻涕的正确方法，当咳嗽、打喷嚏时知道用手帕捂住口鼻；注意婴幼儿活动室、卧室的环境，要经常通风换气，保持空气新鲜；注意保护婴幼儿的嗓子，不要让他们长时间唱歌、呼喊等；在婴幼儿进餐时细心照护，防止食物呛入其气管；引导婴幼儿加强体育锻炼和户外活动，增加肺活量。

探索 1　你了解人体的呼吸系统吗？

请结合学习支持1的内容与图1-3-1，了解人体呼吸系统的基本结构与功能，然后通过网络搜索相关知识，将图中对应的部位名称填写在空格中。

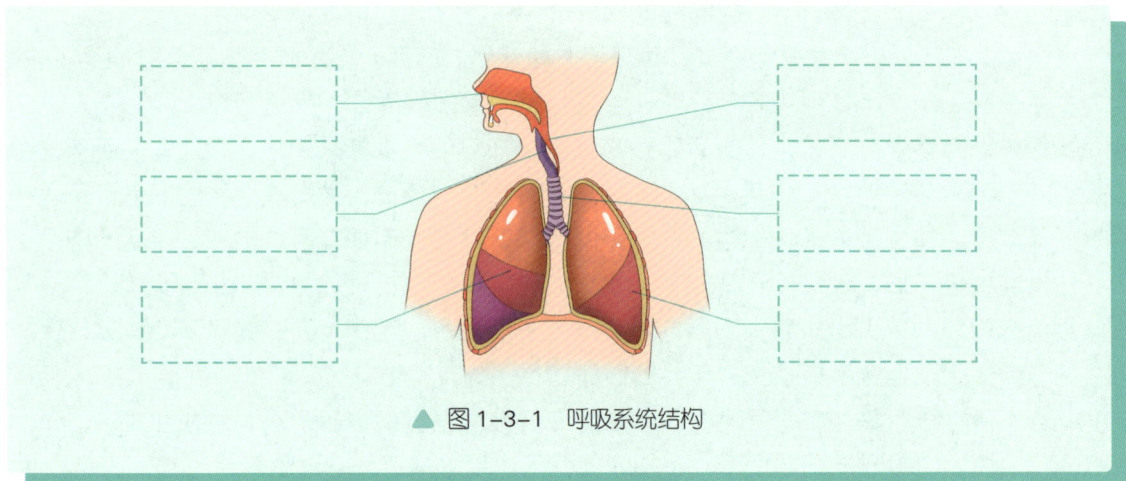

▲ 图 1-3-1　呼吸系统结构

学习支持 1

★ 呼吸系统的结构及功能

一、呼吸系统的生理结构

呼吸系统是人体与外界进行气体交换的一系列器官的总称，由呼吸道及肺组成。呼吸道包括鼻、咽、喉、气管和支气管，是气体进出肺的通道。其中，鼻、咽、喉被称为上呼吸道，气管和支气管被称为下呼吸道。肺是气体交换的场所。

二、呼吸系统的功能

1. 呼吸道

（1）鼻。鼻是呼吸道的起始部分，是呼吸系统的第一道防御装置，也是嗅觉器官，由外鼻、鼻腔和开口于鼻腔的鼻旁窦组成。鼻腔前部长有鼻毛，可以阻挡空气中的灰尘；鼻腔内表面衬有一层黏膜，可以分泌黏液，清洁和湿润空气。鼻黏膜对寒冷刺激很敏感，当人体受凉感冒时，黏膜会充血肿胀，甚至堵塞鼻腔，引起呼吸困难。鼻黏膜中分布着丰富的毛细血管，可以温暖空气。

（2）咽。咽位于鼻腔的后方，自上而下分为鼻咽、口咽和喉咽，分别与鼻腔、口腔和喉腔相通，是呼吸和消化的共同通道。

（3）喉。喉是呼吸道最狭窄的部位，位于气管上方，由喉软骨及周围的肌肉和韧带等构成。喉内有声带，所以喉既是呼吸通道，又是发音器官。喉软骨中甲状软骨的前角上端向前方突出，称为喉结。

小链接

会厌软骨——咽和喉的分界线

会厌软骨位于舌根后方，形似树叶，上宽下窄。会厌软骨是咽和喉的分界线，是喉部的重要组成部分。会厌的上面就是会厌的舌面，会厌的下面就是会厌的喉面。吞咽时，会厌会盖住喉腔，防止食物进入呼吸道内，让食物经过梨状窝，顺利地进入消化道。呼吸时，会厌软骨会抬起，气流可以进入喉部、气管、支气管，一直到肺内。

婴幼儿的会厌软骨反应迟钝，如果在吃饭时说笑或哭泣，容易使食物呛入气管，造成气管异物梗阻，危及生命。此外，当婴幼儿感染会厌炎症的时候，会出现咽痛、咽堵等症状，严重的还会发生呼吸困难，甚至有生命危险。

（4）气管和支气管。气管是圆筒形管道，上接喉，下入胸腔。支气管是气管的各级分支，包括左、右两侧支气管。左侧支气管细而长；右侧支气管短而粗，比较直。因此，当有异物误入气管时，最易坠入右侧支气管内。

气管和支气管的内壁附有一层带纤毛的黏膜，能分泌黏液，黏膜分泌的黏液具有抑制和杀死病原体的作用。黏膜上的纤毛不停地向喉部方向摆动，把细菌和灰尘等随黏液运送至咽部并咳出，这就是我们所说的"痰"。

2. 肺

肺位于胸腔，呈圆锥形，左右各一。肺有分叶，左肺两叶，右肺三叶，共五叶。左右支气管分别进入左右两肺，在肺内形成树状分支，越分越细，最后形成肺泡管，附有很多肺泡。肺泡是进行气体交换的主要场所。

肺自身不具备自主扩张与收缩的能力，它必须依赖于胸廓的运动来实现其运动功能。胸廓扩张时吸气，回缩时呼气。胸廓有节律地扩大和缩小，称为呼吸运动。呼吸运动受到神经中枢的调节，呼吸频率随年龄、性别的不同而异。尽力吸气后，再尽力呼出的气体量，称为肺活量。测量肺活量，可评估一个人呼吸功能的强弱。

探索 2　婴幼儿呼吸系统有什么特点？

冬春季节交替，幼儿园里的小朋友因患呼吸道传染病而请假的特别多。冬冬不久前也感冒了，出现了发热、流鼻涕、咳嗽、喉咙痛等症状。在妈妈的精心照料下，冬冬的感冒症状慢慢好转了。但这几天，冬冬总是嚷嚷着说耳朵难受。同时，王老师也向冬冬妈妈反映了冬冬在幼儿园听不到老师指令的情况。

　　请结合学习支持2的内容，思考以下问题。

　　（1）结合案例背景思考：冬冬为什么会出现耳朵难受且听不到老师指令的情况？

　　（2）为什么婴幼儿是呼吸道疾病的易感人群？

....

....

....

....

....

学习支持 2

★ 婴幼儿呼吸系统的生理特点

一、鼻腔易受感染，鼻窦不发达，鼻泪管短

　　婴幼儿的面部骨骼发育不全，鼻和鼻腔相对短小。新生儿及出生数月的婴儿几乎没有下鼻道。随着年龄的增长，婴幼儿的面部颅骨、上颌骨逐渐发育及出牙，鼻道也逐渐加宽、加长。直到4岁，幼儿的下鼻道才完全形成。

　　婴幼儿鼻腔内黏膜柔软且富有血管，缺少鼻毛，容易受感染。感染时可引起鼻黏膜充血、肿胀，分泌物增多，造成鼻腔堵塞、呼吸困难，甚至患鼻炎。年龄较小的婴幼儿不会张口呼吸，鼻塞会使其烦躁不安、呼吸困难。婴儿出生时，上颌窦及筛窦虽已形成，但极小，额窦及蝶窦则未完全发育。[①] 由于婴幼儿鼻窦发育不完全，因此，他们比成人更容易患上呼吸道感染。婴幼儿鼻泪管短，开口接近于内眦部，瓣膜发育不全，因而鼻腔感染常易侵入结膜囊，引发炎症。

二、咽鼓管短、平直，易得中耳炎

　　婴幼儿咽鼓管较短、粗、平直，呈水平位，且鼻腔开口处较低，故咽部炎症易侵入中耳，引起中耳炎。婴幼儿咽部狭小，有丰富的淋巴组织；扁桃体不发达，咽部感染容易引发扁桃体炎。

---

① 　说明：上颌窦、筛窦、额窦和蝶窦统称鼻窦，是鼻腔周围某些颅骨内与鼻腔相通的含气空腔。

三、喉腔狭窄，声门短窄，易出现呼吸困难、声音嘶哑

婴幼儿喉腔狭窄、软骨柔软、黏膜柔嫩，且黏膜下组织较疏松，淋巴组织和血管丰富，因而轻度炎症也易使其喉头狭窄，引发呼吸困难、声音嘶哑，严重时甚至发生窒息。婴幼儿声门短而窄，声带短而薄，不够坚韧，声门肌肉易疲劳，若长时间不注意发音方法（如大声唱歌），易使声带充血、肿胀变厚，造成声音嘶哑。

四、气管狭窄、柔软，易受感染

婴幼儿气管管腔狭窄，管壁柔软且弹性小，黏膜分泌黏液量少，这导致管腔内部较为干燥，黏膜纤毛摆动能力较弱，不能很好地清除微生物及黏液。因此，如有尘埃或微生物侵入气管，容易造成感染。同时，炎症会使婴幼儿的管腔变得更窄，故也易引起呼吸困难。

五、肺泡数量少，肺活量小，易缺氧

相比成年人，婴幼儿的肺泡数量较少，弹力组织发育较差，肺间质发育旺盛，血管丰富，肺脏含血量多、含气量少，比较容易罹患肺炎，且感染时易形成黏液阻塞，从而导致肺不张、肺气肿及肺瘀血等症状。婴幼儿新陈代谢快，耗氧量和成人差不多。然而，由于婴幼儿的胸腔狭窄，呼吸肌不发达，导致呼吸时胸廓运动差、呼吸表浅，且肺活量小。因此，婴幼儿需要通过增加呼吸频率来改善肺内气体交换的不足，故易发生缺氧症状。婴幼儿的年龄越小，呼吸频率越快（见表1-3-1）。

表1-3-1　不同年龄婴幼儿的呼吸频率 [1]

年龄	新生儿	1—3岁	4—7岁	8—14岁	成人
呼吸频率（次/分）	40—44	25—30	约22	约20	16—18

探索 3　如何促进婴幼儿呼吸系统的发育？

针对小朋友易发生呼吸道感染的情况，向日葵班的张老师打算制作一期有关"婴幼儿呼吸系统健康保育"的家园沟通专栏。

如果你是向日葵班的保教人员，你将如何制作这一专栏？请小组合作绘制出专栏的内容结构，并以PPT的形式予以呈现，以帮助家长更好地认识婴幼儿呼吸系统的保育方法。

---

[1]　潘秀萍. 学前儿童卫生保健[M]. 北京：北京师范大学出版社，2021:44.

<table>
<tr><td>PPT 内容结构图</td></tr>
</table>

学习支持 3

★ 婴幼儿呼吸系统的保育要点

上呼吸道感染是婴幼儿常见的呼吸系统疾病，托幼机构又是婴幼儿上呼吸系统疾病交叉感染的主要场所，因此，托幼机构应采取合理的保育措施，以有效预防婴幼儿呼吸系统疾病的发生和蔓延，促进婴幼儿的健康成长。

一、培养良好的生活卫生习惯

1. 用鼻子呼吸

用口呼吸对健康不利。例如：若婴幼儿睡眠时张嘴呼吸，会睡不安稳，影响睡眠质量；用口呼吸浅，肺部扩张不全，可能导致"漏斗胸"。此外，养成用鼻子呼吸的习惯，可充分发挥鼻腔的保护作用，防止灰尘和细菌进入肺部。同时，通过鼻腔呼吸，可调节吸入空气的温度和湿度，从而减少感冒的发生。

2. 正确擤鼻涕

保教人员需帮助婴幼儿学会正确擤鼻涕的方法，即用手轻轻按住一侧鼻孔，将另一侧鼻涕擤出，擤完一侧再擤另一侧，擤时不要太用力。因为如果用手同时捏住两侧鼻孔擤鼻涕，会导致鼻腔压力增强，使鼻涕回流到鼻窦内，引起鼻窦炎，或沿着咽鼓管流到中耳，引起中耳炎。

3. 养成良好的生活卫生习惯

保教人员需引导婴幼儿养成良好的生活卫生习惯。例如：在咳嗽、打喷嚏时，不要面对他人，应用手帕捂住口鼻；不要随地吐痰，防止疾病传播；不挖鼻孔，以防鼻腔感染或引起鼻出血；不要蒙头睡，以保证吸入新鲜空气。

二、保持室内空气新鲜

新鲜空气中的病菌少且有充足的氧气，能促进人体新陈代谢，增强婴幼儿对外界气候变化的适应能力。如果婴幼儿长时间处在封闭的环境中，易导致缺氧，出现头晕、恶心、胸闷等症状，影响健康。因此，婴幼儿的活动室、卧室要定时开窗通风换气，保持空气新鲜。即便是在寒冷的冬季，也要注意确保婴幼儿吸入新鲜空气。

三、科学进行体育锻炼与户外活动

体育锻炼和户外活动可以使婴幼儿的呼吸肌变得强壮，促进胸廓和肺的发育，增大肺活量。此外，经常进行户外锻炼还能提高呼吸系统对病毒、细菌的抵抗力，预防呼吸道传染病。保教人员应根据婴幼儿的年龄和健康状况，合理组织体育锻炼和户外活动。例如：鼓励13—24个月的幼儿进行形式多样的身体活动，如爬、走、跑、钻、踢、跳等；为25—36个月的幼儿提供走直线、跑步、跨越低矮障碍物、双脚跳、单足站

▲ 图1-3-2　通过户外运动加强呼吸系统功能

立、原地单脚跳、上下楼梯等多样化的活动机会；引导3—6岁的幼儿多开展跑步、跳绳、骑车等体育锻炼。在锻炼时，保教人员应提醒婴幼儿注意配合动作自然地加深呼吸，使肺部充分吸进氧气，排出二氧化碳。

四、避免异物进入呼吸道

保教人员需培养婴幼儿安静、文明的进餐习惯。例如：吃饭时不说笑打闹，不抛起食物来"接食"，以防食物误入气管；不玩扣子、玻璃球、硬币、豆类等小物件，以免将小物件放入口腔、鼻孔中，造成危险。需要注意的是，不要给小年龄的婴幼儿提供易导致呛噎的食物，如花生米、腰果等整粒坚果以及葡萄、果冻等食物。

五、保护声带，避免高声喊叫

婴幼儿声带不够坚韧，如果经常哭喊或大声歌唱等，容易使声带充血肿胀、变厚，形成"哑嗓子"，即发音时失去圆润、清亮的音质。因此，保教人员需注意保护婴幼儿的声带，选择符合婴幼儿音域特点的歌曲或朗读材料；每次练习时，发声的时间不要过长，一般控制在4—5分钟；鼓励婴幼儿用自然、优美的声音唱歌、说话，避免高声喊叫。此外，注意不要让婴幼儿在冬季的室外以及气温骤变的情况下练习发声。当婴幼儿咽部有炎症时，应减少发声，多喝水，直到完全康复。

·教养实践·

保护嗓子

早晨来园后，蕊蕊对张老师说："老师，我今天嗓子哑了，说话难受。""怎么啦？"张老师问道。旁边的盈盈马上说："老师，我知道，她昨天和皮皮大声地喊叫，所以今天嗓子就哑了。"

张老师没有马上回应，而是拍了拍手，吸引小朋友们的注意力，然后说："蕊蕊大声喊叫，所以她的嗓子难受了。那么小朋友们想一想，我们平时应该怎样保护嗓子呢？""说话时不能大声喊。""每天要多喝水。""要轻声地说话。"小朋友们你一言我一语地开始讨论起来。

张老师见小朋友们的兴致都被调动起来了，就拿出一根橡皮筋并拉直，然后用手弹拨拉直的橡皮筋，问道："你们发现了什么？"文文说："我听到了弹动的声音。"玲玲说："我看到了橡皮筋在颤动。""你们说得真好，声带发出声音和橡皮筋发出声音是一样的道理，说话声音越大，声带就被拉得越长，所以长时间大声地讲话，嗓子就会疲劳，发出的声音就会沙哑。"通过小实验，小朋友们的兴致更加高涨起来，认真讨论着如何保护好嗓子。

在日常教学中，张老师没有简单地向幼儿灌输保护嗓子的道理，而是因势利导，通过小实验提高幼儿参与的积极性，让幼儿懂得了保护嗓子的重要性。同时，她也让幼儿知道了保护嗓子的方法，即不大声喊叫、不长时间说话、要多喝水等。

·家园沟通·

根据本学习活动所学知识，保教人员在开展家园沟通工作时，可参考以下内容：

（1）引导家长认识到良好的生活卫生习惯、科学的体育活动等对婴幼儿呼吸系统健康发育的重要性。

（2）提醒家长为婴幼儿创设安全的活动环境。在婴幼儿的活动范围内，应避免出现体积较小的物品，如玻璃珠、硬币、纽扣、豆类等。

（3）针对患有上呼吸道感染或中耳炎等呼吸系统疾病的婴幼儿，应动员家长积极配合保教人员实施干预措施，如及时带婴幼儿去医院检查、纠正婴幼儿不良的生活卫生习惯、定时开窗通风等。

------------------------ ◉ 学习水平评价表 ◉ ------------------------

评价内容	观测点	分值	得分
呼吸系统的结构及功能	• 正确说出人体呼吸系统的各部分名称（6分） • 正确说出人体呼吸系统各组成部分的主要功能（14分）	20分	
婴幼儿呼吸系统的生理特点	• 能简述婴幼儿呼吸系统的主要生理特点（10分） • 能结合婴幼儿呼吸系统的主要生理特点，分析良好的卫生习惯和生活环境对婴幼儿身心健康的价值（10分）	20分	
婴幼儿呼吸系统的保育要点	• 能根据婴幼儿呼吸系统的生理特点，选择恰当的保育措施（20分） • 能根据婴幼儿呼吸系统的生理特点，向家长提出适宜的教养建议（20分）	40分	
素养目标达成情况	• 能在学习过程中主动提出疑问或分享自己的观点（10分） • 能认识到良好的生活卫生习惯和科学锻炼对婴幼儿呼吸系统健康发育的重要性（10分）	20分	
总　分		100分	

------------------------ ◉ 课后练习 ◉ ------------------------

在线自测

一、单选题

1. 婴幼儿的上呼吸道不包括（　　　）。

　A. 鼻　　　　　　　　　B. 喉　　　　　　　　　C. 咽　　　　　　　　　D. 肺

2. 以下不属于婴幼儿呼吸系统特点的是（　　　）。

　A. 鼻腔易受感染，鼻泪管短

　B. 咽鼓管较短、粗、平直，呈水平位

　C. 声门短而窄，声带短而薄，不够坚韧，声门肌肉易疲劳

　D. 肺泡数量多，呼吸表浅、频率慢，肺活量小

3. 在以下老师的做法中，正确的是（　　　）。

A. 音乐活动时，李老师表扬豆豆唱得最响亮

B. 阅读活动时，王老师鼓励小朋友用自然、优美的声音讲故事

C. 在寒冷的冬季，张老师带领小朋友在操场上一边大声喊口号一边做操

D. 音乐活动时，陈老师要求小朋友长时间练习发声，以锻炼肺活量

4. 在以下器官中，分别与鼻腔、口腔、喉腔相通，是呼吸和消化的共同通道的是（　　　）。

A. 咽　　　　　　　　B. 喉　　　　　　　　C. 气管　　　　　　　　D. 鼻

5. 婴幼儿容易出现呼吸困难的生理原因主要包括（　　　）。

A. 鼻腔内黏膜柔软且富有血管，缺少鼻毛，感染时可引起鼻黏膜充血、肿胀，分泌物增多

B. 气管管腔狭窄，管壁弹性小，出现炎症会致使管腔变得更窄

C. 喉腔狭窄，软骨柔软，淋巴组织和血管丰富，轻度炎症也易致使喉头狭窄

D. 以上都是

二、简答题

1. 根据婴幼儿呼吸系统的生理特点，思考在日常生活中应该怎样培养婴幼儿良好的生活卫生习惯。

2. 简述促进婴幼儿呼吸系统发育的保育要点。

三、拓展题

张老师近期发现，班上有些小朋友在吃饭时喜欢说笑打闹，有些在游戏活动中喜欢挖鼻孔，甚至还挖出鼻血来。针对小朋友们出现的情况，张老师决定设计一张关于呼吸系统的主题海报，帮助小朋友们认识到保持呼吸系统健康的重要性。

请小组合作，设计一张关于呼吸系统的主题海报，要求内容科学、充满童趣，易于幼儿理解。

学习活动 4 婴幼儿消化系统的生理特点及保育

学习目标

- ☑ 能简述人体消化系统的主要结构及功能。
- ☑ 能概述婴幼儿消化系统发育的生理特点。
- ☑ 能结合婴幼儿消化系统的生理特点，选择恰当的保育措施。
- ☑ 能根据婴幼儿消化系统的生理特点，向家长提出适宜的教养建议，并与家长进行有效的沟通。
- ☑ 能认识到良好的用牙习惯、饮食习惯以及排便习惯对婴幼儿身心健康的重要价值，并主动帮助婴幼儿养成这些良好习惯。
- ☑ 能主动获取并整理有关婴幼儿消化系统保育的有效信息，乐于展示学习成果，并能对本学习活动的学习情况进行总结和反思。

课前小活动

- ☑ 预习本学习活动内容，完成案例导入中的思考题及各探索活动。
- ☑ 扫描二维码，学习微课"婴幼儿消化系统发育特点及保育"。

微课视频
婴幼儿消化系统
发育特点及保育

案例导入

"厌奶期"的欣欣

6个月大的欣欣最近吃奶的状态不太好，总是吃吃停停。欣欣妈妈在和张老师聊起此事时，显得十分着急，却又无能为力。张老师通过观察发现，欣欣除了吃奶不专心外，没有其他不适的反应。她分析欣欣可能是到了厌奶期。

厌奶期通常出现在宝宝 3—6 个月时，表现为吃奶不专心甚至抗拒吃奶，通常没有其他生理不适，属于宝宝发育到一定时期的生理现象。

（由张蓓蓓老师提供）

思考

为什么欣欣会出现厌奶现象？如何帮助欣欣改善这种状况？

人体必须不断地摄取所需要的营养物质才能维持生命活动。营养可以促进人体生长发育、修补和更新组织、供给人体所需的能量，而这些营养都来自食物。食物能为机体服务，但必须经过消化和吸收的过程。在消化道内将食物分解为可以被机体吸收的成分的过程叫作消化。经过消化后的食物会被分解为水、无机盐、维生素等，它们通过消化道壁进入循环系统的过程叫作吸收。

探索 1 你了解人体的消化系统吗？

请结合学习支持 1 的内容与图 1-4-1，了解人体消化系统的基本结构及功能，然后通过网络搜索相关知识，将图中对应的部位名称填写在空格中。

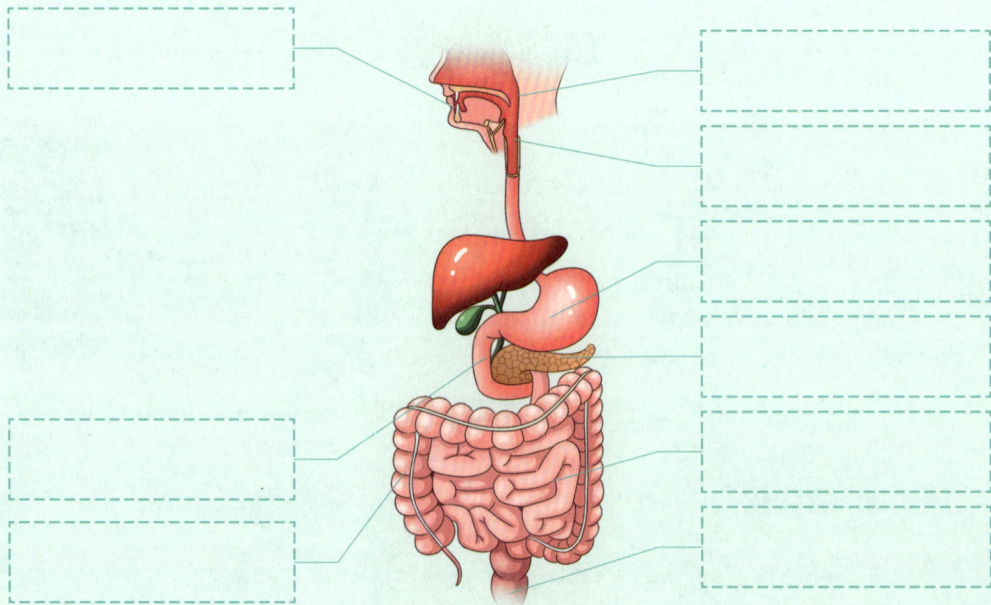

▲ 图 1-4-1　人体消化系统结构

学习支持 1

★ 消化系统的结构及功能

消化系统由消化道和消化腺两部分组成。消化道是一条从口腔到肛门的弯曲的长管道，包括口腔、咽、食道、胃、小肠、大肠和肛门。消化腺的主要功能是分泌消化液，包括唾液腺、胃腺、肠腺、胰腺和肝脏。

食物一旦进入口腔，便开启了消化之旅。首先，食物在口腔中经由牙齿的咀嚼，并在舌的帮助下与唾液充分混合搅拌。随后，通过吞咽运动，食物经过咽和食道，最终进入胃部。在胃的蠕动和胃液的帮助下，食物被逐渐溶解，其中有营养的部分被小肠消化和吸收，余下的残渣则进入大肠，与部分水分结合后形成粪便，最后经过肛门被排出体外。

消化系统的主要功能是消化食物、吸收营养，把食物残渣排出体外。人体的消化方式分为两种：一种是机械性消化，就是通过消化道的作用将食物磨碎，并与消化液充分混合；另一种是化学性消化，就是通过各种消化酶的化学作用，将食物中的营养成分分解成小分子物质。两种消化方式同时进行，相互配合。下面将介绍部分重要的消化器官及其功能。[①]

一、口腔

口腔是消化道的起始部分，内有牙齿和舌。

1. 牙齿

牙齿由牙釉质、牙本质、牙骨质和牙髓构成。牙齿的主要功能是咀嚼食物，将食物磨碎，帮助消化。此外，牙齿还有助于下颌骨的生长，能够辅助发音。

2. 舌

舌能够自由伸缩和卷曲，具有搅拌食物、辅助吞咽及发音的功能。舌表面有味蕾组织，通过食物味道的刺激形成味觉。

3. 唾液腺

唾液腺分泌出的唾液可以使口腔湿润，与食物混合后便于吞咽；唾液中含有丰富的唾液淀粉酶，能够将食物中的淀粉分解为麦芽糖；唾液中的溶菌酶，可以帮助清洁和保护口腔。

二、食道

经口腔初步消化的食物，在吞咽的作用下进入食道。经过食道的蠕动，食物被运送到胃中。

三、胃

胃可以暂时储存食物，能够吸收少量的水、无机盐等小分子物质。胃腺所分泌胃液的主要成分是胃蛋白酶、盐酸及黏液。食物进入胃以后，通过胃的蠕动被磨碎，同时胃液与

---

① 说明：因部分消化器官既是消化道，又是消化腺，故此处借助消化器官对婴幼儿的消化系统结构进行介绍。

食物混合，以利于消化酶发挥作用。

四、小肠

小肠是消化道中最长的一部分，是吸收营养成分的重要器官，由十二指肠、空肠和回肠组成。小肠内的胆汁、胰液和肠液中的消化酶相互作用，使食物中的淀粉、脂肪、蛋白质充分分解，从而利于小肠吸收。

五、大肠

大肠的主要功能是暂时储存食物残渣和吸收残余水分，也可吸收无机盐和部分维生素。在大肠中所形成的粪便经过直肠由肛门排出。

六、肝脏

肝脏是人体最大的消化腺。肝脏具有多方面的功能，如分泌胆汁、物质代谢、储藏养料及解毒等。

七、胰腺

胰腺具有外分泌和内分泌的双重功能：外分泌功能主要指胰腺液消化食物的功能；内分泌功能指胰腺可以调节人体内的血糖浓度，保持血糖的相对稳定。

探索 2　婴幼儿消化系统有什么特点？

　　佳佳2个月了，佳佳的妈妈最近在喂养孩子的过程中发现：佳佳经常刚吃完奶不一会儿，奶液就从口角溢出，有的时候溢出的奶液比较多，甚至会从鼻腔喷出来，偶尔伴有白色豆腐渣样的半消化状态的奶渣，吐出的奶液酸酸的，经常弄湿佳佳和妈妈的衣服。但是，佳佳除了吐奶之外没有别的症状，吃奶正常，体重也在增长，在心情好时还能跟家长"哦啊"地对话。

　　请结合学习支持2的内容，思考以下问题。

　　（1）佳佳的这种"吐奶"情况是由疾病引起的吗？

　　（2）引起佳佳反复吐奶的原因可能是什么？

....

....

....

....

....

....

....

学习支持 2

★ 婴幼儿消化系统的生理特点

一、乳牙依次萌出，易患龋齿

婴幼儿乳牙的萌出遵循一定的顺序（见图1-4-2）：通常在出生后4—10个月开始萌出第一颗乳牙；1岁左右有8颗牙；2.5岁左右，20颗乳牙全部出齐。乳牙萌出时一般无痛苦，个别婴幼儿会出现短暂的睡眠不安、烦躁、流口水、咬手指等现象。乳牙的牙釉质较薄，牙本质较软，咬合面的窝沟较多，容易被酸性物质腐蚀，造成龋齿。乳牙龋齿对恒牙的萌出有不利影响，易造成恒牙排列不齐或无法萌出等问题。6岁左右，乳磨牙的后面长出第一颗恒磨牙，且不与乳牙交换，称"六龄齿"。7—12岁时，乳牙次第脱落，为恒牙所替代。

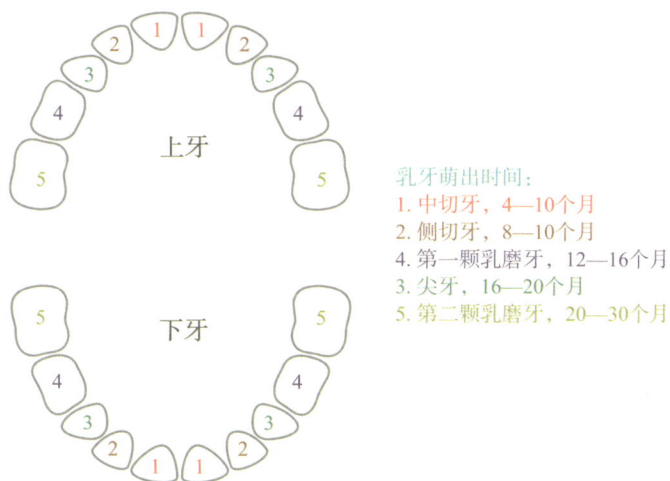

上牙

下牙

乳牙萌出时间：
1. 中切牙，4—10个月
2. 侧切牙，8—10个月
4. 第一颗乳磨牙，12—16个月
3. 尖牙，16—20个月
5. 第二颗乳磨牙，20—30个月

▲ 图1-4-2 婴幼儿乳牙结构及萌出时间

二、食道短而窄，黏膜较薄

食道是输送食物的管道。婴幼儿的食道较成人的短而窄，管壁弹力组织和肌层不发达，弹力纤维发育较差，黏膜较薄，易受损伤。

三、胃消化能力弱

新生儿、婴儿的贲门括约肌比较松弛，且胃呈水平横位，幽门括约肌过紧。由于这些生理条件，新生儿、婴儿如果喝过量的奶或吞咽过多的空气，会使喝进的奶水随空气流出口外，造成溢奶。

　　婴幼儿的胃壁组织尚处于发育阶段，因此胃壁相对较薄。同时，他们胃部分泌的盐酸及各种酶的量均少于成人，且这些酶的活性也较低，这导致了婴幼儿的消化功能相对较弱，容易引发消化不良的症状。

四、肠的吸收能力较强，消化能力较弱

1. 吸收能力强

　　婴幼儿肠的总长度相对于身长较长。在新生儿期，个体肠的长度约为身长的 8 倍；在婴儿期和幼儿期，个体肠的长度超过身长的 6 倍；而在成人期，个体肠的长度仅为身长的 4 倍。婴幼儿肠黏膜发育较好，有丰富的血管和淋巴管，因此有很强的吸收能力。

2. 消化能力弱

　　婴幼儿肠壁肌层及弹力纤维发育不完善，导致其肠蠕动能力比成人弱，因此容易发生肠道功能紊乱。此外，由于小肠内的各种消化液质量较差，所以婴幼儿的消化能力也相对较弱。

3. 容易肠胀气

　　由于婴幼儿的消化功能及胃肠的蠕动功能比较差，所以常会出现肠胀气的症状。有些婴儿经常会在夜间惊醒或哭闹，这很可能是由肠道内积存了大量气体导致的。此时，保教人员可以引导婴儿通过排便等方式将气体排出，以使他们安静下来。

4. 肠的位置固定差

　　由于婴幼儿肠系膜发育不完善，肠的位置固定相对较差，因此坐盆时间过长容易出现脱肛现象。此外，当婴幼儿腹部受凉、饮食突然改变、腹泻时，可使肠蠕动加强并失去正常节律，从而诱发肠套叠。

五、婴儿口腔浅，易形成生理性流涎

　　新生儿的唾液较少，口腔比较干燥。到6—7个月大的时候，婴儿萌出的牙齿会对三叉神经产生刺激，使口腔分泌大量唾液，且婴儿口腔浅，不具备及时咽下唾液的能力，因此易发生唾液外流，形成生理性流涎。这一现象会随着婴儿年龄的增长而逐渐消失。

六、肝脏再生能力强，贮糖及解毒能力弱

　　婴幼儿新陈代谢旺盛，肝脏相对较大，血管丰富，结缔组织较少，肝细胞再生能力强，患肝炎后恢复较快。但婴幼儿肝细胞发育不全，肝糖原贮备少，在饥饿状况下容易出现头晕、心慌、出冷汗等低血糖症状，严重时还会导致低血糖休克。此外，婴幼儿的肝功能尚不完善，分泌的胆汁对脂肪的消化能力弱，解毒能力也不如成人。

七、胰腺发育不完善，消化能力弱

　　婴幼儿的胰腺对淀粉和脂肪的消化能力较弱，如果吃得过于油腻，会引起胃肠道不适。随着年龄的增长和身体各器官的发育成熟，婴幼儿的胰腺功能会日趋完善。

小链接

消化道异物处理注意事项

（1）处理消化道异物时应遵循一个原则：如果婴幼儿出现呼吸困难、窒息、大量出血、意识丧失等危及生命的症状，应将婴幼儿及时送医，不要盲目取出异物。

（2）若怀疑有尖锐异物卡在婴幼儿食道处，切不可强行让婴幼儿大口吞咽食物，以企图将异物吞下去，因为这样容易导致异物进入更深部位，甚至划伤、刺破食道和周围血管，严重时会危及生命。

（3）慎重使用通过刺激舌根催吐的方式来吐出异物，以免异物进入呼吸道。

（4）需要特别注意的是，当鱼刺卡喉时，喝醋、喝水、吞饭等方式都不可取，应及时就医。

探索 3　如何促进婴幼儿消化系统的发育？

针对案例导入中欣欣小朋友的情况，张老师决定在"家园小讲堂"中开展一次介绍消化系统保健知识的活动，以帮助家长更好地认识和做好婴幼儿消化系统的健康保育工作，同时了解培养婴幼儿良好饮食习惯的方法。

请小组合作，查阅资料并结合学习支持3的有关知识，帮助张老师制作一份"婴幼儿消化系统保健小知识"宣传单。

宣传单内容框架

学习支持 3

★ 婴幼儿消化系统的保育要点

一、培养良好的用牙习惯

1. 培养早晚刷牙、饭后漱口的好习惯

保教人员可以帮助年龄较小的婴幼儿及时清洁口腔，同时引导他们养成进食后用温水漱口的好习惯；为年龄较大的幼儿选择适合的刷牙工具，引导幼儿养成早晚自主刷牙和饭后漱口的好习惯。

2. 引导婴幼儿不咬坚硬的物品

婴幼儿乳牙牙根较浅，牙釉质也不如恒牙坚硬，一旦被硬物硌伤就很难修复。为此，保教人员应引导婴幼儿养成良好的用牙习惯，如不咬坚硬的物品，避免乳牙受到损伤。

3. 预防牙齿排列不齐

牙齿排列不整齐，不仅会影响面容，还会影响咀嚼和说话，也容易引发龋齿。因此，保教人员应纠正婴幼儿吸吮手指、咬指甲、咬铅笔、托腮等不良习惯。

4. 合理饮食，定期检查牙齿

保教人员应注意合理搭配婴幼儿的膳食，引导他们少吃零食和高热量的食物，多吃蔬菜水果和钙含量高的食物；定期组织婴幼儿检查牙齿，一般每半年检查一次，以便尽早发现问题并及时处理。

二、合理喂养，培养良好的饮食习惯

（1）合理喂养。保教人员需根据婴幼儿的营养需求及生理发育特点合理喂养婴幼儿。对于0—6个月的婴儿，保教人员应提倡母亲为孩子提供纯母乳喂养。婴儿满6个月时，可为其添加辅食。但要注意的是，由于婴儿胃肠道比较娇嫩，接纳新的辅食需要有一个适应过程，因此，为婴儿添加辅食须遵循一定的原则，否则容易引起消化功能紊乱。对于1岁以上的幼儿，由于他们胃的伸缩和蠕动能力不够强，胃壁较薄，分泌的胃酸及各种消化酶均比成人少，消化能力有限，因此，保教人员提供的膳食应易于幼儿消化吸收。

（2）培养良好的饮食习惯。保教人员应培养婴幼儿细嚼慢咽、定时定量、不挑食、不偏食的进餐习惯；进餐时保持愉悦心情，不嬉戏打闹，避免食物呛入气管；饭前进行安静的活动，饭后不剧烈运动；养成餐前洗手、餐后漱口和擦嘴的好习惯。

三、培养良好的排便习惯

保教人员应关注婴幼儿大小便前的动作和表情，掌握婴幼儿的排便规律，固定其大小便场所，逐步培养婴幼儿表达大小便需求的能力；2岁后，可逐渐减少婴幼儿白天使用尿布的时间。

此外，保教人员还要培养婴幼儿定时排便的习惯，不要让婴幼儿憋大便，以防引发习惯性便秘；多引导婴幼儿参加符合其年龄特点的运动，多吃蔬菜、水果等含粗纤维较多的食物，适量饮水，以促进肠道蠕动，预防便秘。

· 教养实践 ·

减少生理性溢乳的方法

1. 关注喂哺过程

母亲应尽量避免在婴儿极度饥饿时喂奶，以免婴儿因咽得太快而吸入过多空气。母亲可采用合适的喂哺姿势，如抱起婴儿喂奶，让婴儿身体处于约 45 度的倾斜状态，以减少溢乳的发生。

每次喂奶之后，母亲可为婴儿"拍嗝"。具体方法为：将婴儿竖抱起来，使婴儿的下巴贴在母亲的肩膀处，用一只胳膊托住婴儿的臀部，另一只手呈空心状，由下往上轻拍婴儿的背部，帮助其打嗝，以排出胃内气体，减少溢乳的发生。此外，母亲在喂奶时，应尽量让婴儿保持安静、平静且愉快的状态。

> 在线阅读
> 《托育机构婴幼儿喂养与营养指南（试行）》

2. 排除过敏反应

如婴儿有过敏性疾病家族史，建议母亲停止给婴儿喂食容易引发过敏的食物两周，如鸡蛋、牛乳、小麦粉等，以观察婴儿溢乳是否与这些食物有关。

3. 区分生理性溢乳和呕吐

生理性溢乳与呕吐不同。呕吐是由消化道和其他有关脏器受到某些异常刺激而引起的神经反射性动作。呕吐时，奶水多是喷射性地从婴儿嘴里甚至鼻子里涌出，婴儿表情痛苦；或在婴儿的呕吐物中发现血丝样或黄绿色物质。

呕吐一般在婴儿进食不久后发生，吐出的量比平时溢乳的量大。若遇到上述呕吐的情况，需要及时就医。

· 家园沟通 ·

根据本学习活动所学知识，保教人员在开展家园沟通工作时，可参考以下内容：

（1）引导家长认识到良好的用牙习惯、饮食习惯以及排便习惯，对婴幼儿身心健康的重要价值。

（2）针对患有龋齿、肠绞痛、便秘等疾病的婴幼儿，应动员家长积极配合保教人员实施干预措施，如纠正婴幼儿不良的饮食习惯或排便习惯、为婴幼儿提供合理的膳食、定期带婴幼儿进行复查等。

● 学习水平评价表 ●

评价内容	观测点	分值	得分
消化系统的结构及功能	• 正确说出人体消化道和消化腺的主要结构（10分） • 正确说出人体消化道和消化腺的主要功能（10分）	20分	
婴幼儿消化系统的生理特点	• 能简述婴幼儿消化系统的主要生理特点（10分） • 能结合婴幼儿消化系统的生理特点，分析良好的用牙习惯、饮食习惯以及排便习惯等对婴幼儿身心健康的价值（20分）	30分	
婴幼儿消化系统的保育要点	• 能根据婴幼儿消化系统的生理特点，选择恰当的保育措施（15分） • 能根据婴幼儿消化系统的生理特点，向家长提出适宜的教养建议（15分）	30分	
素养目标达成情况	• 能在学习过程中主动提出疑问或分享自己的观点（10分） • 能认识到良好的用牙习惯、饮食习惯以及排便习惯对婴幼儿身心健康发展的重要性（10分）	20分	
总　分		100分	

● 课后练习 ●

在线自测

一、单选题

1. 婴儿在6—7个月时唾液分泌量增多，而他们的口腔容积较小，吞咽功能发育不完善，因此容易发生（　　）。

　　A. 生理性流涎　　　　　　B. 溢乳　　　　　　　C. 呕吐　　　　　　　D. 便秘

2. 婴幼儿肠道相对较长，固定较差，易发生（　　）。

　　A. 感染性疾病　　　　　　B. 肠套叠　　　　　　C. 营养吸收不良　　　　D. 肠梗阻

3. 婴幼儿消化能力弱的原因是（　　）。

　　A. 胃壁薄　　　　B. 分泌胃液酸度低、消化酶少　　　C. 胃蠕动能力弱　　　D. 以上都是

4. 婴幼儿易患龋齿的原因有（　　）。

　　A. 牙釉质较薄　　　　　　B. 牙本质较软　　　　C. 咬合面窝沟较多　　　D. 以上都是

5. 以下说法正确的是（　　　）。

    A. 婴幼儿的乳牙除有咀嚼食物以帮助消化的功能外，还可以辅助发音

    B. 婴幼儿贲门括约肌松弛，但胃部位置与成人相似，所以不易溢乳

    C. 肠绞痛是由饮食不当引起的

    D. 只要按时刷牙、饭后漱口，保持口腔清洁，就不必检查牙齿了

二、简答题

1. 婴幼儿消化系统由哪几个部分组成？其特点有哪些？

2. 简述婴幼儿口腔的保育要点。

三、拓展题

    阅读案例，回答问题。

    6 岁的敏敏最喜欢吃妈妈做的红烧鱼了。有一天，当看到刚端上餐桌的红烧鱼时，他就迫不及待地拿起筷子夹了一块鱼吃。吃着吃着，敏敏突然感觉喉咙处被一根鱼刺卡住了，并不断地咳嗽。妈妈看到敏敏痛苦的表情，急忙从厨房拿了个大馒头给敏敏，说道："应该是鱼刺卡喉了，吃几口馒头吧，一会儿就咽下去了。"敏敏照着妈妈的话咽了几口馒头，感觉好些了，但是咽部仍然有异物感。因为平时都是这么处理的，妈妈也没太在意。

    然而，3 天过去了，敏敏感觉疼痛不减反增，连咽唾沫都让喉咙疼得受不了，便告诉了妈妈。妈妈这才感觉情况严重，急忙将敏敏送医院检查。经过 CT 检查，妈妈在听了医生的话后吓出一身冷汗。原来，鱼刺已经刺破食管，"躲"在喉咙后面，紧贴着颈椎，刺尖直顶着颈部大动脉血管。万幸的是，鱼刺距离大动脉血管还有 1 厘米左右的距离。最终，经过 2 个多小时的手术，医生从敏敏的颈部取出一根长约 2.5 厘米的鱼刺。

    问题：假如你是敏敏的妈妈，当敏敏出现鱼刺卡喉的情况时，你会选择使用什么方式帮助敏敏应对？

学习活动 5　婴幼儿泌尿及生殖系统的生理特点及保育

────────────── ○ **学习目标** ○ ──────────────

- ☑ 能简述人体泌尿及生殖系统的主要结构及功能。
- ☑ 能概述婴幼儿泌尿及生殖系统的生理特点。
- ☑ 能结合婴幼儿泌尿及生殖系统的生理特点，选择恰当的保育措施。
- ☑ 能根据婴幼儿泌尿及生殖系统的生理特点，向家长提出适宜的教养建议，并与家长进行有效的沟通。
- ☑ 能认识到良好的生活卫生习惯对婴幼儿泌尿及生殖系统健康的重要意义，能细致观察婴幼儿性发育的早期征兆，并合理开展婴幼儿性教育活动。
- ☑ 能主动获取并整理有关婴幼儿泌尿及生殖系统保育的有效信息，乐于展示学习成果，并能对本学习活动的学习情况进行总结和反思。

────────────── ○ **课前小活动** ○ ──────────────

- ☑ 预习本学习活动内容，完成案例导入中的思考题及各探索活动。
- ☑ 查阅相关资料，初步了解婴幼儿泌尿及生殖系统的生理特点。

────────────── ○ **案例导入** ○ ──────────────

▍尿裤子，没关系▍

　　托班有个 27 个月大的女孩，名叫悠悠。一天上午，我观察到悠悠在玩游戏的时候突然站在原地，双腿分开，小屁股微微撅起，小脸红扑扑的，面露尴尬的神色。她显然是尿湿裤子了！作为观察者，我立即靠近她，蹲下身对她微笑，试图给她安全感。

我问："悠悠，你是在小便吗？"她先看看我，再看看自己，然后点了点头。我赞许地说："悠悠真聪明，知道自己小便了，尿布湿了。"然后我抱起悠悠，走向更衣室，全程与她保持眼神接触，并对她微笑，以此来缓解她的害羞感和不安全感。

到了更衣室，我轻声对她说："我们需要换掉湿掉的裤子和尿布，这样能更舒服。"她点点头，于是我就开始轻轻地帮她更换。在此过程中，我通过让她逐渐参与进来的方式，如让她自己脱掉尿布并将尿布丢进垃圾桶，来培养她初步的自我服务意识。离园时，我又与悠悠的妈妈进行了交流，建议她在家里也多鼓励孩子自己表达大小便的需求，还可以为她准备一个安全、舒适的小马桶，以此引发悠悠如厕的兴趣。

（由谈佳乐老师提供）

思考　针对悠悠尿裤子的情况，老师是如何做的？除以上方法外，老师还可以如何培养婴幼儿的如厕能力？

食物进入人体后，经过消化变成可吸收的营养物质，同时产生代谢物。这些代谢物除以汗液、粪便的形式排出身体之外，绝大部分是通过泌尿系统以尿液的形式排泄的，因此，泌尿系统是"人体废物处理场"之一。

另外，人体在发育成熟以后，可以生育后代，这主要是由生殖系统完成的。生殖系统的主要功能是产生生殖细胞，繁殖新个体，以及分泌性激素和维持第二性征。生殖系统与泌尿系统紧密相连。

婴幼儿的大脑皮质尚未发育完善，排尿控制能力弱。此外，婴幼儿因生理结构特殊，其泌尿系统较易发生感染。因此，保教人员要引导婴幼儿养成及时排尿、保持会阴部位卫生、排便时从前往后擦的习惯，以有效预防泌尿系统感染的发生。婴幼儿的生殖系统尚未开始发育，因此，保教人员应重点关注婴幼儿性心理的保育与教育，注意对他们进行科学的、随机的性教育，积极引导婴幼儿形成正确的性别自我认同，提高自我保护意识，防止性侵害。

探索 1　你了解人体的泌尿系统吗？

请结合学习支持1的内容与图1-5-1，了解人体泌尿系统的基本结构及功能，再通过网络搜索相关知识，将图中对应的部位名称填写在空格中。

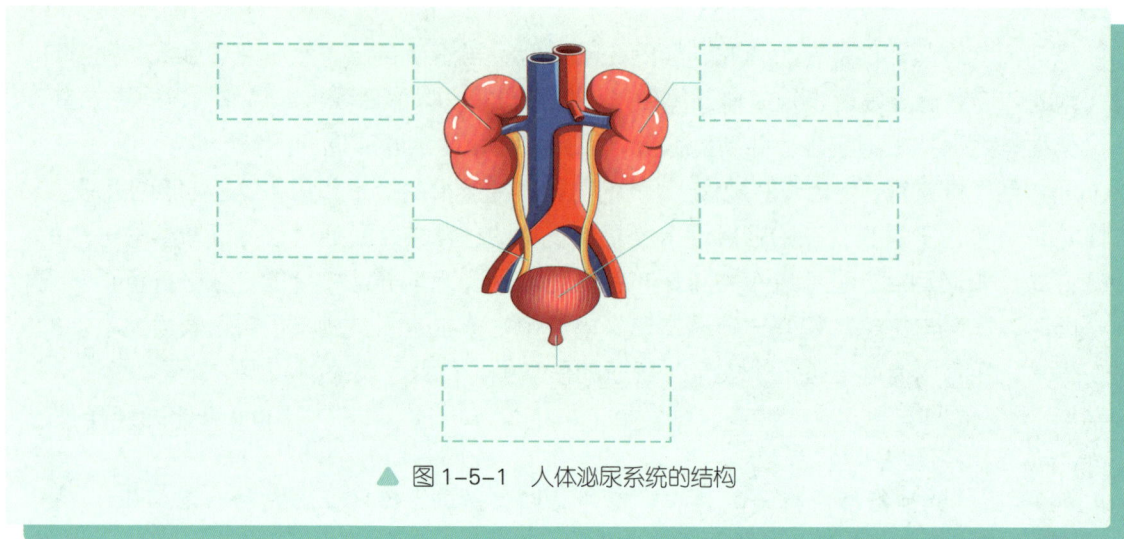

▲ 图1-5-1　人体泌尿系统的结构

学习支持 1

★ 泌尿系统的结构及功能

泌尿系统由肾、输尿管、膀胱和尿道组成。其中，肾是尿液的"生产地"，输尿管、尿道是尿液的"输送管道"，膀胱是尿液的"贮存及排放地"。泌尿系统在排出尿液的同时还能调节体内水、盐代谢和酸碱平衡，维持机体内环境的相对稳定，保证生命活动的正常进行。

一、肾

肾位于腹后壁脊柱两侧，左右各一，外形似蚕豆，外缘凸出，内缘凹入。肾脏的内部结构可分为肾实质和肾盂两部分。人体在新陈代谢的过程中会不断产生代谢废物及多余的水分，这些都需要排出体外。肾是人体的主要排泄器官，它的泌尿功能对保持人体环境的相对稳定起重要作用。

二、输尿管

输尿管是输送尿液的一对细长肌性管道，呈扁圆形状，上接肾盂，下连膀胱。管壁由平滑肌组成，通过平滑肌的不断蠕动，将尿液从肾盂向下送入膀胱。

三、膀胱

膀胱位于盆腔内，是一个由平滑肌组成的锥体囊状结构，伸缩性很强，底部有通向尿道的开口，其主要功能是贮尿。

排尿是一个由意识控制的复杂的反射活动。膀胱内尿量越多，压力就越大，这种压力上传到大脑可引起尿意。在适宜的环境下，大脑下达排尿指令，膀胱肌肉收缩，将尿液经尿道排出体外；如无适宜环境，大脑就会抑制尿意。

四、尿道

尿道是尿液从膀胱排出体外的管道，起于膀胱，止于尿道外口。男性尿道细长，女性尿道粗短。

探索 2　婴幼儿泌尿系统有哪些特点？

　　姗姗最近在幼儿园经常去上厕所，有时一天要去十几次。陈老师觉得有些异常，便向家长反映了这个情况。于是，家长带姗姗去了医院，经过医生检查发现，姗姗是患了尿路感染。家长很疑惑：这么小的孩子，怎么会患尿路感染呢？

　　请结合学习支持 2 的内容，思考以下问题。

　　（1）姗姗可能是由什么原因患上尿路感染的？

　　（2）如果你是陈老师，针对姗姗出现的情况，你会给家长提供哪些保育建议？

....

....

....

....

学习支持 2

★ 婴幼儿泌尿系统的生理特点

一、肾脏功能发育不完善，易出现功能紊乱

　　婴幼儿年龄越小，肾脏相对越重。新生儿两肾的重量约为体重的 1/125，而成人两肾的重量则约为体重的 1/220。[①] 婴幼儿肾表面凹凸不平，呈分叶状，位置较低。随着婴幼儿躯体不断长高，其肾脏的位置也逐渐升高，最后达到腰部。

　　婴幼儿肾脏尚未发育成熟，调节机制不够完善，因此在喂养不当、患病或处于应激状态时，易出现肾功能紊乱。此外，由于婴幼儿的肾小球滤过率低，尿液浓缩能力差；同时，肾

---

① 王卫平，孙锟，常立文．儿科学（第 9 版）[M]．北京：人民卫生出版社，2021:294.

小管短，重吸收和排泄功能差。因此，婴幼儿在饮水过多时易发生水肿，在患有疾病或者遇到紧急状况时易出现脱水现象。婴幼儿的年龄越小，上述发育特点就越明显。随着年龄的增长，婴幼儿的尿量会逐渐增多（见表1-5-1）。此外，1岁前是婴幼儿肾脏发育的关键阶段；1岁后，各项肾功能可接近成人水平。

表 1-5-1　不同年龄段婴幼儿的排尿量

年龄	0—1岁	2—3岁	4—7岁
尿量（毫升/天）	400—500	500—600	600—800

二、排尿次数多，控尿能力弱

婴幼儿新陈代谢旺盛，肾脏的尿液浓缩和重吸收能力差，同时膀胱容量小，肌层及弹力纤维发育不良，储尿功能差，因此，婴幼儿的年龄越小，每日排尿的次数就越多（见表1-5-2）。尿量的个体差异很大，会受气温、疾病、运动及饮水量等因素的影响。

表 1-5-2　不同年龄段婴幼儿的排尿次数

年龄	新生儿	1岁	2—3岁	5岁	成人
排尿（次/天）	20—25	15—16	约10	3—5	4—6

婴幼儿神经系统发育不完善，对排尿反射的控制力较差，易发生遗尿现象。随着年龄的增长，婴幼儿的排尿控制力会逐渐增强。一般在1.5岁左右，婴幼儿能逐渐控制小便；若5岁以后还不能自主控制排尿，则可能患有遗尿症。

三、尿道短，易发生上行性感染

婴幼儿尿道较短，尿道黏膜发育尚未成熟，易受损伤，弹性组织发育较差。由于生理结构的特殊性，女孩尿道外口暴露在外（在尿道外1厘米左右），尿道开口离阴道、肛门很近，若不注意外阴部的清洁卫生，尿道容易被粪便等污染，造成尿路感染。若细菌经尿道上行，还可引起膀胱炎、肾盂肾炎等。男孩尿道虽较长，但在包皮积垢后亦容易引起细菌上行性感染。

★ 婴幼儿泌尿系统的保育要点

婴幼儿泌尿系统各器官正处于生长发育阶段，功能尚未完善，保教人员应根据婴幼儿泌尿系统的特点，采取必要的保育措施，保护和促进婴幼儿泌尿系统的正常生长发育，保证婴幼儿的健康成长。

一、培养良好的排尿习惯，提高幼儿的排尿控制能力①

（1）培养幼儿按时排尿，主动如厕的习惯。幼儿排尿次数多，对尿意的控制力比较差，应及早对他们进行排尿习惯的训练。1.5—2岁是幼儿养成良好如厕习惯的关键期。针对13—24个月的幼儿，应鼓励他们及时表达大小便需求，形成一定的排便规律，逐渐学会自己坐便盆；对于25—36个月的幼儿，要培养他们主动如厕的习惯。需要注意的是，应避免采用把尿的方式进行排尿训练，同时应将幼儿每次坐便盆的时间控制在5分钟内，以免影响幼儿正常的排尿反射。

（2）提醒幼儿不频繁排尿、不憋尿。如果幼儿经常憋尿，不仅难以及时清除体内废物，还容易引发尿路感染。保教人员可在组织集体活动前和睡眠前，提醒幼儿排尿，尤其应提醒贪玩的幼儿排尿。但要注意的是，提醒幼儿排尿的次数不可过于频繁，以免造成尿频，影响膀胱正常的储尿机能。

（3）做好幼儿遗尿的防范工作。注意避免让幼儿在睡前进行剧烈运动，也不要让幼儿精神紧张或过度疲劳等。对于遗尿幼儿，不要责骂他，应注意加强对他的教育引导和训练，帮助他建立排尿条件反射。

二、养成良好的卫生习惯，预防泌尿道感染

（1）引导婴幼儿养成每晚睡前清洗外阴的习惯；注意使用专用的毛巾、盆，不要用不干净的水清洗外阴，毛巾也要经常消毒。此外，婴幼儿的衣服要与成人的分开洗。

（2）建议给婴幼儿穿封裆裤；教育婴幼儿不要坐在地上玩耍，避免细菌进入会阴部。

（3）教会稍大的幼儿在大便后用干净的卫生纸从前向后擦拭，以免粪便中的细菌污染尿道。

（4）合理安排婴幼儿的饮食，不可因婴幼儿的喜好而任由其暴饮暴食，也不应给予口味过重或添加剂过多的食品。因为这些代谢产物主要由肾脏排出，而婴幼儿肾脏娇嫩且生长快，饮食过量或添加剂摄入过多会加重肾脏负担。对于1岁以内的婴儿，辅食应保持原味，不加盐、糖和调味品；对于1岁以上的幼儿，辅食要少盐、少糖。此外，还应鼓励幼儿尝试多样化的食物，避免食用腌制、卤制、烧烤类的食物，以及重油、甜腻、辛辣刺激的重口味食物。

（5）托幼机构内的便器、便盆应每天清洗和消毒。

三、保持臀部和身体干爽清洁，预防尿布疹

尿布疹是指接触尿布区域的皮肤所发生的局限性皮炎，是婴儿常见的皮肤病。发生尿布疹的主要原因是未及时更换尿布，导致尿液长时间残留在皮肤上，尿液内的尿毒素在经过细菌作用后产生腐蚀性物质，这些物质会损害婴儿娇嫩的皮肤，进而引发尿布疹。因此，保教人员要做好尿布疹的预防和护理工作。具体包括：定期更换尿布；若发现婴儿有大小便，要及时用温水为其清洗臀部，并换上干净的尿布，保持臀部干爽；若发现婴儿臀部出

---

① 说明：本条保育措施针对的是1岁以上的幼儿。1岁以内的婴儿，由于其大脑、神经、肌肉尚未发育成熟，故不宜过早进行排尿训练，应以使用尿布或纸尿裤为宜。

现尿布疹，应及时涂抹抗菌软膏，做好尿布疹的护理工作。

四、提供充足的饮用水，提醒婴幼儿饮水及排尿

一般情况下，人体一昼夜至少要排出 500 毫升的尿液，以确保将体内的代谢废物排出。否则，代谢废物会在体内积聚，影响身体健康。因此，婴幼儿每天要喝足够的白开水，适量摄入奶类、蔬菜、水果等食物，以促进尿液的形成。6—12 个月婴儿的单日水分总摄入量应达到 900 毫升（包含奶或其他食物、饮水），其中饮奶量为 500—700 毫升；1—2 岁幼儿的单日水分总摄入量为 1300 毫升（包含奶或其他食物、饮水），其中饮奶量为 400—600 毫升；2—3 岁幼儿的单日饮水量建议满足 600—700 毫升；4 岁以上幼儿对水的摄入量随着年龄的增长而逐步增加，每天建议饮水 800 毫升左右，以保证有充足的排尿量。排尿时，尿液从上往下流动，对输尿管、膀胱、尿道可起到冲刷作用，从而减少尿路感染的发生。

五、预防泌尿系统疾病，发现异常及时就医

注意观察婴幼儿面部（尤其是眼睑）是否浮肿，以及婴幼儿排尿的次数，尿液的颜色、气味等是否正常。若观察到婴幼儿的尿液颜色、气味出现异常，应及时联系家长将其送医诊治。需要注意的是，某些药物、食物也可引起尿液颜色、气味的变化，此时可持续观察一段时间，若异常情况持续存在应及时就医。

小链接 🔍

异常小便的识别与应对

一般情况下，新生儿每天排尿 20—25 次，1 岁时每天排尿 15—16 次，2—3 岁时每天排尿 10 次左右，3—6 岁时每天排尿 6—7 次。随着年龄的增长，婴幼儿每次的排尿量逐渐增多，次数逐渐减少。正常的小便颜色呈淡黄色，澄清透明，无特殊气味。婴幼儿身体的许多异常情况会通过小便反映出来。因此，当婴幼儿小便后，保教人员需要细心观察，具体可从小便的量、次数、颜色、透明度和气味等方面进行观察。

如果婴幼儿出现尿频、尿痛、尿急、小便混浊等情况，则有可能是尿路感染。如果出现红茶色小便，则可能患有甲肝。如果尿色变红且排除饮食原因，则可能是血尿或肾炎。其中，尿频患儿的排尿次数可以增加到每天 20—30 次。如果是饮食引起的尿频，可适当调整饮食，且不要让婴幼儿喝过量的水。如果是生理原因引起的尿频，则需要排除疾病因素，鼓励婴幼儿将两次排尿间隙的时间拉长。如果是疾病原因引起的尿频，则应尽早告诉家长，立即带孩子就医。如果是心理原因引起的尿频，则需了解导致精神刺激的诱因，多理解、安抚婴幼儿，让他们放松心情。

在一日活动中，若发现婴幼儿有小便异常的情况，应留样送检，让保健老师来处理，并及时与家长沟通，做好婴幼儿泌尿系统的保育工作。

探索 3 你了解人体的生殖系统吗?

请结合学习支持 3 的内容，了解人体生殖系统的基本结构及功能，再通过网络搜索相关知识，用思维导图的形式对这些知识进行梳理和记录。

女性生殖
系统

男性生殖
系统

学习支持 3

★ 生殖系统的结构及功能

生殖是生物繁衍后代，保证种族延续的重要生命过程。生殖系统由生殖腺、生殖管道和附属器官等组成。生殖器官通过受精、妊娠等生理过程，起到繁衍后代的作用。生殖器官按其所在部位，可分为内生殖器和外生殖器两部分。男性和女性的生殖系统有所区别。

一、女性生殖系统

女性外生殖器又叫外阴，由阴阜、阴唇、阴蒂等组成；内生殖器由卵巢、输卵管、子宫和阴道组成。其中，卵巢是女性的主要性器官，位于盆腔内子宫两侧的前上方，左右各一个，呈扁卵圆形，它能够产生卵子和分泌雌性激素、孕激素。子宫位于盆腔内，子宫壁很厚，有丰富的肌肉。子宫在妊娠过程中可以逐渐扩展，以利于孕育胎儿。

二、男性生殖系统

男性外生殖器由阴茎和阴囊组成；内生殖器由睾丸、输精管和前列腺等组成。其中，睾丸是男性主要的性器官，有分泌雄性激素和产生精子的功能。

探索 4   婴幼儿的生殖系统有什么特点？

东东小便后，站在马桶前若有所思。陈老师见状，便走过去问他："东东，你在想什么呢？"东东不解地问："陈老师，每次小便的时候，为什么男孩是站着的，而女孩是蹲着的呢？"

请结合学习支持 4 的内容，并查阅相关资料，回答以下问题。

（1）东东为什么会产生这样的疑惑？

（2）如果你是陈老师，你会如何解答东东的疑惑呢？

....

....

....

....

....

学习支持 4

★ 婴幼儿生殖系统的生理特点

一、发育缓慢，基本处于静止状态

人体的内外生殖器官直至青春期才开始迅速发育成熟。在此之前，生殖系统的发育基本处于停滞阶段。婴幼儿生殖器官的发育水平较低，呈现幼稚状态。生殖器官在胎儿期已分化形成，从出生后到青春期前都无明显的变化，男、女童的性激素分泌水平基本相同。男孩在 1—10 岁时，睾丸长得很慢，其附属物相对较大。女孩卵巢滤泡在胎儿期后几个月已经成熟，但在性成熟后才开始排卵。因而对于婴幼儿来说，有关生殖系统和性方面的保育主要侧重于性心理教育。

二、抗感染能力弱，易受感染

男童生殖器在婴幼儿时期可能表现为包茎或包皮过长；女童生殖器在婴幼儿时期可能表现为阴道狭长、无皱襞，阴道酸度低、抗感染能力弱。这些因素均易导致炎症的发生。

★ 婴幼儿生殖系统的保育要点

一、保持外生殖器官的卫生

保教人员要引导婴幼儿养成每天洗澡或清洗外阴部的习惯（女童注意从前往后清洗，最后清洗肛门），并勤换内衣裤。此外，洗臀、洗澡的毛巾要专人专用，注意清洁与消毒。

二、衣着宽松、舒适

婴幼儿宜穿棉质的内衣裤，且松紧适度。男童的内外裤都要宽松，特别是高温季节，以免局部高温影响睾丸发育。女童每天都应换洗内裤，不宜穿紧身裤。

三、避免生殖器外伤

男童最常见的外生殖器损伤是包皮被拉链夹伤，一旦发生，应注意不能盲目地拉拉链，而是应马上将裤子剪破，留下附着在包皮上的拉链就医。为预防此类包皮损伤，保教人员应注意不给小年龄男童穿有拉链的裤子。此外，保教人员也应避免让男童进行骑跨类活动，以免造成阴囊、阴茎的钝挫伤。

四、注意观察婴幼儿性发育的早期征兆

婴幼儿性发育尚未启动，若出现性发育的体征，应警惕性早熟倾向，尽早就医。大多数女童性发育的最早表现是乳房发育，在体表特征上，可先后出现乳头下有硬结、肿痛，乳晕增大、着色，乳房呈圆丘形隆起等表现，随后大阴唇着色、腋窝出现浅色较细的长毛，阴道分泌物开始增多（内裤上可见少许分泌物），阴部出现疼痒等。男童性发育的最早表现为睾丸增大，并伴随着阴囊的变化，随后可依次有阴茎增大，阴部出现浅色较细的长毛，变声，腋窝出现长毛，上唇出现胡须及出现喉结等表现。

五、关注性教育

幼儿期是形成性角色、发展性心理的关键期。2—3岁时，幼儿的性别意识开始萌芽，知道自己是男孩或是女孩。3岁后，幼儿常会问"我为什么是女的，他为什么是男的""我是怎么来的"之类的问题。此时是培养幼儿性别认同和性角色认同的重要阶段，保教人员应注意对幼儿进行科学、随机的性教育，使其形成正确的性别自我认同感。幼儿自我保护意识比较薄弱，好奇心、求知欲强，保教人员应给予他们性别相关知识的教育与引导，提高他们的自我保护意识，防范性侵害。

幼儿期性教育可从引导幼儿认识自己的性别开始，并使幼儿初步进入性别角色。例如：可以让男孩、女孩分厕或分时如厕等；教会幼儿基本的性卫生知识，如大小便后要洗手、不可把小棍等异物塞入尿道等；引导幼儿建立初步的性道德观念，如男孩、女孩互相尊重等。

·教养实践·

托幼机构里的"性教育"

不少人认为，性教育是孩子到青春期才会涉及的话题，其实，性教育对于托幼机构里的幼儿来说同样重要。在托幼机构的日常活动中，保教人员可以采用以下方法来开展性教育。

（1）通过讨论或展示直观卡通图片的方式引导幼儿发现男孩和女孩身体的不同，了解身体的"私密"。

（2）结合儿歌及日常生活经验，帮助幼儿明白人与人之间的身体界限，知道泳衣遮住的部位都是隐私部位，都是千万不可以让别人看和触摸的地方。

（3）通过绘本故事，帮助幼儿学会分辨什么样的行为是友好的，什么样的行为是对自己有侵害的，懂得保护自己和尊重他人。

（4）通过情景模拟，引导幼儿学会如何拒绝令自己感到不舒服的行为，对他人的过分要求敢于说"不"。

此外，在家园共育中，保教人员可以通过家长会、家长沙龙、家园之窗等形式科学宣传幼儿性心理发展的规律，引导家长为幼儿提供适宜的性教育。

·家园沟通·

根据本学习活动所学知识，保教人员在开展家园沟通工作时，可参考以下内容：

（1）引导家长认识到培养婴幼儿良好的生活卫生习惯、提醒婴幼儿及时喝水、注意观察婴幼儿性发育的早期征兆等对婴幼儿泌尿及生殖系统健康发育的重要性。

（2）提醒家长注意观察婴幼儿的尿液颜色，预防泌尿系统疾病；针对可能患有尿路感染或肾炎等泌尿系统疾病的婴幼儿，应动员家长积极配合保教人员实施干预措施，如带婴幼儿及时就医、纠正婴幼儿不良的生活卫生习惯、提供充足的饮用水、提醒婴幼儿及时饮水和排尿等。

（3）提醒家长注意观察婴幼儿性发育的早期征兆，指导家长进行科学合理的性教育，如引导婴幼儿认识自己的性别、教会婴幼儿基本的性卫生知识和帮助婴幼儿建立初步的性道德观念等。

◉ **学习水平评价表** ◉

评价内容	观测点	分值	得分
泌尿系统的结构及功能	· 正确说出人体泌尿系统的主要结构（5分） · 正确说出人体泌尿系统的主要功能（5分）	10分	
婴幼儿泌尿系统的生理特点	· 能简述婴幼儿泌尿系统的主要生理特点（5分） · 能结合婴幼儿泌尿系统的生理特点，分析良好的生活卫生习惯对婴幼儿健康的价值（5分）	10分	
婴幼儿泌尿系统的保育要点	· 能根据婴幼儿泌尿系统的生理特点，选择恰当的保育措施（10分） · 能根据婴幼儿泌尿系统的生理特点，向家长提出适宜的教养建议（10分）	20分	
生殖系统的结构及功能	· 正确说出人体生殖系统的主要结构（5分） · 正确说出人体生殖系统的主要功能（5分）	10分	
婴幼儿生殖系统的生理特点	· 能简述婴幼儿生殖系统的主要生理特点（5分） · 能结合婴幼儿生殖系统的生理特点，分析良好的生活卫生习惯对婴幼儿健康的价值（5分）	10分	
婴幼儿生殖系统的保育要点	· 能根据婴幼儿生殖系统的生理特点，选择恰当的保育措施（10分） · 能根据婴幼儿生殖系统的生理特点，向家长提出适宜的教养建议（10分）	20分	
素养目标达成情况	· 能根据婴幼儿泌尿系统的生理特点，培养婴幼儿良好的泌尿卫生习惯，促进婴幼儿泌尿系统的健康发育（10分） · 能结合婴幼儿生殖系统的生理特点，对婴幼儿进行科学、随机的性教育，使婴幼儿形成正确的性别意识，提高婴幼儿对生殖健康的认识（10分）	20分	
总　分		100分	

在线自测

----------------- ● 课后练习 ● -----------------

一、单选题

1. 形似"蚕豆"，主要功能是生成尿液的器官是（　　　）。

　　A. 子宫　　　　　　　B. 睾丸　　　　　　　C. 肾　　　　　　　D. 膀胱

2. 婴幼儿肾脏尚未发育成熟，年龄越（　　　），尿液浓缩能力越（　　　），重吸收和排泄功能越（　　　）。

　　A. 大，差，强　　　　B. 小，差，差　　　　C. 小，差，强　　　　D. 大，强，差

3. （　　　）岁是幼儿养成良好如厕习惯的关键期。针对（　　　）的幼儿，应鼓励他们及时表达大小便需求，形成一定的排便规律。针对（　　　）的幼儿，要培养他们主动如厕的习惯。

　　A. 1—2岁，1—2岁，2—3岁　　　　　　B. 1.5—2岁，1—2岁，2—3岁

　　C. 2—3岁，2—3岁，3岁　　　　　　　D. 1.5—2岁，2岁，3岁

4. 以下做法不正确的是（　　　）。

　　A. 张老师在组织集体活动前和幼儿睡眠前，会提醒幼儿排尿

　　B. 王老师在幼儿排便后会及时对厕所、便池进行清洁与消毒

　　C. 陈老师指导幼儿在大小便后从后往前擦拭臀部

　　D. 杨老师在如厕环节提醒幼儿，坐便盆时间应控制在5分钟以内

5. （　　　）是女性的主要性器官，左右各一个，呈扁卵圆形。它能够产生卵子和分泌雌性激素、孕激素。

　　A. 子宫　　　　　　　B. 膀胱　　　　　　　C. 睾丸　　　　　　　D. 卵巢

6. 婴幼儿生殖系统在青春期前处于（　　　）。

　　A. 快速发展阶段　　　B. 停滞阶段　　　　　C. 高峰期　　　　　　D. 成熟阶段

7. 果果好奇地问王老师："为什么男孩站着小便，女孩蹲着小便？"以下最适宜的回答是：（　　　）。

　　A. 你还小，老师说了你也不懂

　　B. 你观察得真仔细，因为男孩和女孩的身体特点不一样

　　C. 这是个秘密，等你长大就知道了

　　D. 果果，不可以偷看男孩子上厕所

二、简答题

1. 简述促进婴幼儿泌尿系统发育的保育要点。

2. 简述促进婴幼儿生殖系统发育的保育要点。

三、拓展题

阅读案例，回答问题并完成设计任务。

案例1：悠悠最近在幼儿园总是不停地上厕所，有时一个小时要去好几次，而且小便时会感到疼痛。悠悠回家后告诉妈妈：在幼儿园时，她经常憋尿，刚开始感觉有点尿急，但憋着憋着就不想上厕所了。

问题1：悠悠为什么会出现这样的状况？

问题2：针对悠悠出现的情况，幼儿园应做好哪些保育工作？

案例2：在谈话活动中，王老师问中一班的小朋友："你们知道自己是从哪里来的吗？"小朋友们的回答让王老师忍俊不禁，有的说是从妈妈胳肢窝出来的，有的说是从垃圾箱捡来的，还有的说是从妈妈肚子里出来的。针对小朋友们千奇百怪的回答，王老师想设计一次"我从哪里来"的主题活动。

请以"我从哪里来"为主题，小组合作尝试设计本次活动，形式不限。

学习活动 6 婴幼儿循环系统的生理特点及保育

---○ 学习目标 ○---

☑ 能简述人体循环系统的基本结构及主要功能。

☑ 能概述婴幼儿循环系统的发育特点，并选择恰当的保育措施。

☑ 能通过观察婴幼儿的皮肤颜色来初步判断其循环状态是否有异常。

☑ 能通过用手触摸的方式初步判断婴幼儿耳后、颈部、颌下有无淋巴结肿大。

☑ 能根据婴幼儿循环系统的生理特点，向家长提出适宜的教养建议，并与家长进行有效的沟通。

☑ 能认识到积极参与锻炼以及均衡的营养对婴幼儿身心健康的重要意义，强化科学保育意识和儿童健康观察意识。

☑ 能主动获取并整理有关婴幼儿循环系统保育的有效信息，乐于展示学习成果，并能对本学习活动的学习情况进行总结和反思。

---○ 课前小活动 ○---

☑ 预习本学习活动内容，完成案例导入中的思考题及各探索活动。

☑ 通过搜索网络信息，进一步了解人体的循环系统。

---○ 案例导入 ○---

运球太累了

　　今天大班的户外运动项目是练习运球，张老师在一旁观察幼儿活动。人高马大的壮壮因为动作的协调性不太好，所以运球对他来说有较大的挑战。壮壮先是在原地练习拍球，练习数分钟之后，在张老师的鼓励下，他才开始尝试运球。可篮球似乎"很不听话",壮壮才拍了没几下,球就滚到旁边去了。经过反复几次的拍球、捡球之后,壮壮显得很疲惫。只见他脸色潮红,一边吃力地拍着球,一边缓慢地挪动着身体,同时还"呼呼呼"地喘着气,额角的汗也打湿了头发。看得出来,他已经体力不支了。

又过了一会儿,壮壮失去了耐心,他扔掉了球并抱怨:"运球太累了!我不想练习运球了!"接着,他跑到张老师身边要求喝水。张老师提醒:"运动后不能一次喝太多的水,只能喝半杯。"等他喝完水,张老师又引导壮壮说:"运球有一定的难度,你要相信自己能做好!"随后,张老师建议壮壮先坐在一边休息一下,擦擦汗,并鼓励他等休息好了再去尝试练习运球。

(由张玲老师提供)

思考 为什么"人高马大"的壮壮容易在运动中感到疲惫?为什么在运动后不能一次喝太多的水?

循环系统由心血管系统和淋巴系统组成,是人体内封闭的连续管道系统。循环系统的主要生理功能是物质运输,即将消化系统吸收的营养物质以及肺部吸收的氧气输送到全身各组织细胞,以供其代谢利用,同时将代谢产物输送到肺、肾等器官,以便排出体外,从而保证人体新陈代谢的正常进行。此外,循环系统还有调节机体体液、维持机体内环境稳态、免疫防御等作用。

探索 1 你了解人体的血液循环系统吗?

请结合学习支持1的内容与图1-6-1,了解人体血液循环系统的基本结构及功能,然后通过网络搜索相关知识,将图中对应的部位名称填写在空格中。

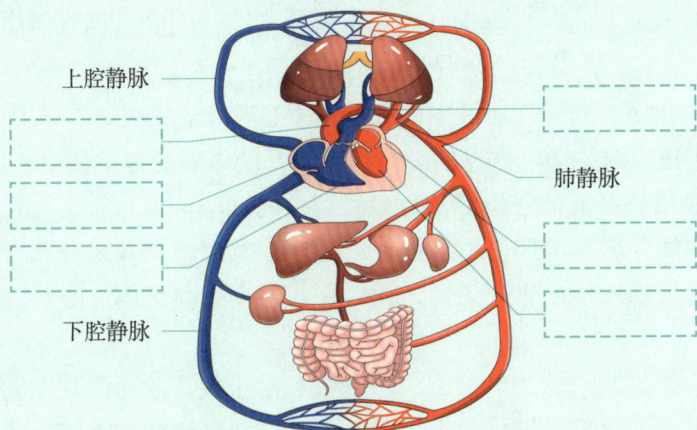

图1-6-1 人体血液循环系统

学习支持 **1**

⭐ **循环系统的结构及功能**

一、心血管系统的结构及功能

1. 心脏

心脏位于胸腔内，由心肌构成，有很强的收缩和舒张能力，是推动血液流动的动力源。心脏内部有四个腔，分别为左心房、左心室、右心房、右心室。房室之间有瓣膜，为单向的阀门，以保证血液从心房流向心室，而不会倒流。心脏的左、右两半互不相通。

2. 血管

血管是血液循环的通道，分为动脉、静脉和毛细血管三种类型。

（1）动脉是将血液从心脏输送到全身各器官、组织的血管。连接左心室的是主动脉，管壁很厚，弹性纤维多，弹性较大，管径较粗大，血流速度很快。

（2）静脉是将血液由全身各组织、器官送回心脏的血管，由毛细血管静脉端逐渐汇集而成。与同型动脉相比较，静脉管壁较薄，管径大，弹性较弱，血流速度也较慢。

（3）毛细血管由动脉逐级分支后形成，分布在全身各处，管径极小，管壁极薄，血流速度极慢。血液中的氧及养料能透过毛细血管壁，被输送到细胞以供其使用；同时，细胞代谢产生的废物又能透过管壁进入毛细血管，随后进入静脉。因而，毛细血管连接了动脉与静脉，是血液与组织间进行物质交换的主要场所。

3. 血液

血液存在于心脏和血管中，由血浆和血细胞组成。血液具有多方面的功能，机体所需要的氧和养料的供应，以及在代谢过程中所产生的二氧化碳和各种代谢产物的排出，都要通过血液的运输来实现。同时，由于血液在不断地流动，因此对保持体温及各种理化因素的平衡也起着重要作用。内分泌腺所分泌的激素也要由血液运送到该激素所作用的器官上，这样才能产生调节作用。此外，血液中白细胞的吞噬作用、血小板的凝固作用，以及血液中免疫物质（如抗体）对细菌、病毒的防御作用，都能保障身体的健康。

（1）血浆。血浆是血液的液体部分，为淡黄色的透明液体，含有大量的水分以及无机盐、葡萄糖、蛋白质等多种溶质。血浆是血细胞生存的环境，其成分和渗透压的相对恒定是维持血细胞正常发挥功能的重要条件，同时还起着运送血细胞、养料、细胞和代谢废物等物质的作用。

（2）血细胞。血细胞可分为红细胞、白细胞和血小板。成熟的红细胞没有细胞核，呈双面凹陷的圆盘状，因含有血红蛋白（又叫血色素）而呈红色。红细胞的主要功能是通过血红蛋白为机体运输氧气和二氧化碳。

白细胞为无色有核的球形细胞,体积比红细胞大,能做变形运动,具有防御和免疫功能。其中,白细胞中的中性粒细胞、单核细胞等具有吞噬病原性细菌的能力;白细胞中的淋巴细胞可参与机体的免疫反应,在抵御病毒、细菌等微生物,以及毒素、肿瘤细胞等病原体方面发挥着极其重要的作用。此外,白细胞的数量会随着生理状态的改变而发生较大的波动。例如,在运动失血、妊娠及有炎症的情况下,白细胞的数量均会增加。

血小板是小块的细胞碎片,形状不规则,无细胞核。血小板的功能主要是促进止血和加速凝血。当血小板缺少时,人体会发生凝血障碍,导致出血倾向,使皮肤出现瘀点、紫斑。

4. 血液循环

人体的血液循环是指借助心脏的节律性搏动,血液经动脉、毛细血管、静脉,最后返回心脏的过程。根据人体血液循环路线的不同,可将血液循环分为体循环和肺循环两部分。体循环和肺循环通过心脏相互连通,构成人体的一条完整的循环途径。

(1)体循环的路径为:血液由左心室搏出→主动脉→各级动脉→全身各组织的毛细血管(进行物质和气体交换)→各级静脉→上下腔静脉→右心房。经过体循环,组织细胞和毛细血管在发生物质交换后,颜色鲜红、含氧丰富的动脉血会变成颜色暗红、含氧稀少的静脉血。

(2)肺循环的路径为:血液由右心室搏出→肺动脉及其分支→肺内毛细血管(释放二氧化碳,吸进氧气)→肺静脉→左心房。肺循环的主要功能是完成气体交换。经过肺循环后,血液中的含氧量增加,静脉血又变成了动脉血。

二、淋巴系统的结构及功能

淋巴系统是人体重要的防御系统,它遍布全身各处,由淋巴管、淋巴组织、淋巴器官(如淋巴结、脾、扁桃体等)构成。淋巴系统与心血管系统密切相关。淋巴系统能制造白细胞和抗体,滤出病原体,参与免疫反应,同时对于液体和养分在体内的分配也有重要作用。

1. 淋巴管

血液在经动脉到达毛细血管后,其中的部分血浆成分从毛细血管渗出,进入组织间隙,形成组织液。组织液在与细胞进行物质交换后,大部分被毛细血管吸收,进入静脉,小部分进入毛细淋巴管,形成淋巴液。毛细淋巴管分布于全身,逐渐汇合成较大的淋巴管,最后汇集到两根较粗的淋巴干。淋巴干与上、下腔静脉相通,淋巴液由此进入静脉,加入血液循环。

2. 淋巴组织

淋巴组织是含有大量淋巴细胞的网状结缔组织,分布于淋巴器官以及消化道和呼吸道的黏膜上。

3. 淋巴器官

（1）淋巴结。淋巴管道上有许多大小不一的扁圆形小体，叫淋巴结。淋巴结大多成群存在，身体浅表部位的淋巴结群主要在颈部、腋窝、腹股沟等处。身体不同部位的淋巴结能过滤掉一定范围的淋巴液，阻止并消灭其中的异常细胞和病菌，防止它们扩散。此时，淋巴结内的淋巴细胞迅速增殖，表现为淋巴结肿大、疼痛。例如，由口鼻咽部的炎症病灶所引起的颈项部及其他部位的淋巴结肿大，实际上是淋巴系统的一种防御反应。

（2）脾。脾位于腹腔的左上部，是人体中最大的淋巴器官，呈紫红色，质软而脆，受暴力打击易破裂。脾的主要功能是参与机体的免疫反应。在胎儿时期，脾可产生各种血细胞（即造血）；在个体出生后则只能产生淋巴细胞，并产生抗体，参与体内免疫反应，吞噬死亡和衰老的红细胞、细菌，清除血液中的异物。此外，脾还有贮存血液的作用，当人体急需血液时，它可将贮存的血液输入血液循环中。

（3）扁桃体。扁桃体是位于口腔内咽喉两侧、舌头上方和后方（见图1-6-2），形状像扁桃的淋巴组织。扁桃体可产生淋巴细胞，抵御侵入人体的细菌、病毒和其他抗原物质，与机体免疫有密切关系。婴幼儿在受到细菌、病毒等感染时，可引发扁桃体炎症（多为急性扁桃体炎），并可能导致周围器官出现局部并发症（如急性中耳炎），或者因免疫系统功能紊乱而引发全身并发症。

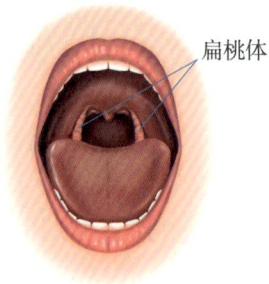

扁桃体

▲ 图1-6-2 扁桃体

探索 2   婴幼儿的循环系统有什么特点？

在托幼机构的儿童定期健康检查中，医生需要通过血液检查来筛查婴幼儿有无缺铁性贫血。在每日的晨间检查中，保健老师需用手触摸婴幼儿耳后、颈部等处的淋巴结，检查是否肿大。这些健康检查内容都与婴幼儿的循环系统发育密切相关。

请结合学习支持2中的内容，思考以下问题。

（1）婴幼儿为什么容易发生缺铁性贫血？

（2）每日晨检中为何要检查婴幼儿耳后、颈部等处的淋巴结有无肿大？

....

....

....

....

学习支持 2

★ 婴幼儿循环系统的生理特点

一、婴幼儿心血管系统的生理特点

1. 心脏机能弱，心率较快，心搏不稳定

婴幼儿时期心脏生长较快，质量和容积都随着年龄的增长而增加。但是，相对成人而言，婴幼儿的心脏容积小，心肌力量较薄弱，收缩能力较差，致使每次收缩射出血量少。因此，婴幼儿年龄越小，越不宜进行长时间的剧烈运动。

婴幼儿的新陈代谢旺盛，为了满足身体需要，机体只能通过增加心脏的搏动次数来补偿其功能的不足。因而，婴幼儿年龄越小，心率越快（见表1-6-1）。同时，婴幼儿的迷走神经发育尚未完善，中枢神经紧张度较低，对心脏收缩频率和强度的抑制作用较弱，而交感神经占优势，故婴幼儿心搏不稳定，脉搏节律不规则。

表 1-6-1   不同年龄人群的平均心率

年龄	新生儿	1—2岁	3—4岁	5—6岁	7—10岁	成人
平均心率（次/分钟）	140	110	105	95	85—90	75

2. 血管内径宽，血流量较大，血压较低

婴幼儿动脉和静脉的血管内径相对比成人宽，血管壁薄，血管弹性小，毛细血管非常丰富，尤其是肺、肾、肠、皮肤等处，故血流量较大，身体得到的营养物质和氧气充足。随着年龄的增长，婴幼儿的血管壁会逐渐加厚，弹性纤维的数量逐渐增多，从而使得血管的弹性也逐渐增强。

由于婴幼儿心脏收缩输出的血液量少，且血管内径相对较大，导致血液在血管中流动的阻力小，因此，婴幼儿的血压相对较低。随着年龄的增长，婴幼儿的血压会逐渐升高。

3. 易患贫血，免疫及凝血物质少

婴幼儿的血液总量（指在全部循环系统中所有血液的总量）占体重的比例相对比成人大，为8%—10%。新生儿的血液多集中于内脏和躯干，故四肢容易发凉；刚出生时，血液中的红细胞和血红蛋白含量较高，出生一周后快速下降，呈现"生理性贫血"，之后又逐渐增加。铁是合成血红蛋白和肌红蛋白的必需成分。由于婴幼儿生长发育速度快，对铁元素的需求量较大，如果铁的供需出现不平衡的状态，如膳食结构不合理或严重挑食、偏食，就会导致体内储存的铁消耗殆尽，从而出现缺铁性贫血。

　　婴幼儿血液中红细胞数量较多，供氧充分，且血液在体内循环一周的时间（约12秒）比成人短，这有利于婴幼儿的生长发育（尤其是脑部）及疲劳感的消除。白细胞数量在幼儿5岁以后接近成人水平，但白细胞中对机体起较强防御和保护作用的中性粒细胞较少，故机体抵抗力较差，易感染疾病。

　　此外，婴幼儿血浆中的凝血物质、纤维蛋白原和无机盐含量较少，水分较多，故婴幼儿出血时凝血较慢。此外，婴幼儿的造血器官①易受伤害，尤其是受到某些有毒物质（如铅）以及放射性污染的影响，这些会对造血器官造成极大危害。

小链接

铅中毒

　　铅是一种有毒的重金属元素，普遍存在于各种污染物（如二手烟、汽车尾气）和某些物品（如油漆）中。铅对人体的危害与铅暴露（接触铅）的年龄、时间长短和血铅水平密切相关。铅暴露的年龄越小，对铅的毒性越敏感；铅暴露时间越长，血铅水平越高，危害就越重。

　　婴幼儿特别容易受到铅中毒的影响，是铅中毒的高危人群。因为婴幼儿对铅的吸收率高（消化道的铅吸收率是成人的5倍左右），对铅的代谢和排泄率低，对铅毒性的敏感性高（神经系统等各系统发育不完善）。

　　婴幼儿在铅中毒早期几乎没有症状，身体内的铅会悄无声息地损害他们的健康，且这种损害是全方位的，包括神经系统、心血管系统、泌尿系统、消化系统、生殖系统等，严重时甚至可产生致命性后果。

　　婴幼儿主要是通过消化道（占85%—90%）将铅吸收进体内的；胎儿或婴儿也可能通过胎盘或母乳从母亲体内摄入铅。因此，预防婴幼儿铅中毒的关键在于防止"铅从口入"——既要求避免婴幼儿过多接触铅污染源，又要求确保妊娠期和哺乳期的妇女不接触铅污染源。

二、婴幼儿淋巴系统的生理特点

1. 淋巴系统发育较快

　　新生儿的淋巴系统尚未发育完善，故新生儿的淋巴结不易摸到。婴幼儿时期，淋巴系统快速发育，正常婴幼儿的颈部、腋下和腹股沟等处可触及黄豆大小的单个淋巴结，无压痛感。2岁以后，扁桃体增大较快，4—10岁时达到发育高峰，14—15岁时逐渐退化，故在学龄前期儿童中常见的扁桃体肥大往往是生理现象。

---

① 说明：造血器官指生成血细胞的器官，包括骨髓、胸腺、淋巴结、肝脏及脾脏。

2. 淋巴结屏障功能较差

婴幼儿的淋巴结尚未发育成熟，屏障功能较差，感染容易扩散。局部的轻微感染即可使淋巴结发炎、肿大，甚至化脓。例如，当婴幼儿患上呼吸道感染时，耳后或颈下的淋巴结容易肿大。儿童的淋巴结要到 12—13 岁时才能发育完善。

• 教养实践 •

如何评估婴幼儿血液循环及淋巴结有无异常

循环状态可以反映出婴幼儿的健康状况。保教人员可通过观察婴幼儿皮肤的颜色来初步判断其是否存在血液循环功能异常。如果婴幼儿皮肤颜色出现以下一项或多项异常表现，则须及时联系家长，必要时还应将婴幼儿紧急送医诊治。

（1）当发生休克 ① 时，皮肤常出现花斑纹或显现苍白色。

（2）当发生缺氧时，皮肤出现紫绀（蓝紫色）。

（3）当发生煤气中毒时，皮肤（尤其是口唇周围）会变成樱桃红色。

（4）当体温过高时，皮肤发红且身体发烫，但手脚冰凉。

此外，保教人员在晨检、午检及全日健康观察时，可通过用手指轻轻触摸婴幼儿耳后、颌下及颈部的淋巴结，检查其是否肿大或有触痛感，以此评估婴幼儿是否可能患有鼻炎、咽炎、扁桃体炎等上呼吸道感染疾病。

探索 3   如何促进婴幼儿循环系统的健康发育？

保教人员应结合婴幼儿循环系统的生理特点及个体差异，采取多种保育措施促进其循环系统的发育。请结合学习支持 3 中的内容，思考以下问题。

对于患有轻度先天性心脏病、缺铁性贫血等疾病以及肥胖的婴幼儿，保教人员应分别做好哪些具有针对性的保育工作，以促进其循环系统的健康发育？

....

....

....

---

① 说明：休克是机体有效循环血量减少、组织灌注不足所导致的细胞缺氧和功能受损的综合病征。休克的本质在于氧供不足以满足组织的氧需求。如果诊断不及时或治疗不恰当，休克最终将发展成器官功能衰竭。

学习支持 3

★ **婴幼儿循环系统的保育要点**

一、合理组织体育锻炼，增强婴幼儿的体质

适当的体育锻炼可以改善婴幼儿心肌纤维的收缩性和弹性，增加心肌收缩力量和每次搏出的血液量，促进血液循环系统的发育。保教人员在组织婴幼儿开展体育锻炼时，应注意以下两方面的保育要点。

第一，对于不同年龄、不同发展水平、不同体质的婴幼儿，应安排不同时长、不同强度的活动，避免组织时间过长或过于剧烈的活动，以免因运动过量而给婴幼儿的心脏带来过重的负担或其他伤害。婴幼儿年龄越小，越不宜做长时间的剧烈运动。

第二，在运动前，需指导婴幼儿做好准备活动。在运动过程中，需观察不同体质的婴幼儿在运动中的表现，及时提醒他们休息、适量饮水。在运动结束时，需开展整理活动，尤其在比较剧烈的运动后，不宜立即停止活动。因为在运动过程中，心脏会向骨骼肌输送大量血液，如果立即停止运动，血液仍会留存在肌肉中，造成静脉回流减少，心脏血液输出量减少，血压降低，从而引起脑暂时缺血，出现恶心、呕吐、面色苍白、心慌甚至晕厥等症状。如果运动后出汗较多，也不宜让婴幼儿立即喝大量的水，避免水分大量流入血液，增加心脏的负担。

二、确保营养均衡，预防相关疾病

一方面，保教人员应确保婴幼儿摄入充足且均衡的营养。例如，为婴幼儿提供含铁和蛋白质丰富的食物（如瘦肉、大豆及其制品、动物肝脏等），以利于血红蛋白的合成，预防缺铁性贫血；控制膳食中高热量、高胆固醇及饱和脂肪酸的摄入（如在烹制膳食时清淡少盐），从而降低婴幼儿单纯性肥胖、成年期心血管疾病的发生率。

另一方面，保教人员应引导婴幼儿从小养成健康的饮食习惯，如细嚼慢咽、不挑食、不偏食、少吃或不吃垃圾食品等，这对于预防婴幼儿循环系统相关疾病有重要作用。

三、加强婴幼儿一日健康观察

保教人员应加强晨检、午检及全日健康观察工作，及时关注婴幼儿面色是否通红或苍白，颈部、颌下的淋巴结是否出现肿大或有压痛感，观察婴幼儿扁桃体是否出现肿大、化脓，以及婴幼儿是否出现咽痛、饮食疼痛或吞咽困难等表现。如果发现异常，应及时将婴幼儿送保健室做进一步检查，并联系家长及时将孩子送医诊治。

四、保证充足的睡眠

保教人员需引导婴幼儿养成良好的一日作息习惯，并为其创设温馨、安静的睡眠环境，保证婴幼儿每日有充足的睡眠时间。同时，保教人员还应避免婴幼儿在一日活动中过度疲劳或受到突然的、强烈的神经刺激，以促进婴幼儿心脏的健康发育。如果婴幼儿在托幼机

构期间出现发热的情况，保教人员在等待家长将孩子接回的同时，应让婴幼儿卧床休息，减轻其心脏负担。

五、建议家长为婴幼儿选择宽松舒适的服饰

过紧或过小的衣裤、鞋子，既不利于婴幼儿血液循环系统的发育，也会对婴幼儿的皮肤、肌肉、骨骼等发育带来不良影响，还会限制婴幼儿的活动，增加摔倒、碰撞等伤害发生的概率。因此，保教人员应建议家长为婴幼儿选择宽松舒适的衣裤、鞋子等，以利于其血液循环的通畅。

● 家园沟通 ●

根据本学习活动所学知识，保教人员在开展家园沟通工作时，可参考以下内容：

（1）引导家长认识到适当的锻炼、均衡的饮食、充足的睡眠、恰当的穿着等对婴幼儿循环系统健康发育的重要性。

（2）针对超重或肥胖，以及患有缺铁性贫血等营养性疾病的婴幼儿，应动员家长积极配合托幼机构实施干预措施，如纠正婴幼儿不良的饮食习惯或生活行为、为婴幼儿提供营养均衡的膳食、定期带婴幼儿进行复查等。

◯ 学习水平评价表 ◯

评价内容	观测点	分值	得分
循环系统的结构及功能	• 正确说出人体心血管系统的基本结构及功能（10分） • 正确说出人体淋巴系统的基本结构及功能（10分）	20分	
婴幼儿循环系统的生理特点	• 能简述婴幼儿心血管系统的生理特点（10分） • 能简述婴幼儿淋巴系统的生理特点（10分）	20分	
婴幼儿循环系统的保育要点	• 能通过观察婴幼儿皮肤颜色的方式初步判断其循环状态是否有异常（10分） • 能通过用手触摸的方式初步判断婴幼儿耳后、颈部、颌下有无淋巴结肿大（10分） • 能根据婴幼儿循环系统的生理特点，选择恰当的保育措施（10分） • 能根据婴幼儿循环系统的生理特点，向家长提出适宜的教养建议（10分）	40分	

（续表）

评价内容	观测点	分值	得分
素养目标达成情况	·能在学习过程中主动提出疑问或分享自己的观点（10分） ·能认识到科学保育、健康观察对婴幼儿循环系统健康发展的重要性（10分）	20分	
总　分		100分	

—————————————— ○ 课后练习 ○ ——————————————

在线自测

一、单选题

1. 与静脉和毛细血管相比较，主动脉的特点有（　　　）。

　　A. 管壁厚，弹性大，管径粗，血流快　　　　B. 管壁薄，弹性大，管径细，血流慢

　　C. 管壁厚，弹性小，管径粗，血流慢　　　　D. 管壁薄，弹性小，管径粗，血流快

2. 人体中最大的淋巴器官是（　　　）。

　　A. 扁桃体　　　　　　B. 肝脏　　　　　　　C. 脾脏　　　　　　　D. 心脏

3. 对于环境中的铅，婴幼儿主要是通过（　　　）吸收的。

　　A. 呼吸道　　　　　　B. 皮肤　　　　　　　C. 消化道　　　　　　D. 胎盘

4. 健康的婴幼儿在清醒、安静的状态下，其面部皮肤的颜色是（　　　）的。

　　A. 苍白色　　　　　　B. 通红色　　　　　　C. 青紫色　　　　　　D. 红润、有光泽

5. 在下列保育措施中，不利于促进婴幼儿循环系统健康发育的是（　　　）。

　　A. 鼓励婴幼儿积极参与户外锻炼，适当增加运动量

　　B. 为婴幼儿提供均衡的营养，避免肥胖的发生

　　C. 确保婴幼儿每日有充足的睡眠

　　D. 给婴幼儿选择紧身的衣服

二、简答题

1. 简述婴幼儿血液循环系统的特点。

2. 简述通过初步的健康检查来发现婴幼儿血液循环异常的方法。

三、拓展题

阅读案例，回答问题。

辰辰从小就喜欢吃各种甜食、肉食、饮料等高热量食物，结果在中班体检时，他被评估为中度肥胖。肥胖使得辰辰越来越不喜欢参加户外运动了，因为他在运动时很快就会气喘吁吁、大汗淋漓、小脸通红，而且还容易感到疲劳，总想休息。

问题1：长期的高热量饮食对辰辰的循环系统发育可能带来什么不良影响？

问题2：针对辰辰的情况，保教人员可提供哪些干预措施来帮助辰辰健康发展？

学习活动 7　婴幼儿内分泌系统的生理特点及保育

---○ 学习目标 ○---

☑ 能简述人体内分泌系统的主要腺体及其功能。

☑ 能概述婴幼儿内分泌系统的生理发育特点。

☑ 能结合婴幼儿内分泌系统的生理特点，选择恰当的保育措施。

☑ 能根据婴幼儿内分泌系统的生理特点，向家长提出适宜的教养建议，并与家长进行有效的沟通。

☑ 能认识到合理作息、均衡营养对婴幼儿身心健康的重要价值，并主动关注和帮助午睡困难的婴幼儿养成良好的作息习惯。

☑ 能主动获取并整理有关婴幼儿内分泌系统保育的有效信息，乐于展示学习成果，并能对本学习活动的学习情况进行总结和反思。

---○ 课前小活动 ○---

☑ 预习本学习活动内容，完成案例导入中的思考题及各探索活动。

☑ 通过搜索网络信息，进一步了解人体的内分泌系统。

---○ 案例导入 ○---

这个孩子有些特别

　　小班刚开学，张老师发现班上有一个特别的孩子——嘉嘉。他有什么特别之处呢？首先，嘉嘉的身高明显比同龄人要矮一大截，身体还很瘦弱，看起来弱不禁风的样子。其次，令老师头痛的是，他非常地挑食，只对几种喜欢的食物感兴趣，碰到自己没有吃过的或不喜欢的食物都会表现出极强的抗拒，每天都会剩下很多的饭菜。而且在午睡时，嘉嘉也常常难以入睡，整天的精神状态都不太好。

张老师通过家园沟通了解到，嘉嘉的父母工作繁忙，主要由奶奶负责照料孩子。由于奶奶的教养知识有限，嘉嘉养成了许多不良的生活习惯。例如：奶奶只给嘉嘉做他喜欢的食物吃，使嘉嘉愈加挑食；对嘉嘉的每日作息不加约束，导致嘉嘉的作息不规律，要么吃完晚饭就睡了，半夜醒了又起来看电视或让大人陪着玩，要么玩到晚上11点左右才肯入睡。在张老师的建议下，妈妈带嘉嘉到儿科医院做了检查。嘉嘉被医生初步评估为生长发育迟缓。医生说，严重的挑食习惯和不规律的作息可能导致嘉嘉的内分泌系统功能出现了紊乱，影响了他的骨骼和神经系统的正常发育。医生建议家长带嘉嘉去做进一步检查，以排除其他疾病因素，这样才能进行有针对性的治疗。

（由张玲老师提供）

思考　　嘉嘉严重的挑食和紊乱的作息对他的生长发育会产生哪些不良影响？除了建议家长将嘉嘉送医外，保教人员还可以采取哪些措施来帮助他更好地发展？

内分泌系统是人体的调节系统，由内分泌腺和内分泌组织构成，在机体的"神经—内分泌—免疫"网络调控中担负着重要的信息传递和功能调节作用。人体内主要的内分泌腺有垂体、甲状腺、性腺等。

内分泌腺可以分泌激素，激素以"渗透"的方式进入腺体周围的血管和淋巴管内，经血液循环到达身体的各个部位，控制和调节机体的新陈代谢、生长发育及生殖等生理过程。当激素分泌过多或过少导致失调时，会引起机体功能紊乱，并出现各种病理现象。

探索 1　你了解人体的内分泌系统吗？

请结合学习支持1中的内容与图1-7-1，了解人体内分泌系统的基本结构及功能，然后通过网络搜索相关知识，将图中对应的部位名称填写在空格中。

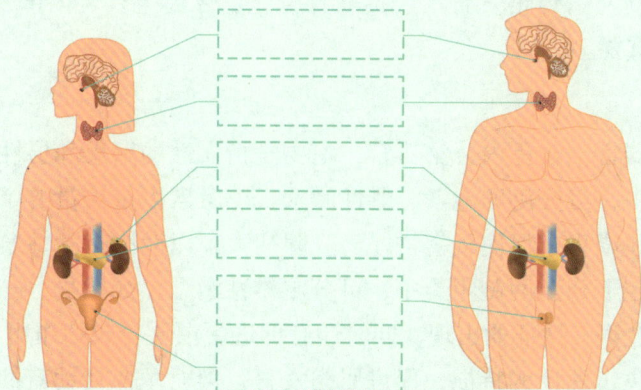

▲ 图1-7-1　人体内分泌系统

学习支持 1

⭐ 内分泌系统的结构及功能

内分泌系统是人体重要的调节系统之一，它与神经系统和免疫系统相互调节、共同作用，以维持人体生理功能的完整和稳定。人体的内分泌器官主要包括垂体、甲状腺和性腺等。

一、垂体

垂体是人体最重要的内分泌腺，位于颅腔内。垂体受下丘脑的调节和控制，能分泌生长激素、促甲状腺激素、促肾上腺皮质激素、促卵泡成熟激素、促黄体生成激素等，对人体的新陈代谢、生长发育等有着重要的作用。垂体一方面调节并支配着甲状腺、肾上腺、性腺等相应腺体内激素的合成与分泌，另一方面则维持着这些腺体的正常发育。当某种促激素分泌不足时，被调节与支配的腺体就会萎缩，其功能也会减退；相反，当某种促激素分泌过多时，则可引起相应腺体的增大和功能亢进。

垂体在婴儿出生时已发育得很好，它的重量有很大的个体差异。垂体一般在 4 岁以前及青春期生长最为迅速，机能也较活跃。

垂体分泌的生长激素是从出生到青春期影响婴幼儿生长最重要的内分泌素，它具有促进机体生长和物质（如糖、脂肪、蛋白质等）代谢的作用。生长激素对几乎所有组织和器官的生长都有促进作用，尤其对骨骼、肌肉和内脏器官的作用最为显著。生长激素一天中都在分泌，只是白天分泌得少，夜间分泌得多，特别是在婴幼儿处于深度睡眠时，其分泌量会达到高峰。

二、甲状腺

甲状腺是人体内最大的内分泌腺，位于颈部喉的下方，紧贴气管两侧，形状像蝴蝶，有左、右两叶。甲状腺的功能是分泌甲状腺激素（主要为甲状腺素）。甲状腺激素在调节物质与能量代谢，以及维持脑、心脏、肌肉及其他器官的正常功能中起着非常关键的作用。同时，它对促进婴幼儿的体格发育（包括软骨骨化、牙齿生长、面部外形、身体比例等）以及脑发育也至关重要。

三、性腺

性腺既是生殖器官，又是内分泌器官，主要是指女性的卵巢和男性的睾丸。其中，女性的卵巢位于盆腔中，可分泌卵泡素、雌性激素、孕激素以及少量的雄激素等，其主要功能包括刺激子宫内膜增生，促使子宫增厚、乳腺变大，以及维持女性第二性征等。男性的睾丸在出生时自腹腔下降至两侧阴囊中，可分泌雄性激素（如睾酮），以促进性腺及其附属结构的发育和男性第二性征的出现，同时还有促进蛋白质合成的作用。

性腺的活动能决定两性的特征，促进肌肉发育，但对垂体活动有抑制作用，因而可抑制骨骼的生长。

探索 2　婴幼儿的内分泌系统有什么特点?

　　材料1：睡眠是人体重要的生理活动，对处于快速生长发育阶段的婴幼儿来说尤为重要。充足而有质量的睡眠能够促进婴幼儿的生长发育，尤其是中枢神经系统的发育。同时，中枢神经系统也能通过良好的睡眠来得到充分休息，恢复其正常的功能状态。大量研究表明，睡眠不仅对身体健康有重要影响，还会对个体的心理健康及认知能力等产生一定影响。

　　材料2：研究表明，长期的家庭不和谐，尤其是父母关系不和，会导致婴幼儿内分泌系统紊乱，从而增加儿童性早熟的发生概率。

　　请阅读以上材料，然后结合学习支持2中的内容，思考以下问题。

　　（1）婴幼儿睡眠不足将对其身心健康发展产生哪些不良影响？

....
....
....

　　（2）材料2中的研究结果给你带来了什么启发或思考？请与大家分享。

....
....
....

学习支持 2

★ 婴幼儿内分泌系统的生理特点

一、生长激素分泌旺盛

　　婴幼儿期是身体快速生长发育的时期，此阶段生长激素分泌十分旺盛。如果婴幼儿患有先天或后天的疾病，导致生长激素缺乏或分泌不足，通常在2岁以后会逐渐出现生长迟缓、身材矮小、出牙延迟、囟门闭合明显延迟等症状，但其智力发育通常保持正常，这种情况被称为"侏儒症"。相反，如果婴幼儿的脑下垂体机能亢进，导致生长激素分泌过多，由于此时长骨的骨骺与骨干尚未愈合，骨骼细胞分裂速度过快，婴幼儿可能会出现生长过速、身材异常高大（尤其以四肢明显）的情况，这种情况被称为"巨人症"。

此外，婴幼儿在各个年龄阶段的生长激素分泌情况各不相同。例如，婴儿一天 24 小时血液中的生长激素含量都很高，无论是白天还是黑夜，睡眠时和醒着时均无明显的差异，因此，1 岁前的婴儿个子长得特别快。进入幼儿期后，随着幼儿运动量的增加，脑垂体在白天清醒时分泌的生长激素较少，在晚上幼儿深度睡眠时才大量分泌，主要集中在晚上 9 点至第二天凌晨 1 点，特别是晚上 10 点以后，生长激素的分泌量达到高峰。如果婴幼儿睡眠时间不够，或睡眠不安，生长激素的分泌将减少，从而影响身高的增长。

二、缺碘可引发甲状腺机能低下

碘是合成甲状腺激素必不可少的原料。如果婴幼儿缺碘，则可引发甲状腺机能低下，严重阻碍骨骼系统和神经系统的发育，引起"呆小症"（克汀病）。该病症的具体表现为新陈代谢率下降，以及智力低下、生长受阻等。婴幼儿甲状腺分泌功能亢进可引发甲亢，导致患儿基础代谢过于旺盛，同时增强中枢神经系统的兴奋性及感受性。当甲亢影响自主神经系统时，婴幼儿会出现心跳和呼吸加快、出汗较多、情绪易激动等症状。

三、性腺在婴幼儿期发育缓慢

性腺在婴幼儿期发育缓慢，直到青春期性成熟时才迅速发育。然而，在遗传、疾病和环境等因素的影响下，婴幼儿可能会过早地出现第二性征发育，即"性早熟"。研究表明，父母关系不和谐、家中经常使用塑料制品、食用含色素和防腐剂的食品、服用营养滋补品、高蛋白饮食等，是婴幼儿性早熟发生的危险因素。[①]

小链接 　　　　　　　　　　　　　　□ ▢ ✕

微小青春期

婴儿出生后，随着胎盘分泌的性激素水平急剧下降，对促性腺激素释放激素的抑制作用得到解除。随后，体内的促黄体生成素和促卵泡生成素会出现短暂增高，导致婴儿（6 个月以内多见）可能出现一些类似于青春期的发育现象，如男孩出现睾丸小幅度增大或阴茎勃起，女孩出现乳房增大、阴道分泌物增多，这种现象叫作"微小青春期"。随着婴幼儿体内性激素分泌量的直线下降，这一微小青春期的状态将会逐渐消退。

了解儿童性早熟

儿童性早熟是一种儿童内分泌系统疾病。目前，我国儿童性早熟的发生率呈逐年升高的趋势，且女童发病率要高于男童。有调查研究显示，我国儿童性早熟的发生率为 1%—

---

① 李长秀，庞金梅，黄妙巧.湛江市 7209 例学龄前儿童性早熟发生率及危险因素分析 [J]. 广州医科大学学报，2020, 48(1):6—9.

3%，仅次于单纯性肥胖症。[②]

　　性早熟儿童最典型的症状为第二性征提前出现，女童表现为7.5岁前出现乳房发育、阴毛及腋毛生长，10岁前可能出现月经初潮现象；男童在9岁前出现睾丸及阴茎增大、阴毛、阴茎勃起甚至遗精等性发育表现。在性早熟初期，患儿的身高、体重、体质指数等体格指标发育水平会超过同龄儿童。这是因为性早熟儿童的下丘脑－垂体－性腺轴过早启动，导致骨骼快速生长、骨骺提前愈合，从而在青春发育早期暂时性地呈现身高、体重上的优势。然而，由于骨骺闭合较早，性早熟儿童在成年后的体形往往不够理想或偏矮小，但其心理、智力发育水平仍为实际年龄水平。此外，由于过早出现第二性征及体形上与同龄儿童的不同，性早熟儿童往往会产生较大心理压力，如自卑、恐惧、焦虑等，影响其正常的生活和学习。

探索 3　　如何促进婴幼儿内分泌系统的健康发育？

　　4岁的美美比较瘦弱，还经常生病。妈妈听说给孩子喝营养汤能帮助其提高免疫力，于是便买来了人参、燕窝等滋补品，经常给美美炖滋补汤喝。

　　请结合学习支持3中的内容，思考美美妈妈的做法是否恰当，以及她的做法对孩子的健康发展可能带来哪些影响。

....

....

....

学习支持 3

★ 婴幼儿内分泌系统的保育要点

一、保证婴幼儿有足够高质量的睡眠

　　充足的睡眠不仅可以促进婴幼儿生长激素的正常分泌，而且是机体内分泌系统正常发育和工作的前提。年龄越小的婴幼儿，睡眠时间应越长。除了保证婴幼儿有足够的睡眠时

---

① 李长秀，庞金梅，黄妙巧．湛江市7209例学龄前儿童性早熟发生率及危险因素分析[J].广州医科大学学报，2020,48(1):6—9.

间外，为提高婴幼儿的睡眠质量，保教人员还可参考以下具体做法。

（1）为婴幼儿创设安静、卫生、舒适的睡眠环境。在婴幼儿入睡前，应将卧室开窗通风，保持一定的空气流通，避免噪声，并将室内的光线调暗。但要注意的是，应避免让婴幼儿吹对流风，并保证室内光线不影响午睡时的健康观察。此外，还要根据气温为婴幼儿选择干净、舒适、透气的寝具。

（2）白天可适当增加婴幼儿的运动量，这有利于婴幼儿快速进入深度睡眠。但要注意的是，在婴幼儿睡前应避免让他们进行过于兴奋或剧烈的活动，因为这不利于婴幼儿快速入睡。

（3）在婴幼儿入睡前应遵循完整的就寝过程，这有利于婴幼儿自觉、安心地入睡。例如，在托幼机构中，保教人员可按饮水、如厕、健康检查、整理衣裤鞋袜、听故事的顺序组织婴幼儿完成睡前活动。

（4）对于入睡困难或不喜欢午睡的婴幼儿，应给予关注和耐心陪伴，通过鼓励、表扬等正面引导的方式逐渐使其养成午睡的习惯。

二、提供科学合理的膳食，预防碘缺乏症

合理的营养能促进婴幼儿内分泌系统的正常发育，如适量摄入含碘的食物可以提升婴幼儿的甲状腺机能。在缺碘地区[①]应使用加碘食盐烹饪食物；在高碘地区（如水源中含碘量高的地区）应使用无碘食盐烹饪。

人体内80%—90%的碘来自食物，10%—20%的碘来自饮水，不足5%的碘来自空气，因此食物中的碘是人体碘的主要来源。

在食物中，海产品的碘含量要高于陆生动植物，动物性食物的碘含量要高于植物性食物，奶、蛋类食物的碘含量要高于一般肉类。由此，托幼机构应根据本地区碘缺乏情况，在婴幼儿的膳食中适量使用加碘盐，并保证一定量的海产品（如海带、紫菜、海鱼、干贝、海参等）供给。

三、预防婴幼儿性早熟的发生

由于婴儿性早熟罕见，因此这里主要介绍预防幼儿性早熟的要点。

（1）保教人员应为幼儿创设安全、稳定、信任的心理环境，关爱幼儿，建立积极的师幼关系。

（2）保教人员应引导幼儿养成良好的生活作息规律，确保每日睡眠时间充足。

（3）保教人员要为幼儿提供健康、安全的膳食，控制高热量食物的摄入，避免食用过量滋补营养品，养成健康的饮食习惯，并加强体育锻炼。

（4）保教人员应定期组织幼儿进行体格生长发育监测和评估。如果幼儿的身高、体重出现快速增长，且有第二性征提前出现的迹象，应及时反馈给家长，并建议家长带幼儿就医诊断，排查具体的病因，做到早发现、早治疗。

---

① 说明：我国缺碘地区广泛，生长在这些缺碘地区的农作物、动物和人都处于碘缺乏状态。

· 家园沟通 ·

根据本学习活动所学知识，保教人员在开展家园沟通工作时，可参考以下内容：

（1）提高家长对婴幼儿睡眠质量的重视程度，使婴幼儿从小养成良好的睡眠习惯（按时睡觉、按时起床、自主入睡、专心入睡），形成固定的生物钟。

（2）引导家长认识到父母关系、亲子关系等对婴幼儿内分泌系统发育的影响，努力与婴幼儿建立积极的亲子情感关系，为婴幼儿提供一个安全、放松的家庭氛围。

（3）引导家长重视幼儿期性早熟的预防，如避免幼儿因营养过剩而肥胖、避免幼儿使用成人化妆品或洗漱用品、不盲目给幼儿食用过量滋补品以及关注幼儿在青春期前的生长发育状况等。

◎ 学习水平评价表 ◎

评价内容	观测点	分值	得分
内分泌系统的结构及功能	·正确说出人体主要的内分泌腺的名称（10分） ·正确说出人体主要的内分泌腺的功能（10分）	20分	
婴幼儿内分泌系统的生理特点	·能简述婴幼儿内分泌系统的生理特点（10分） ·能结合婴幼儿内分泌系统的生理特点，分析良好的生活作息和饮食营养等对婴幼儿健康的价值（10分）	20分	
婴幼儿内分泌系统的保育要点	·能根据婴幼儿内分泌系统的生理特点，选择恰当的保育措施（20分） ·能根据婴幼儿内分泌系统的生理特点，向家长提出适宜的教养建议（20分）	40分	
素养目标达成情况	·能在学习过程中主动提出疑问或分享自己的观点（10分） ·能认识到合理作息、均衡饮食对婴幼儿内分泌系统健康发展的重要性（10分）	20分	
总　分		100分	

---------------------------- ● 课后练习 ● ----------------------------

在线自测

一、单选题

1. 婴幼儿因缺碘而引发甲状腺机能低下，从而阻碍骨骼系统和神经系统发育的疾病是（   ）。

   A. 呆小症　　　　　　 B. 侏儒症　　　　　　 C. 巨人症　　　　　　 D. 肢端肥大症

2. 如果婴幼儿由某些因素导致其生长激素缺乏或分泌不足，2 岁以后可能会逐渐出现身材矮小、出牙延迟、囟门闭合明显延迟等症状，但其智力发育通常保持正常。这种内分泌疾病是（   ）。

   A. 呆小症　　　　　　 B. 侏儒症　　　　　　 C. 巨人症　　　　　　 D. 肢端肥大症

3. 在以下做法中，可能会引发"儿童性早熟"的是（   ）。

   A. 确保膳食中的营养搭配均衡　　　　　 B. 营造良好的家庭心理氛围

   C. 长期过量食用高蛋白、高热量的食物　　 D. 经常参加适宜的户外活动

4. 在以下关于婴幼儿生长激素分泌的表述中，不正确的是（   ）。

   A. 生长激素主要由脑垂体分泌

   B. 白天生长激素不分泌，只有晚上才分泌

   C. 当婴幼儿处于夜间深度睡眠时，生长激素分泌最多

   D. 晚上 10 点以后，生长激素的分泌量达到高峰

5. 人体所需的碘主要来自（   ）。

   A. 空气　　　　　　　 B. 食物　　　　　　　 C. 阳光　　　　　　　 D. 体内合成

二、简答题

1. 每日充足和高质量的睡眠对婴幼儿身心发展有什么意义？

2. 保教人员可以通过哪些保育措施来促进婴幼儿内分泌系统的健康发育？

三、拓展题

阅读案例，回答问题。

妈妈发现 6 岁的果果最近胃口非常好，每天的饭量有显著增加。一开始她还很高兴，以为孩子胃口好是在长身体，这样才能长得高。但是妈妈慢慢地发现，果果还出现了频繁口渴、频繁小便（尤其是夜间），甚至尿床的症状。最令她纳闷的是，果果的体重不增反降了。妈妈带果果去医院检查，结果被医生诊断为儿童 1 型糖尿病。这是一种儿童较为常见的内分泌系统疾病，需要长期使用胰岛素注射治疗。

问题 1：果果患上 1 型糖尿病的原因可能有哪些？请列举出来。

问题 2：很多家长认为孩子喜欢吃甜食或喝饮料会增加患 1 型糖尿病的风险，这个观点是否正确？

模块 2 婴幼儿动作、感知觉发展的特点及保育

任务概述

　　动作是人类最基本,也是最重要的一个发展领域,是建构婴幼儿早期智慧的基础,在婴幼儿的早期心理发展中起着非常重要的作用。感知觉是婴幼儿最先发展且发展速度最快的一个领域,是婴幼儿认识世界和自我的重要手段。保教人员只有了解并掌握婴幼儿动作和感知觉的发展特点,才能为婴幼儿提供符合其年龄特点及发展水平的保育服务。

　　本模块主要介绍了婴幼儿动作与感知觉的相关概念、主要分类,以及动作与感知觉发生、发展的规律和特点,并提供了具体的保育要点和实践案例,以提高我们对所学知识的运用能力和对实际问题的解决能力。

建议学时
9 学时

学习活动 1（6 学时）
婴幼儿动作发展的特点及保育

学习活动 2（3 学时）
婴幼儿感知觉发展的特点及保育

📝 **阅读笔记**

学习活动 1

婴幼儿动作发展的特点及保育

学习目标

☑ 能简述婴幼儿动作发展的类型和基本规律。

☑ 能概述婴幼儿粗大动作与精细动作的发展特点，并选择恰当的保育措施。

☑ 能根据婴幼儿动作发展的年龄特点，为其选择恰当的练习方法及合适的材料。

☑ 能简述观察与评价婴幼儿动作发展的意义、原则及实施步骤。

☑ 能结合婴幼儿动作发展的水平，向家长提出适宜的教养建议，并与家长进行有效的沟通。

☑ 能认识到动作发展对婴幼儿身心健康的重要价值，并支持、鼓励婴幼儿参与各种粗大动作和精细动作活动。

☑ 能主动获取并整理有关婴幼儿动作发展保育的有效信息，乐于展示学习成果，并能对本学习活动的学习情况进行总结和反思。

课前小活动

☑ 预习本学习活动内容，完成案例导入中的思考题及各探索活动。

☑ 通过搜索网络信息，了解人体运动系统发育与动作发展之间的关系。

☑ 扫描二维码，学习微课"3—6 岁幼儿粗大动作发展及保育"和"3—6 岁幼儿精细动作发展及保育"；阅读"0—3 岁婴幼儿动作与习惯发展要点"。

微课视频
3—6 岁幼儿粗大动作发展及保育

微课视频
3—6 岁幼儿精细动作发展及保育

在线阅读
0—3 岁婴幼儿动作与习惯发展要点

-------------------------------- ● 案例导入 ● --------------------------------

宝宝向前爬

　　嘉宝7个月了，当他俯卧在地板上时，头和胸能高高地抬起，四肢像在游泳一样，不停地拍打地面，并以腹部为支点原地旋转。张老师对嘉宝的妈妈说："看，这个阶段的宝宝通过旋转来移动身体位置，我们可以用一些有响声的玩具（如串铃等）来吸引宝宝，在宝宝的身体两侧逗引他，锻炼宝宝变换身体位置的能力，为爬行做准备。"妈妈坐在嘉宝的右侧不停地摇着串铃逗引他，嘉宝抬起头循着声音向右转，眼睛看着妈妈手上的串铃，努力使身体往右移动。当嘉宝成功移动后，妈妈又换到左侧摇动串铃，嘉宝抬头望向左边，努力使身体往左边移动。渐渐地，到7个多月时，嘉宝的身体能向后退了，同时他也在努力尝试向前爬行。慢慢地，嘉宝能够用单臂匍匐前行，像个小战士一样。这时，张老师在嘉宝的前面放了一只毛绒小兔，并指导妈妈，让她站在嘉宝脚后，用两手的手掌抵住嘉宝的脚心向前推，协助嘉宝向前爬行。张老师对嘉宝的妈妈说："要注意配合宝宝的双手动作，轮流移动宝宝的手和脚，让宝宝体验双手双脚向前爬行的感觉。"渐渐地，嘉宝能够依靠沙发或柜子尝试蹲、站的动作，腿部的力量逐渐增强，找到跪爬的感觉。但是，由于此时嘉宝的腿部力量仍不足，还无法爬行，张老师建议妈妈运用一些玩具、食物等来激发嘉宝爬行的动力。当四肢具备一定力量的时候，嘉宝就能够用双手双脚支撑身体向前爬行了，动作也会越来越灵活。

（由成静老师提供）

思考

　　有人认为"只要是正常健康的宝宝，就能自己学会爬行，张老师这样的指导完全是在浪费时间"，这种观点是否恰当？为什么？

　　动作是人类生存与生活最重要的一种基本能力，也是个体早期与外界环境相互作用的重要手段，是个体进行各种实践活动的基础。

　　婴幼儿并不是生来就具备发达的运动能力的，他们的身体在很长一段时间内都处于无助状态。但是，在出生后的第一年中，婴幼儿在控制自身运动和动作技能方面将获得巨大的进步。此外，动作的发展不仅能使婴幼儿在与客体的相互作用中构建客体意识，还能在此基础上促进自我意识的发展。同时，动作的发展还促进了婴幼儿认知能力、社会性和感知觉等各方面的发展。可以说，动作是婴幼儿感知的源泉和思维的基础。没有动作，儿童心理就无从发展。[①]

　　总之，动作是婴幼儿心理的外部表现，也是婴幼儿心理发展水平的体现和客观指标。保教人员应熟悉婴幼儿动作的发展规律和年龄特点，积极创设良好的环境和条件，为婴幼儿提供充足的营养，有意识、有计划地鼓励和帮助婴幼儿进行体格锻炼，以促进婴幼儿动作能力的良好发展。

---

① 周念丽. 0—3岁儿童心理发展[M]. 上海：复旦大学出版社，2017:44.

探索 1　婴幼儿的动作发展有规律可循吗?

　　情境1：妈妈在给4个月的宝宝洗澡时发现，当宝宝的脸朝下，整个人在水里时，便会做出划水和踩水的游泳动作。妈妈感到很奇怪，难道宝宝天生就具备了"游泳技能"？是否可以让宝宝单独在水中游泳呢？

　　情境2：随着月龄的增长，妈妈发现宝宝逐渐学会了很多新的动作，可并没有人专门教他这些动作。宝宝为何能"自学成才"，掌握这么多新的动作呢？

　　请结合学习支持1的内容，尝试为这位妈妈解答她的疑问。

....

....

....

学习支持 1

★ 婴幼儿动作发展的类型及基本规律

一、婴幼儿动作发展的类型

婴幼儿的动作可以分为无条件反射性动作和随意动作两种类型。

1. 无条件反射性动作

　　无条件反射性动作是指个体在受到某种刺激（如声音、光、触摸等）后做出的不需要学习、有组织、自动发生的反应。新生儿在出生时就具有一系列的反射行为模式（见表2-1-1），这些模式有助于他们适应新的环境，并保障他们的健康与安全。例如，新生儿一出生就具有觅食反射、吸吮反射和吞咽反射等行为模式，从而帮助他们获得各种营养素，以维持生命活动和满足生长发育的需要。同样地，眨眼反射似乎是为了保护眼睛免遭光线直射而受伤。此外，这些反射性动作还是婴幼儿随意动作发展的基础，对婴幼儿适应后天的环境有积极的作用。

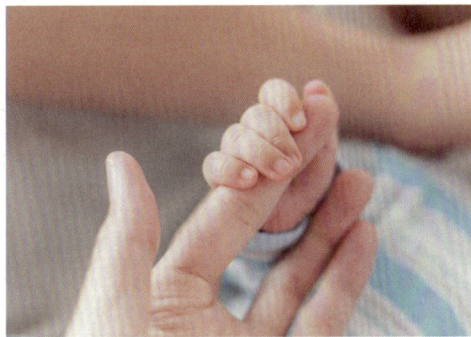

▲ 图2-1-1　新生儿的抓握反射

表 2-1-1   婴儿主要的反射行为模式类型

反射行为 模式类型	描述	可能的功能	大概消失 的年龄
觅食反射 （定向反射）	用手轻轻触碰新生儿口周，他的头会转向触碰侧，并出现吸吮动作	摄取食物	3 周
踏步反射	当婴儿被人扶着，且他的脚轻触地面时，会出现左、右两脚交换向前迈步的动作	为独立活动做好准备	2—3 个月
抓握反射	在婴儿清醒、安静的状态下，成人用手指或其他物体触碰他的手掌心，他会紧紧抓住不放	为有意识地抓握物品做准备	3—4 个月
游泳反射	当脸朝下且整个人在水里时，婴儿会做出划水和踩水的游泳动作	避免危险	4—6 个月
莫罗反射 （惊跳反射）	当突然挪开婴儿脖子和头部的支撑物，或让他面对突然的响声时，婴儿的手臂会突然向外伸出，并且张开手指，然后迅速收回手臂抱在身前	自我保护	6 个月
巴宾斯基反射	当婴儿的脚掌受到触碰或击打时，会张开脚趾	尚不清楚	8—12 个月
眨眼反射	在面对直射的光线时，快速闭眼	保护眼睛，避免直射光的侵害	保留
吸吮反射	将乳头或者其他物体放入婴儿口腔时，他会做出吸吮的动作	摄取食物	保留
呕吐反射	婴儿在清除咽喉部异物时的反射	防止噎住	保留
吞咽反射	当将食物放入婴儿口中时，他会做出吞咽动作	摄取食物	保留

随着婴儿大脑上方的皮质中枢开始能够随意控制肌肉运动，大部分无条件反射性动作在婴儿出生后的3—4个月会逐渐消失。由于这些反射性动作出现和消失的时间都很有规律，所以，儿科医生一直都将这些反射性动作的存在与消失作为评估婴儿神经系统功能的早期指标。如果没有反射回应，或是某些反射出现或消失的时间有延迟，都是神经发育出现问题的信号。[①] 但需要提醒的是，非医学专业人士不要去刻意诱导这些反射性动作，以免对婴儿造成伤害。

2. 随意动作

随意动作是指在神经系统的调节下，由人的主观意识控制和调节、具有一定目的和指向的动作。随意动作包括全身的粗大动作和精细动作，是个体后天通过学习得来的复杂的

---

① 琼·利特菲尔德·库克，格雷格·库克. 儿童发展心理学：了解孩子，才能教育好孩子 [M]. 和静，张益菲，译. 北京：中信出版社，2020:137.

机能系统，如穿衣、吃饭、走路、跑步等。

（1）粗大动作。粗大动作指的是身体和四肢的运动，主要包括由头颈部、躯干部以及四肢等大肌肉群参与控制的动作，如抬头、抬胸、翻身、坐、爬、站、走、跑、跳等。婴幼儿粗大动作的发展主要表现在身体姿势控制和位移能力的提升上。

（2）精细动作。精细动作是个体主要凭借手和手指等部位的小肌肉或小肌肉群的运动，在感知觉、注意等心理活动的配合下完成特定任务的动作能力。婴幼儿精细动作的发展主要表现在抓握动作、双手协调动作、手眼协调动作等方面，如抓、放、捏、画画、剪纸、书写等。

二、婴幼儿动作发展的基本规律

大多数婴幼儿动作的发展呈现出相同的顺序，并出现在大致相同的年龄。尽管婴幼儿在动作发展的速度上可能因个体基因差异、神经生长速度以及肌肉运动锻炼频率的不同而存在较大差异，但一般都会按照一定的发展顺序和规律进行。婴幼儿动作发展的基本规律主要体现在以下五方面。

1. 从整体动作到分化动作

婴幼儿最初的动作是全身性的、笼统的、泛化的，然后随着婴幼儿身心的逐渐发展，这些动作会分化为局部的、准确化和专门化的。例如，当新生儿的某个部位受到刺激或者他有什么需要时，一般都表现为四肢乱动和全身性的反应。随着神经系统和肌肉的成熟，以及自身的反复练习，婴幼儿的动作将不断分化，能够逐渐学会控制身体局部的小肌肉群动作。

2. 从上部动作到下部动作

婴幼儿的动作是按照从上到下的顺序发展起来的。首先发展的是与头部有关的动作，如面部表情、追随性的转头、觅食活动等；其次是躯干动作，如抬头、俯卧；最后是脚和下肢的动作，如俯撑、翻身、坐、爬、站立、行走等。这种发展顺序也表现在一些动作本身的发展上。例如，婴儿在学爬行动作时，先是依靠手臂匍匐爬行，然后才逐渐运用大腿、膝盖和脚来爬行。这一规律也可称为"头尾规律"。

3. 从中央部分动作到边缘部分动作

婴幼儿的头部和躯干部位的动作先发展，身体肢端部位的动作最后发展，即越接近躯干的部位，动作发展越早，而远离身体中心的肢端动作则发展较迟。以上肢动作为例，婴儿最先发展的是肩和上臂的动作，之后是肘、腕、手的动作，手指的动作发展最晚。这种发展规律也可称为"由近及远规律"。

4. 从大肌肉动作到小肌肉动作

婴幼儿动作的发展首先从躯体大肌肉群动作开始发展，如头部动作、躯体动作、双臂动作、腿部动作等，然后才是手部小肌肉群的精细动作及手眼协调动作等的发展。例如，婴儿先是用整个手掌去抓握物体，而后才会用拇指和食指对捏小物体。

5. 从无意动作到有意动作

婴幼儿动作的发展越来越多地受心理和意识的支配，呈现出从无意动作向有意动作发展的规律。例如，新生儿已经会用手紧握小棍，但这是无意的、本能的动作；几个月以后，婴儿才能够逐渐有意识、有目的地去抓握物体。

探索 2　婴幼儿粗大动作的发展有什么特点？

因为家里没有足够大的空间给佳佳进行爬行活动，再加上妈妈觉得孩子到处爬不卫生，所以妈妈要么抱着佳佳，要么让她坐在餐椅上玩。转眼间，佳佳已经14个月了，可她还没有学会独立走路，只能扶着桌椅站起来，小心翼翼地移动。看到身边很多同龄的宝宝都会稳稳地独自站立，并开始走路了，妈妈心里有些着急。

请结合学习支持2中的内容，思考以下问题。

（1）腿部动作练习的缺乏对佳佳粗大动作的发展可能带来哪些影响？

（2）佳佳在14个月时还没有学会独立走路，这是否正常？

学习支持 2

★ 婴幼儿粗大动作发展的特点及保育

粗大动作的发展是人类最基本的姿势和移动能力的发展，是评估婴幼儿生长发育的重要指标之一，对儿童后期乃至成人期都具有十分积极的影响。

一、婴幼儿粗大动作发展的特点

婴儿在出生后的第一年是粗大动作发展最快速的阶段。在出生后的几个月内，婴儿就能基本实现对头部的控制。随着神经和肌肉的发育，婴幼儿的肌肉力量和平衡能力逐渐增强，身体的协调能力和控制能力不断提高，他们开始学习翻滚、坐、爬、站立和走路等动作。民间把1周岁以内婴儿粗大动作的发展归纳为"二抬三翻六会坐，七滚八爬周会走"，这些粗大动作的发展被称为婴幼儿生长发育的"里程碑"。下面通过基本姿势的发展来介绍婴幼儿粗大动作的发展过程。

▲ 图 2-1-2　婴儿粗大动作发展的里程碑

姿势的发展使人能保持身体平衡，并在环境中维持一个特定的身体方位。姿势的控制涉及神经系统、骨骼和肌肉系统以及感觉系统之间连续且动态的相互作用，它是众多动作技能发展的条件。婴幼儿的基本姿势包括躺、抬头、翻身、坐、站立等。

（1）躺。躺姿是新生儿的基本姿势。大部分新生儿的躺姿是仰卧。该姿势可使新生儿全身肌肉放松，对心脏、胃肠道等器官的压迫最少，同时也有助于降低因俯卧睡姿引发的窒息和猝死风险。此外，侧卧也是婴儿常见的躺姿，该姿势可以避免对重要器官的过度压迫，有利于肌肉放松，如果发生溢乳或呕吐也不容易呛入气道。

但是，由于婴幼儿的头颅颅骨骨缝尚未闭合，且生长发育十分迅速，如果长期保持仰卧或侧卧的姿势，可能造成其头骨发育不对称。因而，保教人员应注意经常为婴儿调整睡眠的姿势和方向，避免他们长时间仰卧或朝同一个方向侧卧。

（2）抬头。根据动作发展的顺序和规律，头颈部动作是最先发展的。新生儿还不会抬头。随着身体的发育，婴儿能逐渐学会左右转头、竖直抬头以及俯卧状态侧抬头等动作。

新生儿在俯卧时，由于颈部的骨骼发育还不成熟，肌肉弹性较弱，无法支撑自己的头部，因此，他们在俯卧时还不能主动抬头，只表现为本能地挣扎和摇晃。2个月时，婴儿能稍抬起头和前胸部；3个月时，抬头较稳，能俯卧抬头45度至90度，拉着坐起时头会后仰；4个月时，颈部能基本支撑起头部，能俯卧抬胸，拉着坐起时头能保持竖直，并能左右自由转动。如果5个月的婴儿还不能保持头部稳定，应及时送医检查。

（3）翻身。大多数的婴儿在3个月时就能够翻身，这是继抬头挺胸动作后的又一个新的动作。4—5个月时，婴儿能从仰卧位完全翻转至俯卧位；6个月时，能从俯卧位翻回至仰卧位。通过翻身动作，婴儿的探索范围得以拓展，他们可以更容易地用手获取身边感兴趣的东西，并从一个新的视角来看身边的世界。但是对婴儿来说，翻身并不是一件容易的事。只有当身体各部分的发展足以支撑自己翻身时，婴儿才能够轻松自主地翻身。婴儿只有学会了翻身，才能慢慢学会坐、爬、行走、跑等动作。因此，翻身对婴幼儿来说是一次在动作发展上的巨大飞跃，它标志着婴幼儿的身体机能和智力发展迈上了一个新的台阶。[①]

（4）坐。婴儿能学会坐，这与他们的神经系统、骨骼发育及肌肉协调能力等有密切关

---

① 周念丽 . 0—3 岁儿童心理发展 [M]. 上海：复旦大学出版社，2017:49.

系。刚出生时，新生儿的脊柱几乎是直的。3 个月时，婴儿出现第一个脊柱生理弯曲——颈曲，即颈椎向前凸起，开始支持抬头和转头活动。至 6 个月左右，婴儿出现第二个脊柱生理弯曲——胸曲，即出现胸椎向后凸起，能够支持坐的动作。

坐是婴儿继翻身之后的又一个具有标志意义的基本动作。通常，大多数婴儿在 6 个月左右开始学习独立的坐姿，开始时还不够稳定，有时会倒向两边，需要成人辅助才能重新坐起来。至 7 个月左右时，婴儿基本能自己坐稳或从趴位独立坐起来。8—9 个月时，婴儿的坐姿已经较为熟练且稳定了，此时若还不能独立坐稳，应及时送医检查。在学会坐以后，婴儿的活动范围得到进一步扩大，他们能接触到许多曾经够不到的东西，也可以腾出双手来做其他事情。

（5）站立。站立是婴幼儿众多后续动作技能（如行走、跳跃等）的基础，不仅标志着婴幼儿运动机能的发展，还是他们智力发展的重要条件。当婴儿能站立时，他们的视野更加开阔，探索的欲望也更加强烈。大约 2 岁时，幼儿逐渐开始学习两脚离地的纵跳动作，但此时的弹跳能力还很差，只是跳跃的初级阶段。3 岁左右时，幼儿已经能够双脚跳起，但蹬地力量小，弹跳能力差，跳得低，手臂的摆动和脚的蹬伸配合不好，动作的协调性较差，而且在做跳跃动作时，全身几乎都处于紧张状态，不太会移动身体的重心。到了五六岁，幼儿不仅能较有力、协调地向前跳和向上纵跳，而且还学会了其他较复杂的跳跃动作，如单脚行进向前跳、侧跳、立定跳远、助跑跨跳、跳绳等，并且在跳跃的过程中，基本学会了落地缓冲的动作，腿部的弹跳能力及身体动作的协调性也有了一定的发展和提高。

二、促进婴幼儿粗大动作发展的保育要点

粗大动作的发展对婴幼儿的身心发展有重要意义。保教人员可从以下几个方面做好相关的保育工作。

1. 提供适宜的活动空间与设施

如果长时间将婴儿限制在空间狭小的室内，或婴儿车、摇篮、餐椅等处，这将限制其粗大动作的发展。保教人员应当为婴幼儿提供足够的活动空间和合适的设施，以适应其粗大动作发展的水平与需求。对于 0—6 个月的婴儿，其主要活动空间为小床，保教人员应确保小床的空间足够，让婴儿能够放松平躺，并充分地进行转头、趴卧、手臂摆动及腿部踢蹬等动作练习。对于 6—12 个月的婴儿，他们会逐渐掌握翻身、爬行等技能，此时保教人员应为他们提供一个安全、开阔的爬行空间，如室内的客厅、房间内腾空的地面或户外的草地，同时需确保环境中没有过多的家具或杂物，以防发生意外。在这样的空间里，还可以分散放置一些玩具，并用有趣的、带声响的物品逗引婴儿，让他们自由地移动身体、匍匐爬行，从而感知空间。对于 1—3 岁的幼儿，保教人员应进一步拓展他们的室内外活动空间，并丰富活动设施。例如，可以将玩具放置在高度适宜的沙发、矮桌上，

▲ 图 2-1-3　为幼儿提供平坦、开阔的户外活动空间

鼓励幼儿在室内进行爬爬站站、扶着家具迈步够物的活动，同时也可为他们提供滑梯、楼梯、秋千、皮球、小车等活动设施，以充分锻炼他们的钻爬、站立、行走、推滚等动作。到了3—6岁，幼儿的粗大动作将得到进一步的发展与完善。此时，保教人员应为他们提供更加开阔、多样的活动空间，以及丰富且具有挑战性的活动设施，以满足他们粗大动作发展的需求。

2. 提供充足的动作练习时间

为婴幼儿提供粗大动作发展所需的自由活动时间，是确保其充分发展的另一前提。首先，部分照护者可能出于安全和卫生的考虑，会过多地限制婴幼儿的活动空间，使他们本该发展的核心肌肉群缺乏足够的练习，最终阻碍粗大动作及相关领域的发展。例如，如果长时间将婴儿抱在怀中，婴儿学会站立和走路的时间会相对延迟。因此，保教人员应在确保环境安全的前提下，让婴幼儿在宽阔、安全的室内（外）空间充分地自由爬行或行走。其次，进餐、盥洗、穿脱衣服、外出散步等日常活动是婴幼儿粗大动作发展的基本途径。保教人员应给婴幼儿提供独立练习的时间和机会，逐渐引导他们掌握各项生活技能。此外，保教人员还应组织婴幼儿进行球类、蹦跳、钻爬障碍物、追逐跑等游戏活动，以有效促进他们粗大动作的发展。

▲ 图2-1-4 幼儿通过攀爬游戏练习粗大动作

3. 确保活动中的安全

确保婴幼儿在活动探索中的安全是保教人员的重要任务。首先，加强对婴幼儿的日常看护是避免他们在各种活动中出现危险的前提。其次，移除婴幼儿活动范围内的危险物品、增加安全设施等也是有效保障婴幼儿活动安全的措施。例如，对于1岁以内的婴儿来说，在翻身或爬行中从床上意外跌落是这个阶段最容易发生的事故。因而，婴幼儿的床边应安装护栏，护栏高度应高于60厘米，栏杆间隙不要过大，床的周边位置应放上软垫。此外，托幼机构中的各项户外设备也应根据婴幼儿的身高及动作发展水平设置，并安装围栏、安全网等防护设施，避免从高处坠落事故的发生。再者，保教人员还应建议家长为婴幼儿准备安全、柔软、舒适、透气的衣物和鞋子，以便婴幼儿在运动或动作练习的过程中自由伸展。最后，对于年龄较大的幼儿来说，保教人员可以对他们进行日常生活及户外运动的安全教育与引导，以提高幼儿的自我保护意识和能力。例如，在运动中应保持正确的姿势，避免做危险动作等。

4. 选择适宜的练习或运动项目

婴幼儿动作的发展有其内在的规律和特点，同时不同个体的发展速度和水平也存在较大的差异。因而，保教人员应根据婴幼儿粗大动作的发展水平和特点为他们选择适宜的练习或运动项目，同时做到因人而异，使婴幼儿粗大动作的练习更有针对性。此外，还要注意动作练习的时间和次数，做到循序渐进、动静交替，避免婴幼儿因骨骼、肌肉过度疲劳而受伤。

关于3岁以下婴幼儿粗大动作的保育要点，保教人员可参考《托育机构保育指导大纲（试行）》中提供的建议（见表2-1-2）；而关于学龄前幼儿粗大动作的发展指导，则可参考《3—6岁儿童学习与发展指南》中健康领域提出的动作发展目标（见表2-1-3）以及相应的教育建议。保教人员应根据婴幼儿的年龄特点，参照相应的发展目标和指导建议来设计、选择恰当的动作练习活动或材料。

表 2-1-2   3 岁以下婴幼儿粗大动作发展保育要点

7—12 个月	13—24 个月	25—36 个月
·鼓励婴儿进行身体活动，尤其是地板上的游戏活动 ·鼓励婴儿自主探索从躺位变成坐位，从坐位转为爬行，逐渐到扶站、扶走	·鼓励幼儿进行形式多样的身体活动，为幼儿提供参加爬、走、跑、钻、踢、跳等活动的机会	·为幼儿提供参加走直线、跑、跨越低矮障碍物、双脚跳、单足站立、原地单脚跳、上下楼梯等活动的机会

表 2-1-3   3—6 岁幼儿粗大动作发展保育要点

3—4 岁	4—5 岁	5—6 岁
·能沿地面直线或在较窄的低矮物体上走一段距离 ·能双脚灵活交替上下楼梯 ·能身体平稳地双脚连续向前跳 ·分散跑时能躲避他人的碰撞 ·能双手向上抛球	·能在较窄的低矮物体上平稳地走一段距离 ·能以匍匐、膝盖悬空等多种方式钻爬 ·能助跑跨跳过一定距离，或助跑跨跳过一定高度的物体 ·能与他人玩追逐、躲闪跑的游戏 ·能连续自抛自接球	·能在斜坡、荡桥和有一定间隔的物体上较平稳地行走 ·能以手脚并用的方式安全地爬攀登架、网等 ·能连续跳绳 ·能躲避他人滚过来的球或扔过来的沙包 ·能连续拍球

◆ 教养实践 ◆

婴幼儿体操

体操是促进婴幼儿粗大动作发展的有益途径。0—3 岁婴幼儿的体操主要有主被动操（婴儿）、竹竿操、模仿操等类型；3—6 岁幼儿的体操主要为幼儿园体操，包括幼儿广播体操、器械操、韵律操等。

（1）婴儿主被动操，又称婴儿保健操，适用于 1 岁以内的婴儿，

在线阅读
《3—6岁儿童学习与发展指南》

指在成人的适当扶持下，加入婴儿的部分主动动作来完成的体操。对于2—6个月的婴儿，操节内容有伸屈肘关节、伸展上肢运动、两腿轮流伸屈运动等；对于7—12个月的婴儿，操节内容有起坐运动、起立运动等。

（2）竹竿操，适用于1—1.5岁的幼儿，指借助竹竿扶持，且在成人的协助下完成一些操节练习，具体内容包括双臂摆动、上肢运动、体侧运动、下蹲运动等。

（3）模仿操，适用于1.5—3岁的幼儿，指幼儿在音乐的伴奏下徒手做各种模仿动作，如动物模仿操、生活模仿操、玩具动作操、交通工具模仿操等。

（4）幼儿广播体操，适用于3—6岁的幼儿，指以徒手为基础，可供小、中、大班幼儿选用的具有韵律和模仿性的各种广播体操，包括上肢运动、下蹲运动等。

（5）器械操，适用于4—6岁的幼儿，指在音乐伴奏或口令的指挥下，手持各种轻器械做各种动作，且具有一定运动量的体操，如哑铃操、球操、绳操等。

（6）韵律操，适用于4—6岁的幼儿，指以徒手为基础，并融入现代舞的特点，结构新颖、动作有力、节奏轻快的体操，如健身操、双人操、舞操等。

探索 3 　婴幼儿精细动作的发展有什么特点？

为了促进婴幼儿精细动作的发展，托幼机构应为婴幼儿提供各种手部练习的操作材料，且材料应符合婴幼儿的年龄发展水平。

请结合学习支持3的内容，完成以下思考题。

（1）托班、小班的幼儿通常使用小勺吃饭；到中班后，保教人员开始教幼儿学习使用筷子吃饭；大班时，几乎所有幼儿都能使用筷子吃饭。这说明婴幼儿精细动作的发展有哪些特点？

（2）请结合婴幼儿精细动作发展的特点，列举出适合托班、小班、中班、大班幼儿使用的活动室操作材料。

....
....
....
....
....

学习支持 3

★ 婴幼儿精细动作发展的特点及保育

手部精细动作的发展是婴幼儿早期重要的发展成果之一。婴幼儿双手精细动作的发展不仅标志着其大脑神经、骨骼、肌肉和感觉统合的成熟程度，而且对婴幼儿的智力发展起着非常重要的作用，为其日后的书写、使用工具等行为打下基础。

一、婴幼儿精细动作发展的特点

婴幼儿精细动作的发展不是与生俱来、自然而然的过程。它不仅是一个长期的发育过程，而且是一个逐渐统整和协调的过程，如手指之间的协调、双手之间的配合协调、手眼之间的协调等。在童年早期阶段，婴幼儿的精细动作发展落后于粗大动作，但随着年龄的增长，婴幼儿的精细动作会越来越成熟和准确。婴幼儿精细动作的发展主要表现在抓握动作、双手协调动作及手眼协调动作等方面。

1. 抓握动作

抓握动作是最基本的手部动作之一，是各种复杂动作的基础。婴幼儿抓握动作的发展是一个比较复杂的过程，受大脑视觉中枢、手的运动中枢的联合支配。

首先，婴幼儿的抓握动作是由无意抓握（即抓握反射）发展到有意抓握（即主动抓握）的。婴儿早期的抓握通常为先天性的抓握反射，大约在5个月时才会出现有意抓握，表现为拇指和其余四指对捏的抓握动作，以及在完成抓握动作过程中的手眼逐渐协调，这是婴儿手部动作发展的一个重大飞跃。

▲ 图2-1-5　婴儿用手掌抓握

其次，婴幼儿的抓握动作也遵循着由不成熟的手掌抓握到成熟的手指抓握的规律。婴儿抓握的具体表现为：5—6个月的婴儿只能使用手掌抓握；自7个月开始，随着稳定点由近端关节向远端关节移动，婴儿的抓握动作开始向拇指与其余四指对捏的抓握模式发展。

2. 双手协调动作

双手协调动作是指婴幼儿同时使用双手操作物体的能力。婴幼儿双手动作协调发展的过程也是手部精细动作逐渐发展的过程。伴随着双手协调动作的发展，婴幼儿逐渐学会通过双手配合来进行拿取、抓、捏、撕、敲等动作。婴幼儿在用双手摆弄物体的过程中，手部小肌肉群得到了良好的锻炼，双手动作也越来越熟练、精细和协调。

通常情况下，4个月之前的婴儿还不能用两只手进行协同活动，还未出现双手协调动作，一般为单手抓握。7个月以后，婴儿开始能够双手摆弄抓到的物体，并能同时摆弄两个物体，还能把双手之间的物体进行交换。12—15个月时，幼儿能双手协作打开瓶盖，并能进行两物对敲。19—24个月时，幼儿能够通过双手协作将积木垒成塔，能够双手配合将线穿进衣服的扣眼，并且还能够自己用汤匙吃饭。25—30个月时，幼儿基本上可以自己洗手、擦脸，也能够双手配合逐页翻书、穿鞋袜、解衣扣、拉拉链等。

3. 手眼协调动作

手眼协调是指人在视觉的配合下，手部进行精细动作时所表现出的协调性。它是婴幼儿在抓握动作发展的过程中逐步形成的视觉和动觉的联合协调运动。能看清楚物体及分辨物体的空间位置，是婴幼儿手眼协调动作发展的基础。手眼协调动作是精细动作发展的关键，对促进婴幼儿的运动能力、智力及行为发展等有非常重要的意义。

通常来说，2个月以后，婴儿开始能注视物体，并学习控制自己的手，会吸吮自己的手指；5个月时，婴儿能将东西放入嘴中，但是伸手够物时往往抓不准；9个月时，婴儿能用眼睛去寻找手中掉落的物品，而且喜欢用手拿着小棍敲打物体；1岁以后，幼儿手眼动作基本协调，已经能够完成一些简单的操作活动，并能翻看图画书；18—24个月时，幼儿可以独自将三四块积木叠搭起来，还喜欢拿笔画长线条；3岁以后，幼儿手眼协调能力获得大幅度的发展，能够比较准确地拿到视线范围内的东西。

二、促进婴幼儿精细动作发展的保育要点

1. 在生活活动中促进精细动作发展

婴幼儿的一日活动以进餐、盥洗、如厕等生活活动为主要内容，这些日常活动是促进婴幼儿精细动作发展的有益途径。因而，保教人员应引导婴幼儿从小学习各项生活自理技能，这不仅可以促进婴幼儿手部精细动作的发展，还能帮助他们从小培养良好的生活自理习惯。例如，针对较小的婴幼儿，可以让他们自己用手握住奶瓶喝奶，自己拿小块水果吃；针对较大的幼儿，则可以逐渐教会他们独立使用汤匙或筷子吃饭、穿脱衣物和鞋子、刷牙、擦嘴、洗脸等。

通常情况下，2岁时，幼儿已经可以独立用手拿水杯喝水。3岁时，幼儿可以自己穿鞋、扣大纽扣、洗手、洗脸，还可以自己用勺子吃饭，但经常会将食物撒出盘子，脸上、嘴上

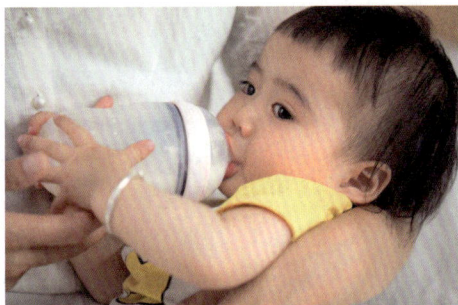

▲ 图2-1-6　鼓励婴儿自己握奶瓶喝奶

▲ 图2-1-7　鼓励幼儿自己拿牙刷刷牙

也常会沾满食物；而对于系鞋带、扣小纽扣、拿筷子等动作，他们完成起来还有困难。4岁时，幼儿可以独立穿裤子和衬衫、刷牙、系鞋带。5岁时，幼儿除了可以完成以上任务外，还可以用剪刀剪出一条直线，或用蜡笔书写字母和数字。5—6岁时，大部分幼儿能自己倒水、吃饭，且不会撒，可以自己系鞋带、扣小纽扣、拉拉链，还可以比较准确地使用铅笔、剪刀和其他工具。

2. 提供适宜手部动作发展的材料

婴幼儿精细动作的发展需要借助各种操作材料来实现。首先，保教人员应根据婴幼儿的年龄特点，为他们提供大小、形状符合其手部动作发展水平的生活物品（如餐具、奶具等）以及玩具，以便婴幼儿抓握和使用。其次，保教人员要确保婴幼儿所使用的物品和玩具是安全的，即无毒、无害，且无尖锐、锋利的边角等。

▲ 图2-1-8　为幼儿提供积木

▲ 图2-1-9　为幼儿提供橡皮泥

3. 鼓励婴幼儿开展手部动作练习

就精细动作的发展而言，不断地重复练习非常重要。由此，保教人员应该引导并鼓励婴幼儿经常开展画画、涂色、剪纸、系绳子、拉拉链、扣扣子等活动，让他们通过练习来更好地发展小肌肉动作。

保教人员可参考《托育机构保育指导大纲（试行）》中提供的指导建议（见表2-1-4），对3岁以下婴幼儿的精细动作进行指导。《3—6岁儿童学习与发展指南》中的健康领域对学龄前幼儿手部精细动作的发展也提出了相应的发展目标（见表2-1-5）及教育建议，保教人员可参照该目标和教育建议来设计、选择恰当的练习活动或材料。

表 2-1-4　3岁以下婴幼儿精细动作发展保育要点

7—12 个月	13—24 个月	25—36 个月
• 提供适宜的玩具，促进抓、捏、握等精细动作发育	• 提供多种类活动材料，促进涂画、拼搭、叠套等精细动作发育 • 鼓励幼儿自己喝水、用小勺吃饭、自己翻书等	• 提供多种类活动材料，促进幼儿搭建、绘画、简单手工制作等精细动作发育 • 鼓励幼儿自己用水杯喝水、用勺吃饭、协助收纳等

表 2-1-5　3—6 岁幼儿精细动作发展保育要点

3—4 岁	4—5 岁	5—6 岁
· 能用笔涂涂画画 · 能熟练地用勺子吃饭 · 能用剪刀沿直线剪，边线基本吻合	· 能沿边线较直地画出简单图形，或能将边线基本对齐地折纸 · 会用筷子吃饭 · 能沿轮廓线剪出由直线构成的简单图形，边线吻合	· 能根据需要画出图形，线条基本平滑 · 能熟练使用筷子 · 能沿轮廓线剪出由曲线构成的简单图形，边线吻合且平滑 · 能使用简单的劳动工具或用具

4. 不要强制纠正婴幼儿的左利手

3 岁时，幼儿开始偏好用左手或右手的现象称为利手。由于大脑左半球控制身体的右侧，通常处于支配地位，因此大部分人是右利手。但部分婴幼儿是大脑右半球处于支配地位，他们通常为左利手。保教人员不用过多关注婴幼儿是左利手还是右利手，也无须干预或纠正他们的用手习惯，因为两手并用有利于婴幼儿左右大脑的发育。如若强制婴幼儿纠正左利手，可能引发口吃、阅读困难等心理发展障碍。对于 1—3 岁的幼儿，可以引导他们左右手共用。如果幼儿在 6 岁以前形成了右利手，也应有意识地锻炼其左手。

· 教养实践 ·

婴儿精细动作练习

（1）1—3 个月：可为婴儿提供不同质地、适合小手抓握的物品，引导其进行抓握练习，如拨浪鼓、海绵条、纸卷、小积木等；在婴儿抓握后，可将物品抽出来，然后再放回去，如此重复几次。

（2）4—6 个月：可鼓励婴儿用手抓握奶瓶喝奶、喝水，或用手拿磨牙饼干吃；将玩具悬挂在婴儿的头顶上，利用健身架鼓励婴儿抓取玩具；引导婴儿有目的地抓取桌上的玩具，并摇晃、敲打玩具；有意识地让婴儿把玩具或其他物品传递给照护者。

在线阅读《托育机构保育指导大纲（试行）》

（3）7—9 个月：可有意识地示范并引导婴儿练习拿起、放下物品的动作；引导婴儿用手指进行拨动、按动、摆弄玩具等练习；让婴儿用手抓小饼干等食物吃（注意食物的大小，确保婴儿安全）；引导婴儿将一个物体放入容器中，然后拿出来，可反复练习。

（4）10—12 个月：可给婴儿准备小饼干或小块水果（注意食物的大小，确保婴儿安全），让婴儿随意拿捏抓取；准备各种积木、玩偶等让婴儿自由玩耍；为婴儿示范翻书动作并让其尝试翻页；让婴儿尝试用勺子在小碗内盛食物，并送入自己的口中。

探索 4　如何能了解婴幼儿动作发展的水平？

　　婴幼儿动作的发展既有其既定的规律，也有较大的个体差异。保教人员有必要了解婴幼儿的动作发展水平，然后为其提供恰当的保教指导。

　　请结合学习支持4中的内容，思考以下问题。

　　（1）保教人员如何才能初步地了解婴幼儿动作的发展水平？

　　（2）对于动作发展明显落后的婴幼儿，应做好哪些保育工作？

....

....

....

学习支持 4

★ 婴幼儿动作发展的观察与评价

　　婴幼儿动作发展评价是对婴幼儿动作发展水平和发展速度的评定，即依据一定的评价标准，采用各种定性、定量的评定方法，对婴幼儿的动作发展做出价值判断，并寻求促进婴幼儿动作发展途径的一种活动。

一、婴幼儿动作发展观察与评价的意义

　　动作发展对婴幼儿的身心健康有重要影响，是评价婴幼儿心理和生理发展的重要指标之一。首先，通过科学的观察与评价，可以更好地了解婴幼儿的动作发展水平，并据此来了解其智力、心理等方面的综合发育情况，从而及时发现婴幼儿在生长发育过程中的问题。例如，如果婴儿在5个月时还不能稳定支撑头部，或到6个月时完全不会坐，即便是靠着支持物也不能坐，都应及时将其送医检查。如果发现及时，通过早期康复治疗，可以促进神经功能的恢复，减轻后遗症的严重程度。其次，早期动作的发展水平在某种程度上标志着婴幼儿的心理发展水平。通过评价婴幼儿的动作发展水平，可以了解他们的心理发展特点。此外，保教人员可以通过观察与评价来掌握婴幼儿动作发展的水平和速度，了解不同个体之间的差异，发现优势和不足，为设置保教目标、组织活动等提供依据。

二、婴幼儿动作发展观察与评价的原则

1. 客观性原则

　　动作发展的观察与评价应以婴幼儿的实际发展情况为基础，在他们自然的日常生活与

教育活动过程中完成，尽量避免各种干扰因素（如个人观点、立场等）。此外，对低龄婴幼儿动作发展的评价，最好由婴幼儿熟悉的人员提供各种与动作发展有关的信息，以确保数据分析和评价结果的客观性。

2. 整体性原则

对婴幼儿动作发展的观察与评价要从整体出发，综合、全面地考量婴幼儿动作发展的各方面因素，既要注意粗大动作的发展，也要注意精细动作的发展，还要考虑年龄、体重、营养状况等其他方面的因素，不能以某一方面的发展标准来衡量婴幼儿的整体动作发展情况。此外，还应注意评价主体的多元化，由家长、保教人员、保健医生、医学专家等共同参与。

3. 发展性原则

"发展"有两层含义。一方面，保教人员应该以发展的眼光看待婴幼儿的动作发展，关注婴幼儿动作发展的顺序与历程，在了解他们现有发展水平的同时，更多地关注发展的趋势和速度等。同时，还应考虑不同婴幼儿的个体差异，为他们提供个性化的、发展性的保教措施。另一方面，对婴幼儿动作发展的观察与评价应以不影响他们的发展为前提，评价的方法要具有科学性、教育性。

4. 科学性原则

婴幼儿动作发展的观察与评价是一项科学、严谨的工作。一方面，要选择和制定符合婴幼儿动作发展特点与规律，且具有较强实践性和操作性的评价方法和指标。另一方面，观察与评价的实施过程和参照标准也要讲究科学性，确保观察与评价的计划严谨、时机恰当，评价指标有普适性。

三、婴幼儿动作发展观察与评价的实施

婴幼儿动作发展的观察与评价主要可通过以下几个步骤来完成。

1. 明确评价内容和标准

婴幼儿动作发展观察与评价的内容主要包括粗大动作和精细动作两部分。婴幼儿动作评价的标准分为三级：一级是指在适当的年龄能够灵活、熟练、协调地完成各项动作；二级是指在适当的年龄能经帮助较熟练、灵活地完成各项动作；三级是指在适当的年龄只能部分或较差地完成各项动作。

2. 确定评价方法

评价方法的选择与使用既要配合内容的性质与需要，又应考虑评价对象的特点。通常，婴幼儿动作发展的观察与评价主要采用观察法、实验法、问卷调查法等方法。

3. 搜集和分析资料

搜集资料是指把通过观察、调查等方式获得的与婴幼儿动作发展相关的资料进行汇总、整理，然后使用科学的方法对资料进行定性与定量分析。

4. 实施评价

根据评价标准及资料分析结果，对婴幼儿的动作发展进行具体评价，以了解婴幼儿动

作发展的实际情况。通常，由家长或主要教养人、教师、保健医生、专科医生等共同参与，能够更好地保证评价结果的客观性与准确性。

5. 评价结果反馈及制定发展计划

评价的目的在于如何通过评价来促进婴幼儿的动作发展。因此，评价者应将评价结果以恰当的方式反馈给有关人员（尤其是主要教养人），然后根据婴幼儿的具体情况、潜能和不足，制定具体的计划，以逐步促进婴幼儿的动作发展。

此外，还需注意的是，在对婴幼儿动作发展进行观察与评价时，评价者应保持安静，并尽量减少自身身体活动、穿着等潜在因素对观察对象造成的干扰。同时，由于婴幼儿的精力有限，因此不应让他们长时间进行活动。评价者应保证婴幼儿有充足的睡眠时间，以免因观察时间过长而影响他们的正常作息。

另外，每个婴幼儿的发展都有其特点，在发展速度和水平上有较大的差异。由此，评价者不必对婴幼儿的某些动作发展较晚或不成熟而感到焦虑，只要他们的动作水平在不断提高，并处于正常范围内就是正常的。

● 家园沟通 ●

根据本学习活动所学知识，保教人员在开展家园沟通工作时，可参考以下内容：

（1）提高家长对婴幼儿动作发展规律与特点的认识，并向他们提供简单、易操作的婴幼儿动作发展促进方法指导。例如，多陪伴婴幼儿参与户外活动，为婴幼儿创设适宜的活动环境，从小培养婴幼儿的自我照顾能力，以及在确保安全的前提下为婴幼儿提供充足的动手机会和操作材料。

（2）建议家长引导婴幼儿积极参与各类户外运动或生活活动，为婴幼儿选择适合他们动作发展水平的运动项目，同时需避免发生运动中的损伤。

● 学习水平评价表 ●

评价内容	观测点	分值	得分
婴幼儿动作发展的类型及基本规律	·能正确说出婴幼儿动作发展的基本类型，并举例说明（5分） ·能正确说出婴幼儿动作发展的基本规律，并举例说明（5分）	10分	

（续表）

评价内容	观测点	分值	得分
婴幼儿粗大动作发展的特点及保育	·能概述婴幼儿粗大动作发展的特点（5分） ·能根据婴幼儿粗大动作发展的特点，选择恰当的保育措施（10分） ·能根据婴幼儿粗大动作发展的特点，选择恰当的练习方法或材料（10分）	25分	
婴幼儿精细动作发展的特点及保育	·能概述婴幼儿精细动作发展的特点（5分） ·能根据婴幼儿精细动作发展的特点，选择恰当的保育措施（10分） ·能根据婴幼儿精细动作发展的特点，选择恰当的练习方法或材料（10分）	25分	
婴幼儿动作发展的观察与评价	·能说出婴幼儿动作发展观察与评价的意义（5分） ·能说出婴幼儿动作发展观察与评价的四个原则，并举例说明（5分） ·能说出婴幼儿动作发展观察与评价的实施步骤（10分）	20分	
素养目标达成情况	·能在学习过程中主动提出疑问或分享自己的观点（10分） ·能认识到动作发展对婴幼儿身心健康发展的重要性（10分）	20分	
总 分		100分	

● 课后练习 ●

在线自测

一、单选题

1. 下列选项中，符合婴幼儿粗大动作发展规律的是（   ）。

  A. 2 个月左右学会翻身　　　　　　B. 5 个月还不能稳住头部

  C. 7 个月左右学会独自稳定地坐　　D. 17 个月左右还不会独立走

2. 0—1 岁婴儿的动作发展呈现出"二抬三翻六会坐，七滚八爬周会走"的特点，这一特点反映出婴幼儿粗大动作的发展遵循（　　　）的发展规律。

　　A. 从中间到四周　　　　　　　　　　　B. 从头到尾

　　C. 从分化到整合　　　　　　　　　　　D. 从无意到有意

3. 在下列做法中，不利于促进婴幼儿粗大动作发展的是（　　　）。

　　A. 给婴幼儿提供宽敞、安全的活动空间

　　B. 多让婴幼儿自由活动、自由探索

　　C. 尽早对婴幼儿进行动作训练

　　D. 为婴幼儿提供宽松、透气、舒适的着装

4. 在下列做法中，不利于促进婴幼儿精细动作发展的是（　　　）。

　　A. 为婴幼儿提供适宜的手部活动操作材料　　B. 鼓励婴幼儿从小学习自己吃饭、喝水等

　　C. 引导婴幼儿多开展动手操作的活动　　　　D. 强制纠正婴幼儿的左利手习惯

5. "在婴幼儿自然的日常生活与教育活动过程中去观察和评价他们的动作发展水平，尽量避免各种干扰因素"，这句话体现的是（　　　）。

　　A. 客观性原则　　　　B. 发展性原则　　　　C. 整体性原则　　　　D. 科学性原则

二、简答题

1. 通过网络搜索，了解"婴儿学步车"的相关信息。然后，结合本学习活动所学知识，思考长期使用学步车对婴儿的发展可能带来哪些影响。

2. 保教人员该如何促进婴幼儿粗大动作和精细动作的发展？

三、拓展题

　　阅读案例，然后结合本学习活动所学知识，对萱萱家人的观点做出评价，并为萱萱妈妈提供恰当的建议。

　　妈妈发现萱萱从小就喜欢使用左手吃饭、拿东西，右手使用得较少一些。到 4 岁时，萱萱已经基本习惯使用左手来完成日常活动了。对此，身边的家人提出了不一样的看法，妈妈为此感到很迷茫。

　　爷爷：孩子习惯用哪只手就让她用，只要对身心无害，我们不要去干预她。

　　奶奶："左撇子"看着真奇怪，其他孩子会笑话她的，我们应该尽早帮她纠正过来，让她多使用右手，少用左手。

　　爸爸：听说"左撇子"的孩子比普通孩子更聪明，很多名人都是"左撇子"，我们应该鼓励孩子多用左手。

学习活动 2 婴幼儿感知觉发展的特点及保育

学习目标

- ☑ 能简述人体眼与耳的主要结构及功能。
- ☑ 能概述婴幼儿视觉、听觉、触觉、味觉等感知觉发展的特点，并选择恰当的保育措施。
- ☑ 能根据婴幼儿的异常体征或表现，初步发现其感知觉发育可能存在的异常，并与保健医生、家长等进行恰当的沟通。
- ☑ 能结合婴幼儿感知觉发展的特点，向家长提供适宜的教养建议，并与家长进行有效的沟通。
- ☑ 能认识到感知觉发展对婴幼儿身心健康的重要价值，并在保育工作中积极关注婴幼儿感知觉的发展水平。
- ☑ 能主动获取并整理有关婴幼儿感知觉保育的有效信息，乐于展示学习成果，并能对本学习活动的学习情况进行总结和反思。

课前小活动

- ☑ 预习本学习活动内容，完成案例导入中的思考题及各探索活动。
- ☑ 通过搜索网络信息，了解人体视觉系统、听觉系统、皮肤等的基本结构与功能。
- ☑ 为不同年龄的婴幼儿选取适合的玩具，然后分析这些玩具对婴幼儿感知觉发展的意义与价值。

案例导入

耳朵闷闷的

佳佳今天感冒了，她在擤完鼻涕后，说话忽然变得特别大声，这引起了张老师的注意。"你怎么了，哪里不舒服吗？"张老师问道。佳佳点点头，指着耳朵说："耳朵好像是塞住了。""是有东西掉进耳朵里了吗？"张老师一边说着，一边准备去拿手电筒检查。佳佳说道："不是的，是我鼻涕擤得太用力了。""你张开嘴，咽一下口水或者打一个哈欠试一试，会不会好一些？"张老师一边说着，一边做着示范。佳佳学着张老师的样子把嘴张开，缓缓地咽了一下口水，反复几次之后，她笑着说："现在耳朵好了！""现在你听我说话，还会觉得声音闷闷的吗？"张老师反复地向佳佳确认，又指着远处问："你能听见月月他们在说话吗？"佳佳先是摇摇头，表示耳朵不再闷了，又认真地听了会儿远处朋友们的聊天，说："我耳朵通了。"

为了安全起见，张老师还是让佳佳去保健室检查耳朵是否有异物。在确认无碍后，张老师提醒佳佳："擤鼻子的时候，如果两个鼻子一起擤，就容易像刚刚那样堵住耳朵。你可以先擤一侧的鼻子，像这样用手按住另一边……"张老师边说边示范，"擤完后再换另一侧的鼻子，这样会更安全。"

（由卫勃雯老师提供）

思考 为什么捏住两侧的鼻子擤鼻涕会引发耳闷？张老师处理问题的方法给你带来了什么启发？

感觉是人脑对直接作用于感觉器官的客观事物个别属性（如形状、颜色、声音、气味等）的反映。根据刺激物的来源和感受器的不同，可以将感觉分为外部感觉和内部感觉。其中，外部感觉包括视觉、听觉、嗅觉、味觉和皮肤感觉。内部感觉包括运动感觉、平衡感觉和内脏感觉。

知觉是人脑对直接作用于感觉器官的客观事物整体属性的反映。当感觉获得对事物个别属性的信息之后，知觉就会将对于某一事物的所有个别属性整合起来，从而获得对这一事物整体属性的直接认知。根据知觉对象的不同，知觉可以分为物体知觉和社会知觉。其中，物体知觉主要是对"物"的知觉，包括空间知觉、时间知觉以及形状、大小知觉等，社会知觉则是对"人"的知觉，属于社会性发展的范畴。

从个体发展的情况看，一般是先有各种具体的感觉，然后在此基础上出现种种知觉。因而，感觉是知觉的基础，知觉是对感觉到的信息的综合与运用。感觉一旦获得了客观事物或周边环境的个别属性，知觉就会立刻整合这些个别属性，并获得对这一客观事物或者周边环境全貌的认知。在现实生活中，纯粹的感觉是很少见的，因此，心理学中常把感觉和知觉统称为感知觉。

感知觉虽然属于心理活动中较低级的形式，但却是个体维持生存所必备的心理过程。感知觉是婴幼儿最先发展且发展速度最快的一个领域，是婴幼儿认识世界和自我的重要手段，在婴幼儿（尤其是言语形成以前）认知活动中占主导地位。婴幼儿感知觉的发展为其他心理过程的发展奠定了必要的基础。

探索 1　如何促进婴幼儿视觉的发育?

　　国家卫生健康委发布的《3 岁以下婴幼儿健康养育照护指南(试行)》指出:2 岁以内不建议观看或使用电子屏幕,2 岁以上观看或使用电子屏幕时间每天累计不超过 1 小时,每次使用时间不超过 20 分钟;幼儿每天的户外活动时间至少 2 小时。

　　请结合学习支持 1 中的内容,思考以下问题。

　　(1)国家卫生健康委为何提出以上建议?

　　(2)为了促进婴幼儿视觉的发育,保教人员可向家长提供哪些建议?

....

....

....

学习支持 1

⭐ **婴幼儿视觉发展的特点及保育**

　　视觉是个体辨别物体的明暗、颜色等特性的感觉。视觉刺激在婴幼儿与其周围环境的联系中起着极其重要的作用。在个体接受的外部信息中,大约有 80% 是通过视觉获取的。

一、眼的主要结构与功能

　　眼是人类视觉系统中最重要的器官,由眼球、眼副器两部分组成。其中,眼球由眼球壁和内容物组成,结构比较复杂(见图 2-2-1),具有折光、感光、产生视觉等作用。眼

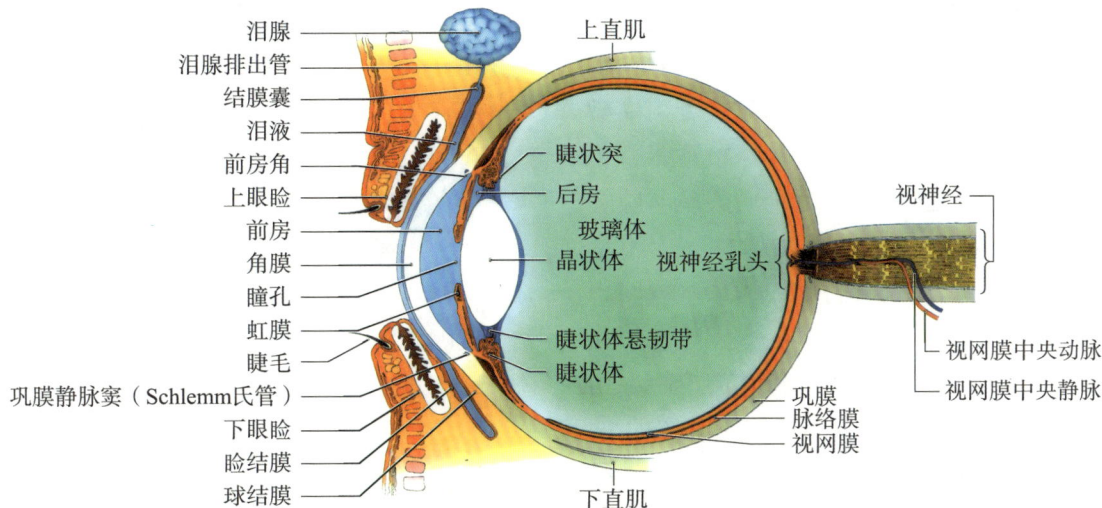

左侧标注(自上而下):泪腺、泪腺排出管、结膜囊、泪液、前房角、上眼睑、前房、角膜、瞳孔、虹膜、睫毛、巩膜静脉窦(Schlemm氏管)、下眼睑、睑结膜、球结膜

中部标注:睫状突、后房、玻璃体、晶状体、睫状体悬韧带、睫状体、下直肌、上直肌

右侧标注:视神经、视神经乳头、视网膜中央动脉、视网膜中央静脉、巩膜、脉络膜、视网膜

▲ 图 2-2-1　眼球的结构

副器包括眼睑、结膜、泪器、睫毛、眉和眼外肌等部分，对眼球能起到保护、支持和帮助运动的作用。

人眼能看清物体的原理是：物体所发出的或反射的光线经过眼球的屈光系统（包括角膜、房水、晶状体、玻璃体）折射后，成像于视网膜上，视网膜上的感光细胞（视锥细胞和视杆细胞）将光刺激所包含的视觉信息转变成神经冲动电信号，经视神经通路传入大脑视觉中枢，经过记忆、分析、判断、识别、整理等复杂过程而产生视觉，最终在大脑中形成物体的形状、大小、颜色等概念。由此可知，视觉生理可分为物体在视网膜上成像的过程，以及视网膜感光细胞将物像转变为神经冲动的过程。

二、婴幼儿视觉发展的特点

新生儿已具备一定的视觉能力，有了基本的视觉过程，但此时视觉系统尚未发育成熟，还需经过一个较为缓慢的、渐进的发展过程。

1. 视觉集中的发展

新生儿出生不久便能用眼睛追视物体，15 天左右就能较长时间地注视活动的玩具。但由于新生儿在出生后的 2—3 周，眼肌协调能力差，眼球运动不协调，因此，双眼有时会呈现出类似"斗鸡眼"的对眼现象。直至新生儿期结束，这种眼球运动的不协调现象才会逐渐消失。

随着月龄的增长，婴儿视觉集中的时间和距离都逐渐延长。例如，满月以后，婴儿视觉集中的现象越来越明显，他们喜欢看活动的物体和熟悉的成人（如妈妈的脸）；2 个月时，婴儿能注视距离较远的物体，注视时间增长，并且可以移视、追视；3 个月时，能对 4—7 米处的物体注视 7—10 分钟，且视觉更为集中和灵活，能用眼睛搜寻附近的物体，并追随物体做圆周运动；从第 5 至 6 个月起，婴儿能长时间注视远距离的物体。此后，婴儿的视觉进一步发展，到幼儿期时，他们开始能对事物进行更为积极和细致的观察。

2. 视敏度的发展

视敏度是指眼睛区分对象形状和大小的微小细节的能力，即视力。婴幼儿的视敏度随着年龄的增长而逐渐发育成熟。在新生儿期及婴儿早期，他们只能看到模糊的影像，最佳注视距离是 20—30 厘米，相当于母亲抱着孩子喂奶时，两人脸与脸之间的距离。6 个月时，婴儿的视力可达到 0.1；1 岁时，幼儿的视力约为 0.2；2—3 岁时，幼儿的视力为 0.5—0.6；4—5 岁时，幼儿的视力已逐渐发育成熟，视觉的清晰度增加，视力大约为 1.0；6—7 岁时，幼儿的视力基本达到成人的视力水平。

▲ 图 2-2-2　新生儿只能看到妈妈模糊的影像

小链接 🔍

什么是远视储备

　　新生儿的眼轴较短，导致物体成像于视网膜的后面，从而在视觉上产生一种生理性远视现象。随着年龄的增长和眼球的发育，幼儿眼球的前后距离逐渐变长。4—5岁时，幼儿的眼屈光度数逐渐趋向于正视，即达到1.0的视力。但此时，幼儿的眼睛仍处于轻度远视的状态，会存在200度左右的远视，这就是所谓的"远视储备"。简单来说，远视储备就是眼球调节能力的储备。

　　在幼儿长时间近距离用眼的情况下，可能会导致轻度近视的出现。此时，远视储备可以对近视的度数进行抵消。即使幼儿出现了轻度的近视，也不会导致视力的明显下降。但是，如果未能及时发现并矫治近视，幼儿的远视储备将很快消耗完毕，使近视持续加深、加重。

3. 颜色视觉的发展

▲ 图 2-2-3　婴儿偏爱鲜艳的红色

　　新生儿眼中的世界是黑、白、灰的，他们无法分辨其他颜色。2—4个月婴儿的颜色知觉已发展得很好。2个月时，婴儿能区分不同的颜色；4个月时，他们已表现出对某种颜色的偏爱，尤其是明亮鲜艳的颜色（如红色），且已具有正确的颜色范畴性知觉。此时，他们的颜色视觉基本功能已接近成人水平。4—8个月时，婴儿最喜欢波长较长的暖色调，如红色、橙色和黄色，不喜欢波长较短的冷色调，如蓝色、紫色；喜欢明亮的颜色，不喜欢暗淡的颜色。

　　3岁时，幼儿能辨别红、黄、绿、蓝等基本颜色，但还不能清楚地分辨相近的颜色，需要通过训练来进一步发展辨色能力。学龄前阶段的幼儿对颜色的绝对感受性和差别感受性都有不同程度的增长，他们对颜色的差别感受性可以通过实践和训练得到提高。

　　从整体上来说，3岁前是婴幼儿视觉发育的关键时期，3—6岁则是巩固和提高视觉功能的重要阶段。婴幼儿的视觉发育若在这个时期发生障碍，未来将会很难恢复。此外，6—12岁儿童的视觉功能仍然具有一定的可塑性，保教人员和家长需给予重视。

三、促进婴幼儿视觉发展的保育要点

　　视力的好坏不仅会影响婴幼儿日常的生活和学习，还将影响他们的心理健康和未来的职业选择。为此，保教人员应根据婴幼儿视觉发展的年龄特点和个体差异，与家长携手合作，共同做好以下保育工作。

1. 定期监测婴幼儿视力发育情况

6岁以内的婴幼儿处于视觉发育的关键阶段，他们的视力发展易受到各种因素的干扰。此外，许多影响视觉发育的眼病发病隐匿，仅凭外部观察难以发现。因此，需要专业的眼科医生对婴幼儿的眼部外观进行检查，或利用专业的眼科设备进行检测，以便及早发现婴幼儿可能存在的眼病及屈光异常等情况。鉴于此，婴幼儿视力发育的监测应从出生时即开始。其中，新生儿期需进行2次，分别在新生

▲ 图 2-2-4　为幼儿进行视力检查

儿家庭访视和满月健康管理时；婴儿期需进行4次，分别在3、6、9、12个月时；1至3岁的幼儿期需进行4次，分别在18、24、30、36个月时；3—6岁的学龄前期需进行3次（有条件时可以进行6次），分别在4、5、6岁时。

婴幼儿时期的很多视力问题或缺陷易被忽视，从而错过了最佳的干预时期。为避免这样的情况发生，保教人员需做好两方面的工作：一方面应提醒家长定期带孩子去做视力检查，做到对异常问题的早发现、早治疗；另一方面还应配合医生完成托幼机构婴幼儿的定期视力筛查工作，并及时与视力异常的婴幼儿家长进行沟通。

2. 为婴幼儿提供安全、卫生的用眼环境

保教人员应为婴幼儿提供安全、卫生的用眼环境。例如，婴幼儿活动场所的窗户大小需适中，以确保有充分的自然光照射，同时光线强度应适宜（在光线不佳时应采用白炽灯照明）；在组织婴幼儿开展画画、阅读等活动时，光线应从左上方照射，避免光线直射；做好每日开窗通风工作，避免婴幼儿受到污浊空气的影响；在组织婴幼儿一日活动时，应做到"动静结合"，并适当增加户外活动时间（每日不少于2小时）；如在教学活动中需使用电子屏幕，应控制婴幼儿的视屏时间，避免过度用眼。

此外，保教人员还应为婴幼儿提供适合他们身高的桌椅，为他们选择印刷清晰、颜色鲜明、文字大小适中的图画书。尤其要注意的是，如果需使用紫外线灯进行室内消毒，应确保无婴幼儿在场，以免发生紫外线灼伤眼睛或皮肤的安全事故。

3. 引导婴幼儿养成良好的用眼习惯

第一，保教人员应引导婴幼儿养成正确的读写姿势，保持"一尺、一拳、一寸"，即眼睛与读物的距离约为一尺（约33.3厘米）、胸前与桌子的距离约为一拳（6—7厘米）、握笔的手指与笔尖的距离约为一寸（约3.33厘米）。同时，保教人员需引导婴幼儿不要躺着、趴着或蹲着看书，不要在走路或乘车时看书，也不要在光线过强或过暗的地方进行读写活动，每次连续看书的时间不要超过30分钟，避免造成视觉疲劳。

第二，保教人员应避免婴幼儿过早接触电子产品。长时间近距离使用电子视屏类产品易消耗婴幼儿的远视储备量，影响视力发育，因此，建议2岁以下的婴幼儿不接触手机、电脑等电子产品，2—3岁幼儿不接触或尽量少接触（建议每日总视屏时间少于1小时，每

次使用时间不超过 20 分钟）电子产品，3 岁以后也应控制每日的视屏时间。

　　第三，保教人员需引导婴幼儿注意眼部卫生。例如，勤洗手，不用脏手揉眼睛；毛巾、手绢等盥洗用品应专人专用（保教人员要按规定对盥洗用品进行清洁、消毒）。此外，保教人员还应避免婴幼儿玩尖锐的玩具、器具，或接触有刺激性的化学物品（如清洁剂），教会婴幼儿在游戏的过程中保护好眼睛。培养良好的用眼习惯是一个长期且持续的过程。当保教人员发现婴幼儿有用眼方法不正确的情况时，应及时提醒婴幼儿纠正。

4. 关注视觉或眼部发育有异常的婴幼儿

　　由于年龄发展的限制，低龄婴幼儿在视觉出现异常时往往不能自我察觉和报告，这就需要保教人员在一日活动中加强观察，留意婴幼儿有无特殊用眼现象或行为，使可能存在的视觉或眼部发育异常病症得到及时的诊断和矫治。

　　此外，对于已经被诊断为视觉发育异常的婴幼儿，保教人员应给予更多的关注和支持。例如，为需要矫治弱视的婴幼儿提供一个接纳、尊重、关怀的心理环境和安全的活动空间，并鼓励婴幼儿多参与一些精细的操作活动，以促进患眼的发育。

· 教养实践 ·

如何发现婴幼儿视觉或眼部发育有异常

　　通常情况下，当婴幼儿出现以下一项或多项异常表现或行为时，提示其视觉或眼部发育可能有异常。此时，保教人员应与家长沟通，建议家长带孩子送医检查。

　　（1）看东西时频繁眨眼、皱眉、眯眼、揉眼，或经常偏着头。

　　（2）当两眼向前平视时，两眼的眼球位置不匀称或不能协调运动（婴儿在 6 个月前属正常现象）。

　　（3）经常混淆形状相似的图形，或辨别颜色有障碍。

　　（4）手眼协调能力弱，或明显弱于同龄婴幼儿。

　　（5）眼部出现异常症状或体征。例如：对光敏感（畏光），一侧或双侧瞳孔上出现白色斑块，双侧瞳孔大小不等，眼结膜发红、充血，经常流泪或眼睛分泌物较多，眼睑红肿，以及一侧或双侧眼睑下垂等。

　　（6）幼儿自诉看东西时有重影，或看东西模糊。

探索 2　　如何促进婴幼儿听觉的发育？

　　中耳炎是婴幼儿常见的感染性疾病，常在婴幼儿患上呼吸道感染时引发，并且是导致婴幼儿听力损失的常见诱因。请结合学习支持 2 中的内容，思考以下问题。

（1）为什么婴幼儿在患上呼吸道感染时容易引发中耳炎？

（2）为了促进婴幼儿听觉感知能力的发育，保教人员可向家长提供哪些建议？

....

....

....

学习支持 2

★ 婴幼儿听觉发展的特点及保育

听觉是指声波作用于听觉器官，使其感受细胞兴奋并引起听神经的冲动，发放传入信息，经各级听觉中枢分析后引起的感觉。听觉是仅次于视觉的重要感觉通道，它在人的生活中（尤其是言语的获得）起着重大作用。在人所获得的外界信息中，大约有 10% 的信息是通过听觉通道获取的。

一、耳的主要结构与功能

耳是人体听觉系统的重要器官，具有双重感觉功能，既是听觉器官，又是机体位置和平衡感觉器官。耳由外耳、中耳和内耳三个部分组成（见图 2-2-5）。其中，外耳包括耳廓、外耳道和鼓膜，具有收集声波、传导声音以及保护中耳、内耳的作用。中耳包括鼓室、咽鼓管等结构，鼓室中的三根听小骨（包括锤骨、砧骨和镫骨）能将声波的振动传入内耳。内耳由一系列复杂的管腔组成，包括耳蜗、前庭等结构，主要有维持身体平衡以及感受声音、产生神经冲动等功能。

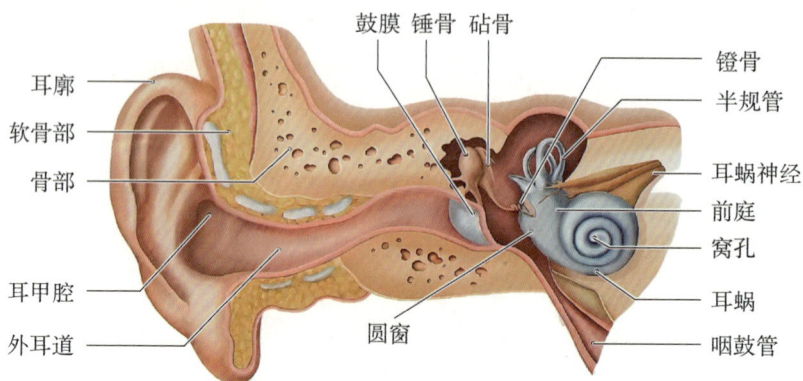

▲ 图 2-2-5　耳的结构

人听到声音的过程是：外界声波通过介质（如空气）进入外耳道，随后引发鼓膜（耳膜）和听骨链（三根听小骨）的振动。听骨链将振动传入内耳的耳蜗，耳蜗在接收到声能振动后将声音信号转化为生物电信号。这些信号随后被传递给听神经，听神经再将它们"发送"至听觉系统的初级中枢——耳蜗核（位于脑干中）。接着，信号由耳蜗核向上逐级传递，最终到达听觉系统的最高司令部——听觉中枢，从而产生听觉。

二、婴幼儿听觉发展的特点

健康的新生儿一出生就有了听觉能力，可以说听觉是与生俱来的，但听觉能力的发展仍需经历一个复杂且连续的过程。

1. 语音知觉的发展

新生儿在出生后就在语音听觉方面表现出了很强的能力，尤其是他们对语音的刺激非常敏感。与非言语刺激（如铃声）相比，新生儿及婴儿对人说话的语音更敏感，更加偏爱言语刺激，尤其是正常语速、语调的说话声。同时，对于言语的发出者而言，婴儿能根据声音确认和辨别自己的抚养者，尤其偏爱母亲的声音。这可能是因为婴儿在母亲子宫内时，就受到母亲言语的影响。

2. 听觉感受性的发展

健康的新生儿在出生时就有了敏锐的听觉，他们能够对某些声音（如眨眼、哭闹等）做出反应。但是，新生儿的听觉感受性较差，其听觉阈限[①]较高。在听觉阈限最好的情况下，新生儿能听见的最轻声音要比成人高 10—20 分贝[②]；而在最差时，这一差距可能达到40—50 分贝。4—6 个月时，婴儿的听觉阈限[③]可降至 40—50 分贝；7—12 个月时，可降至25—40 分贝，这时，婴儿会注意室外的风声、雨声和动物的叫声。随着年龄的增长，婴儿的听觉阈限越来越接近成人。

3. 声音辨别能力的发展

2 个月左右的婴儿已经能区分声音的音高、音量和声音的持续时间。3—4 个月时，婴儿能够明显地集中听觉，感受不同方位发出的声音，并且能够较准确地向声源方向转头，喜欢听旋律轻柔、优美的音乐。5—6 个月时，婴儿对于声音与图像这两种刺激相吻合的物体的注视时间会更长一些。7—8 个月时，婴儿能根据声音的方向用眼睛去寻找发声的物体，声音的分辨能力明显提高。1 岁时，幼儿通常能听懂自己的名字和简单的指令，并能随音乐节奏做出动作。3 岁时，幼儿可精确区别不同的声音。4—5 岁时，幼儿可以辨别语言的细小差别。5—6 岁时，幼儿基本可以辨别本民族语言所包含的各种语音。

研究表明，儿童的听觉能力在十二三岁以前会不断增长；进入成年期后，听觉能力则逐渐降低；而到了年老阶段，主要是高频部分的听力逐渐丧失。

---

① 说明：阈限，心理学名词，指外界引起有机体感觉的最小刺激量。这个定义揭示了人感觉系统的一种特性，那就是只有刺激达到一定量的时候才会引起感觉。
② 说明：分贝是度量两个相同单位数量比例的计量单位，主要用于度量声音强度，常用 dB 表示。
③ 说明：听觉阈限指使人能够产生听觉感受的最小的声音刺激量。

三、促进婴幼儿听觉发展的保育要点

1. 定期为婴幼儿进行听力检查

如果婴幼儿听力发展出现异常，将严重影响他们的言语、情绪、社会性等各方面的正常发展。因此，定期对婴幼儿进行听力发育监测与筛查非常重要，以便做到听觉异常的早发现、早干预和早治疗。新生儿出生时就应该进行听力筛查；筛查通过后，在3岁内还需每半年做一次听力检查。3—6岁时，托幼机构应与当地社区卫生服务中心一起，每年组织幼儿至少进行1次听力检查。若发现有听力异常的幼儿，应及时向家长反馈检查结果，并建议家长带孩子送医复查。

2. 为婴幼儿提供良好的用耳环境

婴幼儿的听觉尚处在发育阶段，长时间暴露在噪声环境下对他们的听觉发展极为不利。因此，托幼机构在选址时应选择靠近居民区、公园等环境较安静的区域，远离机场、高速公路、各类营业性场所等噪声较大的区域，还可通过设置植物隔离带或安装隔音玻璃等措施来减少周围噪声的影响。

同时，保教人员在一日活动中也应保护婴幼儿听力不受到噪声影响。例如：在早操和教学中播放的音乐应控制音量、节奏及时长；引导婴幼儿在日常生活中使用适宜的音量进行沟通，且应避免对婴幼儿大声吼叫；等等。

3. 引导婴幼儿养成良好的用耳习惯

第一，保教人员应与婴幼儿家长相互协作，共同引导婴幼儿从小养成良好的用耳习惯。例如：看电视时设置适当的音量，避免音量过大，损伤听力；在进入噪声大的环境（如放鞭炮）时应用手捂住耳朵，并张开嘴巴；不去建筑工地等噪声较大的场所；等等。

第二，从小对婴幼儿进行耳部卫生与安全教育是减少耳部疾病、保护听力的重要措施。例如：保教人员可教会婴幼儿正确的擤鼻涕方法，同时告知他们不要躺着喝水，以免诱发中耳炎；教育婴幼儿不要将异物塞入耳道，若外耳道有异物进入时要及时告诉保教人员或家长；不能用硬物或尖锐物掏耳朵，以免造成外耳道甚至鼓膜的损伤；等等。

4. 关注听力有异常的婴幼儿

一方面，保教人员在一日保教活动中应加强观察，留意可能有听力异常表现的婴幼儿。另一方面，如果班级中存在有听力损失的婴幼儿，保教人员应给予更多的关注。例如：可将婴幼儿的座位安排在靠近保教人员的位置；多鼓励他们用耳倾听和表达；在与他们说话时应适当提高音量，并结合手势动作表达。

◆ 教养实践 ◆

如何发现婴幼儿听觉或耳部发育有异常

如果发现婴幼儿有以下一项或多项异常表现，则可怀疑其听力可能存在异常。

（1）对周围的声音反应迟钝，说话音量大。

（2）上课时经常听不懂或听不到保教人员的指令，除非在音量很大时。

（3）在听别人讲话的时候，喜欢侧耳听音。

（4）不能正确地将头朝向声源的方向，无法定位声源。

（5）说话和发音的方式与该年龄段应有的水平不符。[①]

（6）自诉有耳痛、耳鸣等不适，或听不清声音。

探索 3 如何促进婴幼儿触觉、嗅觉、味觉的发育？

触觉、嗅觉和味觉是婴幼儿感知体系中十分重要的组成部分，是婴幼儿认识事物、探索世界奥秘的重要途径。请结合学习支持 3 中的内容，思考以下问题。

（1）通过查询网络信息，了解什么是"皮肤饥饿"，然后概括说明婴幼儿若经历"皮肤饥饿"可能会对其身心发展产生哪些负面影响。

（2）托幼机构为婴幼儿准备的膳食口味整体偏清淡，这是为什么呢？

（3）如果婴幼儿从小嗅觉不灵敏或无嗅觉，对其身心发展可能带来什么影响？

学习支持 3

★ 婴幼儿触觉、味觉和嗅觉发展的特点及保育

一、触觉

1. 触觉发展的特点

触觉是个体皮肤受到机械刺激时产生的感觉。触觉的发展在整个婴幼儿阶段均发挥着重要作用。

---

① 说明：有听力损伤的幼儿在语言发展上可能会存在不同程度的障碍。例如，与同龄幼儿相比，有听力损伤的幼儿可能会出现发音不清、发音不好（最常见的是尖声尖气的"假嗓音"和语调不准）、音节受限制（发音不灵活、不能连续发出几个音节）、词汇量少于正常同龄幼儿等表现。

　　个体的触觉在胎儿期已得到发展，新生儿时就有了高度敏感的触觉，尤其是在眼、前额、口周、手掌、足底等部位。新生儿在一些先天的条件反射中就有触觉的参与，如吸吮反射、抓握反射、巴宾斯基反射等。

　　婴幼儿对外界事物的触觉探索活动主要经历了口腔触觉和手部触觉两个过程。婴儿的口腔触觉十分灵敏，能区别不同的物体，并建立条件反射活动。婴儿的口腔探索活动实质上是他们利用触觉认识外部世界的重要手段。随着手部触觉和精细动作能力的发展，幼儿在 1 岁以后会逐步开始用手来代替口周器官感知物体，口腔探索逐渐退居次要地位。在幼儿 3 岁以前，口腔探索都将作为他们手部探索的补充手段。手的本能性触觉反应在婴儿刚出生时便可表现出来。例如，当新生儿的手心触碰到物体时，他会立刻将手指收起，并紧握该物体（即抓握反射）。通过手的触觉，婴幼儿可以识别、加工、记忆物体的形状、温度等信息。

▲ 图 2-2-6　婴儿通过口腔和手的触觉来探索环境

2. 促进触觉发展的保育要点

　　（1）确保婴幼儿触觉探索环境的安全与卫生。例如，保教人员为婴幼儿提供的玩具、餐具、衣物、爬行垫、图书等物品应做到材质无毒害、外形无锋利边角、大小适中，并定期进行清洁、消毒；为婴幼儿提供的食物、饮用水等应是温热的。同时，保教人员应加强看护，及时制止婴幼儿的危险行为，避免他们独自到盥洗室、厨房等处探索。

　　（2）为婴幼儿提供丰富的触觉刺激体验。例如，保教人员应为婴幼儿提供不同材质（如木质、塑料、纸质、织物等）的玩具和生活用品，让婴幼儿体验不同材质的触感；带领婴幼儿多接触户外新鲜的空气、柔软的草地和泥土，让他们在阳光下进行玩水、玩沙活动；对于婴幼儿早期的口腔探索行为（如将玩具、手指或手边的物品放入口中），只要确保物品安全、卫生，保教人员便无须阻止，更不应责备婴幼儿；对于正处于爬行或学步期的婴幼儿，应鼓励他们在安全的环境中爬行或赤脚行走，不要对他们有过多限制。

▲ 图 2-2-7　引导幼儿进行玩沙活动

▲ 图 2-2-8　为婴儿进行皮肤抚触

（3）为婴幼儿进行皮肤抚触。抚触是指在婴儿出生后，通过对婴儿皮肤进行有序的、有技巧的抚摸，让大量温和的触压刺激通过皮肤感受器传到婴儿大脑中枢神经系统，从而产生对婴儿身心健康有益的生理效应的操作方法，是一种自然的医疗技术。研究表明，对婴幼儿的皮肤进行温和的抚触对其身心发展有良好的促进作用。例如，抚触可以改善婴儿的睡眠和情绪，促进早期体重增长及智力发育，并有较好的长远效果。此外，抚触还可增加亲子接触的时间，父母可以借此更加了解婴幼儿的身体状况和情绪变化等。

触觉不仅是婴儿认识世界的主要手段，而且在亲子依恋关系形成的过程中也占据非常重要的地位。研究表明，婴儿依恋关系的建立主要依赖于身体的接触。通过肌肤的接触（如抚触），可以传递照护者对婴儿的爱和关怀，增进亲子情感交流，使婴儿感到安全、自信，进而养成独立、不依赖的个性品质。

• 教养实践 •

如何为婴儿进行皮肤抚触

皮肤抚触通常可以安排在喂奶后的 1 个小时左右，最好在婴儿洗澡后，每次约 5 分钟，待婴儿适应后可逐渐延长至 15—20 分钟，每天 2—3 次。

（1）操作准备：提前调节好室温，冬季时要避免婴儿着凉；修剪手指甲，脱去手上的饰物，并准备好毛巾、尿布等；为婴儿需要抚触的部位擦上润肤霜；在手掌上倒适量婴儿油，然后将手搓热；开始之前，可以多与婴儿交流，如喊婴儿的名字、和婴儿说话等。

（2）操作顺序及手法：

① 头部抚触：让婴儿呈仰卧位，用两手拇指从婴儿前额中央开始，轻轻往外推压，向两侧按摩，然后是眉头、眼窝、人中、下巴；再用手掌从前额发际处向上、向后按摩至后发际处，注意避开囟门。

② 胸部抚触：双手环抱婴儿胸背，用两手拇指沿肋间自中间向两侧按摩。

③ 腹部抚触：从肚脐开始，由里向外用手掌按顺时针方向按摩婴儿腹部。

④ 四肢抚触：按摩上肢时，用右手拇指握住婴儿的左手，顺势将婴儿的左臂抬起，同时，用左手按摩婴儿的左臂，自手掌至肩部，再按摩另一侧上肢。然后，按摩手掌和每根手指。按摩下肢时，用右手托住婴儿的右腿，用左手自脚掌至大腿根部按摩，然后按摩另一侧下肢。最后按摩脚踝、脚掌及脚趾。

⑤ 背部抚触：婴儿呈俯卧位，避免压住口鼻，造成窒息。将双手平放在婴儿背部，用手掌自颈部沿脊柱力度均匀地向下按摩至臀部，再用双手指尖轻轻从脊柱向两侧按摩。

（3）注意事项：抚触时，可以和婴儿进行眼神交流，并轻柔地与婴儿说话互动。婴儿情绪不佳时应暂时停止抚触。

二、味觉

味觉是指食物在人的口腔内对味觉器官化学感受系统的刺激并产生的一种感觉，即口腔内味蕾对味道刺激的感觉。味觉能够与其他感觉，如视觉、嗅觉和皮肤觉相互作用。

1. 味觉发展的特点

新生儿的味觉已发育得相当完好，并在其防御反射机制中占有相当重要的地位。而且，新生儿已有明显的味觉偏好，他们偏爱甜味，且会对甜、酸、苦等不同的味道做出不同的反应。如果是甜食，新生儿就会微笑，并表现出吸吮动作；如果是酸味的食物，他们会紧闭双唇、皱鼻子；而较苦的味道则会使新生儿吐口水，并表现出恶心和排斥的表情。3个月的婴儿已经能够对各种含有基本味道的物质进行精确的区分。

2. 促进味觉发展的保育要点

（1）让婴幼儿接触多种食物的味道。接触不同的食物可以逐渐丰富婴幼儿的味觉图谱。在婴儿4—6个月时，保教人员可开始为其添加各类辅食，如菜泥、肉糜、鸡蛋、鱼，以及淀粉含量丰富的块茎类蔬菜及水果等。同时，保教人员还要耐心鼓励婴幼儿尝试新的食物。这是因为有的婴幼儿能很快接受新的食物，而有的则需要多次尝试。

此外，在遗传作用的影响下，婴幼儿味觉的敏感度也存在个体差异。一般来说，味觉越敏感的婴幼儿，对食物的好恶就越明显。如果婴幼儿对某种味道的食物表现出抗拒或不喜欢，不应强迫他接受。

（2）引导婴幼儿清淡饮食。国家卫生健康委办公厅发布的《婴幼儿喂养健康教育核心信息》建议：鼓励家庭选择新鲜、营养丰富的食材，自制多样化食物，为婴幼儿提供丰富的味觉体验，促进味觉发育。清淡口味有利于婴幼儿感受、接受不同食物的天然味道，降低偏食挑食的风险，也有利于控制糖、盐的摄入，降低儿童期及成人期发生肥胖、龋齿、糖尿病、高血压、心脑血管疾病的风险。婴幼儿天生味蕾就很发达，对各种味道都很敏感，不需要使用调味剂来刺激味蕾。对于1岁以下的婴儿，宜进食母乳、配方奶粉以及泥糊状且味道清淡的辅食，辅食应当保持原味，不加盐、糖和调味品。对于1岁以上的幼儿，辅食要少盐少糖，引导他们从小适应和喜爱各种食物的天然味道。因此，婴幼儿的饮食应控制糖和盐的摄入，尽量做到清淡饮食。

三、嗅觉

嗅觉是指有气味的物体作用于个体的鼻腔所引起的感觉。嗅觉是人类的一种自我保护功能，灵敏的嗅觉可以保护婴幼儿免受有害物质的伤害，还可以帮助他们了解周围的人和事物。

1. 嗅觉发展的特点

新生儿的嗅觉中枢及末梢早已发育成熟，他们的面部表情表明，他们能区分好几种气味，还能对各种气味做出不同的反应。例如，新生儿在面对香蕉、黄油等食物的香味时，会表现出积极接纳的面部表情；当闻到臭味时，他们会紧闭眼睛，扭转头，表示抗拒。而且，婴儿在出生后不久就能辨别母亲的气味和其他人的气味，并表现出对母亲气味的偏爱。

此外，婴幼儿早期的视觉发育还不够成熟，因此，嗅觉是他们较为依赖的感觉系统之一。当进入陌生的环境或接触陌生人时，婴儿会通过味道来分辨环境与周边的人和事物的熟悉度，因此嗅觉与他们安全感的建立息息相关。婴儿的嗅觉随着脑的成熟和经验的积累而不断发展，到1岁左右，他们的嗅觉水平已经和成人大体相当。

2. 促进嗅觉发展的保育要点

（1）借助熟悉的气味建立安全感。婴幼儿尤其是低龄的婴儿，需要依赖熟悉的味道来建立安全感，因此，保教人员应尽量避免频繁更换婴幼儿的护肤品、沐浴乳和洗发露等日用品，也不要随意变动婴幼儿生活环境中的固有气味，以免他们因气味改变而感到不安，降低情绪的稳定度。有些刚进入托幼机构的幼儿会因环境的改变而产生较明显的不安全感，以致无法安稳地午睡。保教人员应允许这些幼儿带上自己熟悉的物品（如在家中使用的小毯子、小枕头等）来园午睡，这有助于降低幼儿的陌生感，尽快适应新的环境。

（2）为婴幼儿提供丰富的嗅觉体验。例如，保教人员可以经常让婴幼儿闻生活中不同物品的气味，如各种水果蔬菜、香皂、洗发露等；多带婴幼儿亲近自然，闻闻花草树木、泥土的气味等；也可通过设计一些嗅觉游戏来增加幼儿探索的积极性。

（3）注重婴幼儿的鼻腔卫生护理，预防鼻腔疾病。研究表明，慢性鼻窦炎、变态反应性鼻炎、鼻腔异物等鼻腔疾病是引起婴幼儿嗅觉障碍的常见原因。因此，保教人员应重视婴幼儿嗅觉器官（主要是鼻）的卫生保健工作，引导婴幼儿科学护理鼻腔，避免各类可能诱发鼻腔损伤的不良习惯（如用脏手抠挖鼻孔）或行为（如将异物塞入鼻腔中），以及接触二手烟、污浊空气或有毒有害气体等，预防各类鼻腔疾病，以免引发嗅觉障碍。

探索 4　如何促进婴幼儿各种知觉的发展？

3岁的豆豆开始上幼儿园了，他很快就学会了自己吃饭以及洗手、洗脸等生活技能，但穿鞋子时却总分不清左和右，常常把左、右两脚的鞋子穿反。同时，他还经常混淆"昨天、今天、明天"三个词语。

请结合学习支持4中的内容，思考以下问题。

（1）豆豆表现出的对时间和空间的认知特点，是否符合其年龄发展特征？

（2）保教人员可以通过哪些方式来帮助豆豆更好地分清鞋子的左和右，以及理解"昨天、今天、明天"的区别呢？

学习支持 4

★ 婴幼儿各种知觉发展的特点及保育

知觉的发育与视觉、听觉、皮肤等感觉的发育有着密切的关系。整体上来说，4—5 岁的幼儿只能认识客体的个别部分；6 岁时才开始能够看见客体的整体，但不够确切；7—8 岁时，既能看到整体，又能看到部分，但仍不能将两者很好地联结起来。

一、婴幼儿各种知觉发展的特点

1. 时间知觉

时间知觉是对客观事物运动的连续性和顺序性的反映。它是一种对快慢、先后、时间长短等的知觉。新生儿对时间的感知是无意识、不自觉的；婴儿则主要依据其内部生理状态的变化来感知时间；至 2 岁左右，幼儿会模仿成人说一些表示时间的词语，但无法理解时间的意义；至 3 岁时，幼儿开始形成初步的时间概念，但多与他们所经历的具体生活事件相联系。

从整体上看，婴幼儿时间知觉的精确性与年龄呈正相关，时间知觉的发展水平与婴幼儿的生活经验也呈正相关，并表现出"由近及远"的趋势。此外，婴幼儿理解和利用时间标尺的能力也与年龄呈正相关。例如，4—5 岁的幼儿，能区别昨天、今天、明天，以及早上、晚上；5—6 岁时，可以区别前天、后天、大后天。

2. 空间知觉

空间知觉是指人对空间特征的反映，主要包括对方位、距离的知觉。其中，方位知觉是对自身或物体所处空间位置的反映，如对上下、左右、前后等的知觉。研究发现，新生儿已具有初步的方位知觉，主要体现为具有听觉定位能力，这种能力是婴儿早期空间定向的主导形式。方位知觉随着婴幼儿年龄的增长而逐渐发展。一般认为，幼儿 3 岁时，方位知觉的发展主要体现为上下空间方位知觉的发展；4 岁时，主要发展前后方位的知觉；5—7 岁时，主要发展左右空间方位的知觉。不过，对于婴幼儿而言，左右概念仍是比较难以掌握的一对概念。

距离知觉是对同一物体的凹凸程度或不同物体的远近程度的知觉。立体知觉和深度知觉都属于距离知觉。研究发现，新生儿已能对逼近的物体有某种初步反应，并具备原始的距离知觉；2—3 个月时，婴儿已有了对逼近的物体的保护性闭眼反应；4—6 个月时，婴儿会对逼近的物体有躲避反应。虽然婴儿已有一定的距离知觉，但仍不够精确。随着年龄的增长，他们的距离知觉能力也会不断发展。

3. 形状、大小知觉

形状知觉是对物体的轮廓及各部分组合关系的知觉。研究表明，婴儿在 3 个月时就已经具备了分辨简单形状的能力；在 6 个月之前就能辨别大小；在 8—9 个月之前已具有物体形状和大小知觉的恒常性。[①] 同时，婴儿在注视图形时，对形状有明显的偏好。例如，2 岁以后，幼儿更喜欢复杂的、不规则的、新奇的、对称的图形。3 岁的幼儿能够分辨一些简单的几何图形，如圆形、正方形、三角形等，主要表现在形状匹配能力上，但正确说出几何图形的能力仍较差。从整体上来说，婴幼儿形状知觉的发展趋势为：形状辨别能力逐渐增强，开始认识基本的几何图形；将所掌握的几何图形概念运用于知觉过程，使形状知觉概括化。

大小知觉是对物体的长度、面积、体积在量方面的变化的反映。6 个月前的婴儿已经能辨别大小，并具备有限的大小恒常性；2.5—3 岁的幼儿可以根据成人的语言指示拿取大苹果或小苹果；3 岁以后，幼儿判断大小的精确度有所提高。此外，婴幼儿对物体大小知觉判断的准确性与其难易程度以及知觉对象的形状特征有直接关系：对于形状相同或基本相同的物体，判断起来比较容易，而对于形状差异较大的物体，判断起来则比较困难。

二、促进婴幼儿各种知觉发展的保育要点

1. 帮助婴幼儿积累丰富的知觉经验

婴幼儿对时间、空间及物体的知觉离不开已有的生活经验。因而，保教人员应帮助婴幼儿在生活中积累丰富的知觉经验，以促进其各种知觉的发展。例如：可以经常带婴幼儿到户外场所观察移动的车辆、人群；带着婴幼儿从高处向下看或由低处向高处看，以及在移动的交通工具上向外看；引导婴幼儿开展攀爬、钻洞等活动；在保证安全的前提下，允许婴幼儿在桌下、门后等空间进行探索；看着时钟感受时间的流逝；等等。这些生活体验都有助于婴幼儿积累丰富的知觉经验。

2. 引导婴幼儿结合各种感知觉认识事物

婴幼儿知觉的发展与各种感觉的发展有紧密联系，他们在认识事物时常伴随多种感知觉的参与。因此，当保教人员引导婴幼儿探索周围环境或认识某一事物时，应将视觉、听觉、触觉与时间、空间知觉等充分结合，以帮助他们更好地掌握各种知觉概念。例如，保教人员在引导婴幼儿认识苹果时，应通过让他们观察苹果的形状、大小和颜色，以及感受苹果的味道、气味等来掌握"苹果"的概念。与此同时，婴幼儿在认识苹果的过程中也能逐渐掌握形状、大小、酸甜等感知觉概念。

3. 经常使用相关词汇解释知觉概念

由于婴幼儿不易理解各种时间、空间等知觉概念，因此，保教人员可以根据婴幼儿语言发展的实际水平，结合日常生活活动，有意识、经常性地使用各种知觉词汇（如大小、上下、左右、前后、今天和明天等）来帮助婴幼儿熟悉并逐渐掌握知觉的概念。例如，在指导婴幼儿穿左脚的鞋时，可同时说"这是你的左脚"；在指导婴幼儿穿衣服时，可同时说"请把你的左手伸出来"。在日常生活中经常重复使用知觉词汇，可以帮助婴幼儿更容易地掌握知觉概念。

---

① 说明：视觉恒常性是指客体的映像在视网膜上的大小变化并不会导致对客体本身知觉的变化。

·家园沟通·

根据本学习活动所学知识，保教人员在开展家园沟通工作时，可参考以下内容：

（1）提高家长对婴幼儿感知觉发展规律与特点的认识，避免各类影响婴幼儿感知觉发展的危险因素。

（2）引导家长重视婴幼儿皮肤、眼、耳、鼻等感觉器官的日常清洁与卫生，以减少婴幼儿相关疾病的发生。

（3）为家长提供能够促进婴幼儿感知觉发展的指导方法或途径。

○ **学习水平评价表** ○

评价内容	观测点	分值	得分
婴幼儿视觉发展的特点及保育	·正确说出眼的主要结构及功能（5分） ·能根据婴幼儿视觉发展的特点，选择恰当的保育措施（5分） ·能初步识别婴幼儿视觉发展的异常表现，并与家长进行恰当的沟通（5分） ·能根据婴幼儿视觉发展的特点，向家长提出适宜的教养建议（5分）	20分	
婴幼儿听觉发展的特点及保育	·正确说出耳的主要结构及功能（5分） ·能根据婴幼儿听觉发展的特点，选择恰当的保育措施（5分） ·能初步识别婴幼儿听觉发展的异常表现，并与家长进行恰当的沟通（5分） ·能根据婴幼儿听觉发展的特点，向家长提出适宜的教养建议（5分）	20分	
婴幼儿触觉、味觉和嗅觉发展的特点及保育	·能根据婴幼儿触觉发展的特点，选择恰当的保育措施（5分） ·能根据婴幼儿味觉发展的特点，选择恰当的保育措施（5分） ·能根据婴幼儿嗅觉发展的特点，选择恰当的保育措施（5分） ·能根据婴幼儿触觉、味觉、嗅觉发展的特点，向家长提出适宜的教养建议（5分）	20分	

（续表）

评价内容	观测点	分值	得分
婴幼儿各种知觉发展的特点及保育	·能根据婴幼儿各种知觉发展的特点，选择恰当的保育措施（10分） ·能根据婴幼儿各种知觉发展的特点，向家长提出适宜的教养建议（10分）	20分	
素养目标达成情况	·能在学习过程中主动提出疑问或分享自己的观点（10分） ·能认识到丰富的感知觉经验对婴幼儿身心健康发展的重要性（10分）	20分	
总 分		100分	

在线自测

● 课后练习 ●

一、单选题

1. 在以下关于感觉与知觉的表述中，正确的是（　　　）。

　A. 一般是先有各种具体的知觉，然后才能产生感觉

　B. 感觉是知觉的基础，知觉是对感觉到的信息的综合与运用

　C. 感觉是感觉器官对客观事物整体属性的反映

　D. 知觉是感觉器官对客观事物个别属性的反映

2. 婴幼儿到（　　　）岁时，远视储备基本消失，变成正视眼，视力达到成人水平。

　A. 1—2　　　　　　　B. 2—3　　　　　　　C. 4—5　　　　　　　D. 6—7

3. 在下列选项中，可能影响婴幼儿听觉发展的是（　　　）。

　A. 使用棉签清洁婴幼儿的外耳道　　　　　　B. 积极为婴幼儿治疗上呼吸道感染

　C. 让婴幼儿多听一些高音量的声音　　　　　　D. 鼓励婴幼儿进行游泳锻炼

4. 为了促进婴幼儿味觉的健康发展，不恰当的做法是（　　　）。

　A. 从小为婴幼儿提供清淡口味的饮食

　B. 让婴儿及早尝试加盐的辅食

　C. 让婴幼儿从小接触各种食物的天然味道

　D. 避免婴幼儿养成重口味的饮食习惯

5. 在下列做法中，不利于促进婴幼儿知觉发展的是（　　　　）。

　　A. 在婴幼儿的日常生活中尽量少使用知觉词汇

　　B. 通过语言解释来帮助婴幼儿掌握"左右"的概念

　　C. 帮助婴幼儿积累丰富的知觉经验

　　D. 通过观察实物来引导婴幼儿掌握各种知觉概念

二、简答题

1. 保教人员如何在日常工作中及早发现婴幼儿可能存在的感知觉发展异常情况？

2. 如果在定期健康检查中发现幼儿的视觉或听觉发展有异常，保教人员该如何与家长进行恰当的沟通？

三、拓展题

　　通过网络查询"三浴锻炼"的有关材料，并结合本学习活动所学知识回答问题。

　　"三浴锻炼"是利用空气、日光、水三种自然因素对身体进行锻炼的形式。《幼儿园工作规程》（2016修订版）第二十三条指出，幼儿园应当"充分利用日光、空气、水等自然因素以及本地自然环境，有计划地锻炼幼儿肌体，增强身体的适应和抵抗能力"。

　　问题1：婴幼儿进行"三浴锻炼"对其感知觉的发展有哪些积极的作用？

　　问题2：保教人员在开展"三浴锻炼"时，需注意哪些事项？

模块 3 婴幼儿认知、言语发展的特点及保育

任务概述

　　认知发展是个体最重要和最基本的心理发展领域，是其他心理现象发展的基础。此外，拥有语言能力是人与动物在心理特征上的本质区别之一。言语和认知的发展是相互联系的，婴幼儿言语的发展能促进认知过程的进一步发展，使婴幼儿的认知范围不再受感官的局限，心理反映的内容也因此变得更加广泛、丰富和深刻。

　　本模块主要介绍婴幼儿认知（注意、记忆、思维、想象）和言语等心理现象的概念与分类、发生与发展的过程及特点、保教要点，并通过案例展现托幼机构在促进婴幼儿心理发展方面的实践做法。

建议学时
9 学时

学习活动 1（6 学时）
婴幼儿认知发展的特点及保育

学习活动 2（3 学时）
婴幼儿言语发展的特点及保育

📝 **阅读笔记**

学习活动 1　婴幼儿认知发展的特点及保育

○ **学习目标** ○

☑ 能概述婴幼儿注意、记忆、思维、想象等认知形式的发生与发展特点。

☑ 能根据婴幼儿注意、记忆、思维、想象等认知形式的基本概念和内涵，判别案例情境中婴幼儿所表现出的心理类型。

☑ 能根据案例中婴幼儿的表现，分析其认知发展的特点，并采取恰当的保教措施。

☑ 能根据婴幼儿认知发展的特点，向家长提出适宜的教养建议，并与家长进行有效的沟通。

☑ 能根据婴幼儿认知发展的个体差异因材施教，促进婴幼儿认知能力的发展。

☑ 能主动获取并整理有关婴幼儿认知发展保教的有效信息，乐于展示学习成果，并能对本学习活动的学习情况进行总结和反思。

○ **课前小活动** ○

☑ 预习本学习活动内容，完成案例导入中的思考题及各探索活动。

☑ 通过查询资料和扫描二维码，了解客体永久性的含义以及三山实验、守恒实验；阅读"0—3岁婴幼儿认知与探索发展要点"。

在线阅读
三山实验与守恒实验

在线阅读
0—3岁婴幼儿认知与探索发展要点

○ **案例导入** ○

| 菜菜浮起来 |

　　午餐的时候，张老师发现悠悠望着自己的汤碗，时不时地用手上的小勺子杵碗里的菜叶。于是，张老师上前温和地问道："悠悠怎么啦？汤里有什么东西吗？"悠悠收起勺子，还来不及开口说话，一旁的文文便抢着回答："她在弄汤里的菜！""汤里的菜怎么啦？"张老师俯下身子去看。悠悠指着那片浮在汤面上的菜叶说："它一直跑到上面来。我这样戳下去，它还是会上来……"她一边说着一边演示，用勺子将菜叶轻轻压下去，一松手，叶子又晃晃悠悠地浮了上来。悠悠仰起头笑着说："好奇怪噢！"

文文在旁瞧着，说道："我汤里也有的！"他低头看了一眼自己的汤碗，发现菜叶都沉在碗底，便用勺子一搅，汤里的菜叶顿时都漂了起来，他立刻说："快看快看！"悠悠却在一旁说："这个没用的，等一会儿，菜就沉下去了。"文文说："那是因为我的都是大菜叶！你的是小小的一片。"

张老师在旁看着，说道："我这里还有一种菜叶，等吃完饭，你们盛一杯水再去试一试，好不好？""好！"孩子们异口同声地回答道。"现在饭菜都是暖暖的，咱们吃饭吧！一会儿吃完了去做实验！""做实验喽！"两个孩子笑着，大口地吃起了饭。

（由卫勃雯老师提供）

思考 张老师后续可以组织哪些活动来帮助幼儿认识"沉与浮"的现象？

认知一词源自希腊文，原意为"知识"或者"识别"。它既指知识本身，也指获得知识、运用知识的过程。认知主要包括感觉、知觉、记忆、想象、思维等几种形式，注意是这几种形式的伴随状态。感知觉在模块2中已经做过介绍，这里不再赘述。

婴幼儿认知发展是指个人的认知结构和认知能力随年龄和经验的增长而发生变化的过程。婴幼儿认知发展受到遗传素质、生活经验、环境刺激及教育背景等因素的影响，并依赖于其原有的认知结构和发展水平。婴幼儿认知发展是最重要、最基本的心理发展领域，也是其他心理发展的基础。

探索 1　如何吸引婴幼儿的注意？

情境1：佳佳6个月了，张老师发现她喜欢看黑白的图案，尤其喜欢看圆圈状或纵向的线条。于是，张老师制作了同心圆、棋盘格等视觉感知卡片，以培养佳佳的注意力。

情景2：在小班的餐前教育环节，为了引起幼儿的注意，张老师运用实物和视频相结合的方式，绘声绘色地向幼儿介绍食物中的营养。幼儿都聚精会神地聆听张老师的介绍，对今日的午餐充满了期待。

请结合学习支持 1 中的内容，思考以下问题。

（1）张老师采用了哪些方法吸引婴幼儿的注意？

（2）为了促进婴幼儿注意的发展，应做好哪些保教工作？

....

....

....

学习支持 1

⭐ 婴幼儿注意的发展及保育

一、注意的概念与分类

注意是心理活动对一定对象的指向和集中。指向性和集中性是注意的两个基本特性。其中，指向性是指人在某一个瞬间，心理活动选择了某个对象，而同时忽略其他对象。集中性是指当心理活动指向某个对象的时候，会在这个对象上集中起来，并且保持一段时间。注意可分为两大类，即无意注意和有意注意。

1. 无意注意

无意注意是指没有目的、不需要人的意志活动参与的注意过程。例如：人在走路时，突然有一样东西掉落在面前，人会本能地把视线投向这个东西，这就是无意注意的过程。

2. 有意注意

有意注意是指自觉的、有目的的、需要人的意志活动参与的注意过程。例如：看书、学习时的注意活动就是有意注意。

表 3-1-1 两种注意类型的区别 [①]

区别维度 　　注意类型		无意注意	有意注意
特点	目的	没有自觉的目的	有自觉的目的
	意志努力	不需要做意志努力	需要做意志努力

---

① 沈雪梅 . 0—3 岁婴幼儿心理发展 [M]. 北京：北京师范大学出版社，2019:100.

（续表）

区别维度 \ 注意类型		无意注意	有意注意
引起或保持的条件	客观条件	刺激物的强度、新异性、运动变化、对比关系	—
	主观条件	人对事物的需要、兴趣态度、情绪状态、知识经验等	明确活动的目的和任务、培养间接兴趣、用意志力与干扰做斗争、合理组织活动
特性		初级、与生俱来、不学就会、被动、不自觉的	高级、后天获得、主动、自觉、人所特有的
局限性		难以长时间维持	时间长会感到枯燥、乏味，易疲劳
有效活动		两种注意共同参与、交替进行，将智力活动和实际操作结合起来	

二、婴幼儿注意发生与发展的过程及特点

注意是婴幼儿心理发展中的一个重要内容，是婴幼儿探究外在事物及其内心世界的"窗口"。注意本身不是一种独立的心理过程，它是伴随各种心理过程的一种心理状态，是心理过程的共同特性。

1. 注意的发生

婴儿一出生就表现出了注意行为。强光、巨响、活动的物体，以及能发出声响的或色彩鲜艳的玩具，都会使婴儿暂停吸吮动作和手脚动作，或引起他视线片刻的停留。这种注意实质上就是先天的定向反射（定向注意），是无意注意的最初形态。同时，婴儿并不是被动地接收外界的刺激，而是有所选择的。新生儿已具备注意的选择性。

2. 1 岁前婴儿注意发展的特点

1 岁前婴儿注意的发展主要表现在注意的选择性上，具有如下基本特点。

（1）注意的选择具有规律性。婴儿注意的选择性表现为视觉偏好。罗伯特·范茨等人通过研究发现，婴儿已能对刺激物表现出一定的选择性反应，具体表现为视觉偏好，即他们喜欢看大而单一的元素（如大圆点）、呈圆圈状的线条（如同心圆）、纵向的线条、轮廓分明的图像（如黑白相间的格子）、对比性大的图案和人脸等。

（2）从注意局部轮廓到注意整体轮廓。刚开始，婴儿只能把注意放在物体突出、单一的特征上，而后他们能逐渐顾及物体的整体轮廓。一般 3 个月时，婴儿能注意到图形的整体轮廓。

（3）从注意事物的外周到注意其内部成分。起初，婴儿主要注意的是人脸的外缘，较少去注意人脸的中央部分，还不能分辨不同的人脸。

（4）知识和经验开始支配注意的选择。随着月龄的增长，婴儿的选择性注意越来越受到知识和经验的支配，最明显的表现是熟悉的事物更加容易引起婴儿的注意。

3. 1—3 岁幼儿注意发展的特点

1 岁之后，幼儿的注意继续发展，具有如下基本特点。

（1）以无意注意为主。1—3 岁时，幼儿的无意注意始终占主导地位，注意的维持时间比较短，很容易从一个事物转移到另一个事物上。外界事物的物理特征是引起幼儿注意的主要原因。鲜明、生动、直观、形象、活动、多变的事物，以及与幼儿经验相关、符合其兴趣和需要的事物更能引起他们的注意。

（2）注意时间延长，注意的事物增加。随着年龄的增长，幼儿注意的时间逐渐延长，注意的事物逐渐增多，注意的范围也更加广阔。

（3）注意的发展开始受言语的支配。1 岁以后，幼儿注意发展的一个重要特征就是开始受言语的支配。当他们听到成人说出某个物体的名称时，便会相应地注意那个物体，而不管其物理性质如何、是否为新异刺激、是否能满足机体的需要。

（4）有意注意开始萌芽。随着幼儿活动能力及言语理解能力的发展，成人开始要求他们做一些力所能及的事情。在完成任务的过程中，幼儿必须使自己的注意服从于所要完成的任务。由此，一般在 3 岁左右，幼儿的有意注意开始萌芽。

4. 3—6 岁幼儿注意发展的特点

3—6 岁幼儿的注意仍然以无意注意为主，具有如下基本特点。

（1）无意注意占优势。刺激物的物理特征仍是引起幼儿无意注意的重要因素。此外，幼儿的无意注意随着年龄的增长而不断稳定和深入。从小班到大班，幼儿的无意注意进一步发展，对感兴趣的活动能集中注意更长时间。

（2）在良好的教育条件下，有意注意初步发展。① 小班幼儿的有意注意已初步形成，但一般只能集中注意 3—5 分钟。此外，小班幼儿注意的对象较为有限，他们在游戏中往往顾不上别的幼儿，一旦注意到别人的游戏，自己便无法正常进行活动。② 中班幼儿随着年龄的增长，有意注意得到发展。在适宜的条件下，中班幼儿注意集中的持续时间可达 10 分钟左右。在短时间内，他们还能够自觉地把注意集中于一种并非十分吸引他们的活动上。③ 大班幼儿的有意注意迅速发展。在适宜的条件下，大班幼儿注意集中的持续时间可延长到 10—15 分钟，并能够按照教师的要求去组织自己的注意。

三、促进婴幼儿注意发展的保教要点

1. 培养兴趣，发展婴幼儿的专注力

0—3 岁婴幼儿的注意以无意注意为主。因此，对于 7—12 个月的婴儿，保教人员可以为他们提供有利于视、听、触摸等感知觉发展的材料，激发婴儿的观察兴趣。对于 25—36 个月的幼儿，保教人员可以通过游戏活动培养他们对感兴趣的事物的专注力。例如：可以在晚上关上灯，将手电筒的光束照到墙壁上，然后不断移动，让幼儿追踪光点拍打。

2. 注意与操作活动的结合

婴幼儿有意注意的发展水平比较低，受到心理水平的制约。此外，婴幼儿的有意注意需要依靠操作活动来维持，当他们有了操作对象时，注意往往能保持在操作活动中，并处于积极的活动状态。因此，保教人员在开展活动时，要让婴幼儿亲自动手参与操作，直接接触实物。这样，婴幼儿的注意就容易集中，而且也比较稳定，注意的持久性会大大提高。

3. 避免无关刺激的干扰

婴幼儿很容易被新奇多变的刺激物吸引，从而干扰他们正在进行的活动。例如，活动室布置过于繁杂、环境过于喧闹、服饰过于奇异等，都可能会影响婴幼儿的注意。因此，保教人员需要注意以下几点：组织游戏时不要一次呈现过多的刺激物；在组织集体教学活动前应把玩具、图画书等收起放好；对于年龄较小的婴幼儿，不要出示过多的教具；服饰要整洁大方，不要有过多的装饰，以免分散婴幼儿的注意。

4. 加强注意目的性教育

幼儿的有意注意是在外界环境，特别是在成人的要求下逐渐发展的。为此，保教人员可以用语言帮助幼儿明确注意的目的和任务，使他们产生有意注意的动机。若对幼儿提出的要求不具体或不能为幼儿所理解，可能会导致幼儿不知道该做什么，易引起注意的分散。

5. 有意注意和无意注意交替运用

保教人员应灵活运用有意注意和无意注意两种注意形式，使婴幼儿持久地集中注意。保教人员可以运用新颖、多变、强烈的刺激，激发婴幼儿的无意注意。但无意注意不能持久，而且活动也不能仅靠无意注意来完成，因此，保教人员还需要培养和激发婴幼儿的有意注意。保教人员可以向婴幼儿讲明活动的要领和意义，使婴幼儿能逐渐主动地集中注意，即使对不太感兴趣的事物也能努力注意，自觉地避免分心。

6. 培养良好的注意习惯

保教人员要有意识地培养婴幼儿"集中注意活动"的良好习惯。具体可以从两方面进行：一方面，应让婴幼儿有充足的睡眠和休息，保证他们有充沛的精力进行活动；另一方面，不要随便打断婴幼儿的活动，使他们在实践活动中养成集中注意的好习惯。

· 教养实践 ·

有意注意培养游戏：装苹果（小班）

游戏玩法：幼儿戴上胸饰将自己装扮成苹果，通过观察保教人员提供的图示来判定装苹果的盘子（有两个蓝色的盘子，分别是圆形和方形；还有两个红色的盘子，也分别是圆形和方形），并迅速站到盘子里。

游戏前，保教人员要帮助幼儿认识不同颜色和形状的盘子。游戏中，保教人员和幼儿一起念儿歌，当幼儿问"苹果装哪里"的时候，保教人

在线阅读
《0—6岁儿童
发展的里程碑》

员出示图示说"装在这个盘子里"。幼儿看到图示后迅速判断，并站到对应的盘子里。保教人员可反复出示不同维度的图示来吸引幼儿的注意力，同时帮助幼儿理解图示符号的不同含义。反复进行装苹果游戏有助于促进幼儿从无意注意向有意注意发展。

探索 2　如何培养婴幼儿的记忆力？

在日常生活中，我们经常会发现，家长花费很大的力气去教孩子背诵一首歌谣，但孩子仍不能完全记住。然而，对于在电视上看到的关于儿童食品的广告，孩子只需看一两次就能将广告词熟记于心。

请结合学习支持 2 中的内容，根据婴幼儿记忆发展的趋势和特点，对上述案例加以分析。

....
....
....
....

学习支持 2

★ 婴幼儿记忆的发展及保育

一、记忆的概念、分类与过程

1.记忆的概念

记忆是人脑对经历过的事物的识记、保持、再认或重现，它是进行思维、想象等高级心理活动的基础。从信息加工的观点来看，记忆是对输入的信息进行编码、储存和提取的过程。人如果没有记忆，就不可能积累经验和增长知识。

2.记忆的分类

记忆可按照内容、信息保持的时间长短、记忆时意识的参与程度三个维度进行分类。
（1）记忆根据内容可分为：形象记忆、情绪记忆、动作记忆、语词记忆。形象记忆是个体对感知过的事物，以表象的形式存储在头脑中的记忆。情绪记忆是以体验过的情绪、情感为主要内容的记忆。动作记忆是以个体过去经历过的身体运动状态或动作为内容的记忆。语词记忆是个体对主要以词语为表达方式的知识的记忆，如概念、定理、公式等。

（2）记忆根据信息保持的时间长短可分为：瞬时记忆、短时记忆、长时记忆。瞬时记忆是指当客观刺激停止作用后，感觉信息在极短的时间被保存下来的记忆。它是记忆的开始阶段，存储时间为 0.25—2 秒。短时记忆是指人脑中的信息在 1 分钟之内加工与编码的记忆，是信息从瞬时记忆到长时记忆的过渡阶段。短时记忆的容量一般是 7±2 个组块[①]，即 5—9 个组块。长时记忆是指信息经过充分的和有一定深度的加工后，在头脑中长时间保留下来的记忆。它的保存时间很长，从 1 分钟以上到数年甚至终身，长时记忆的容量没有限制。

（3）记忆根据记忆时意识的参与程度可分为：外显记忆和内隐记忆。外显记忆指个体有意识地或主动地收集某些经验用以完成当前任务时所表现出来的记忆，是能用言语描述的、有意识的，或者可以视觉化的心理意象的记忆。内隐记忆指在不需要意识参与或不需要有意回忆的情况下，个体根据已有经验自动对当前任务产生影响而表现出来的记忆。它是一种不能表达为语言但能影响行为的记忆，是不需要努力甚至无意识的记忆。

3. 记忆的过程

记忆是复杂的心理过程，包括识记、保持和回忆三个基本环节。

（1）识记。识记是记忆的第一个基本环节，它是指识别和记住事物，从而积累知识经验的过程。根据不同的标准，识记可划分为不同的种类。① 根据有无明确目的，识记可分为无意识记和有意识记。无意识记是指事先没有预定目的、自然而然发生的识记；有意识记是指具有明确的识记目的，采取相应的识记方法并付出一定意志努力的识记。② 根据识记者对记忆材料的理解程度，识记可分为机械识记和意义识记。机械识记是指对于识记者来说，因记忆材料之间没有内在联系而采取简单重复的方式所进行的识记；意义识记是指识记者依据材料彼此之间的内在联系所进行的识记。

（2）保持。保持是巩固已获得的知识经验的过程。与保持相对应的心理现象是遗忘。遗忘是指对识记过的材料不能再认或回忆，或是错误地再认或回忆。德国心理学家赫尔曼·艾宾浩斯通过研究发现，遗忘的进程是不均衡的，遗忘的规律是先快后慢。在识记后，遗忘很快就会开始，而且遗忘的内容较多。随着时间的推进，遗忘的速度逐渐缓慢下来，到了一定的时间便几乎不再遗忘（见图 3-1-1）。

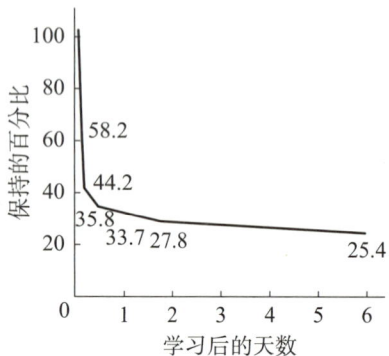

▲ 图 3-1-1　艾宾浩斯遗忘曲线

（3）回忆。回忆是提取已有经验的过程。回忆可分

---

① 说明：组块是指根据意义将信息碎片组成的集合。

为再认和重现。再认是对曾经感知、思考、体验过的事物的再度感知，或在事物重新出现时，感到熟悉并能识别出来的过程；重现是指过去感知、识记过的事物和信息不在眼前时，能够在头脑中出现的过程。

二、婴幼儿记忆发生与发展的过程及特点

记忆对婴幼儿的知觉、思维、学习、情绪情感、人际交往甚至个性等方面的发展都起着非常重要的作用。婴幼儿的记忆经历了发生和不断发展的过程。

1.0—3岁婴幼儿记忆的早期表现及特点

（1）条件反射的建立。记忆从新生儿期就已存在，条件反射的出现即标志着记忆的开始。新生儿在出生后的第二周就能对哺乳姿势产生条件反射，这就是最早的记忆。新生儿的记忆只能保持很短的时间。

（2）习惯化的形成。研究发现，出生1—3天的新生儿已经能够形成习惯化。习惯化是指个体不断、重复地受到某种刺激而对该刺激的反应逐步减少的一种现象。习惯化的出现也是婴儿记忆发生的早期表现。

（3）认生现象的出现。6个月左右的婴儿已经出现认生现象，即见到陌生人时会表现出警惕，如表情严肃甚至哭闹。认生现象是婴儿记忆能力的一种表现。

（4）客体永久性的产生。客体永久性是指当知觉对象从视野中消失时，婴幼儿仍能知道它的存在。当客体永久性形成后，婴幼儿便开始能够寻找从眼前消失的玩具，这说明在他的头脑中已经有了对这个玩具的记忆。

（5）延迟模仿行为的出现。延迟模仿是指当原型不在眼前时，幼儿所进行的模仿。幼儿的延迟模仿出现于18—24个月。到24个月时，幼儿已获得稳定的延迟模仿能力。延迟模仿行为的出现是婴幼儿内隐记忆的表现，而内隐记忆在婴幼儿早期记忆中占据重要地位。

2.3—6岁幼儿记忆的发展趋势

由于活动的复杂性和言语的发展，3—6岁幼儿的记忆也在不断发展。与0—3岁的婴幼儿相比，3—6岁幼儿的信息储存容量相应增大，对信息的接收和编码方式也在不断改进，记忆策略和元记忆初步形成。

（1）记忆容量不断增加。随着年龄的增长，幼儿短时记忆的容量不断增加。研究者从工作记忆的角度对这一现象进行了解释。工作记忆是指在短时记忆的过程中，把新输入的信息与记忆中原有的知识经验联系起来的记忆。

（2）记忆策略逐渐形成。记忆策略是人们为有效完成记忆任务而采用的方法或手段，常见的记忆策略有复述、组织等。一般来说，幼儿5岁以前没有记忆策略；5岁至八九岁处于过渡期，幼儿自己不太会主动运用记忆策略，但能够接受指导，即在成人的帮助下，可以较好地使用记忆策略；10岁以后，儿童主动运用记忆策略的能力得到稳定发展。除了记忆策略逐步形成外，幼儿的元记忆初步形成。元记忆是指幼儿对自己的记忆活动所进行的了解和控制，是个体所具有的与自己的记忆活动有关的信念及监控系统，是个体对自己记忆系统的认知。

3. 3—6 岁幼儿记忆的发展特点

（1）以无意识记为主，有意识记逐渐发展。3—4 岁时，幼儿的无意识记占优势，凡是幼儿感兴趣的、印象鲜明和强烈的事物，就容易记住。不过，他们在让记忆服从于一定目的这一方面还有困难。5—6 岁时，幼儿因受到教育的影响，有意识记能力开始逐步发展。最初的有意识记是被动的，记忆的目标通常由成人提出，而后幼儿才能主动确定目标并进行记忆。

（2）形象记忆占优势，语词记忆逐渐发展。在婴幼儿言语发展之前，他们的记忆内容只有事物的形象。在言语发生后，直到整个婴幼儿期结束，婴幼儿的形象记忆均占主要地位，与此同时，其形象记忆和语词记忆都在发展，并且相互联系得愈加密切。

（3）机械识记用得多，意义识记效果好。由于婴幼儿的知识和经验较少，难以将新材料与已有经验加以连接。同时，婴幼儿的理解能力还不够强，不善于发现事物之间的内部联系，他们头脑中的各个材料往往是孤立、缺乏联系地保存的，因此，相对成人来说，婴幼儿较多地使用机械识记。此外，有研究证明，婴幼儿对于自己能够理解的材料，记忆效果会更好。因此，婴幼儿运用机械识记多，但记忆效果还是意义识记好。

（4）记得快忘得快，记忆不精确。婴幼儿往往记得很快，但是忘得也很快，同时存在记忆不精确的情况，如存在记忆不完整、识记混淆，以及易歪曲事实、易受暗示等现象。

三、促进婴幼儿记忆发展的保教要点

为了促进婴幼儿记忆能力的发展，从婴儿时期开始，保教人员就可以通过创设富含感知经验的环境来丰富婴幼儿的记忆经验，运用各种方式激发婴幼儿的记忆兴趣。从幼儿四五岁开始，保教人员可以通过明确记忆任务、引导运用多种记忆策略、帮助幼儿合理复习等方法来促进幼儿记忆的发展。具体可以通过以下五种方式。

1. 创设环境，丰富记忆经验

丰富的感知经验是记忆的基础，因此，保教人员要注重创设环境，促进婴幼儿通过视、听、触摸等多种感觉活动与环境充分互动，丰富认知和记忆经验。同时，从幼儿 25 个月左右开始，保教人员应注重引导他们运用各种感官反复、持续地探索周围环境，从而帮助他们逐步巩固和加深对周围事物的认识。

2. 激发兴趣与主动性

婴幼儿更容易记住那些他们感兴趣的、能满足个体需要或能激起积极情绪体验的事物。因此，保教人员要注意运用各种方式来激发婴幼儿对记忆材料的兴趣。例如，精心设计的活动、丰富多彩且形象鲜明的教具、可以直接操作的游戏材料等都能够引起婴幼儿极大的兴趣。同时，保教人员还需注意创设良好的环境，以激发和培养婴幼儿对于识记材料认知的积极态度，提高记忆效果。

3. 帮助幼儿明确记忆的任务

明确识记的目的和任务，对于识记效果具有重要影响。在日常生活中，保教人员应经常向幼儿提出具体、明确的识记任务，并对记忆的结果给予正确的评价，激发幼儿识记的积极性，从而达到良好的识记效果。

4. 引导幼儿运用多种记忆策略

运用记忆策略可以提高记忆的效果。一般来说，幼儿自发运用记忆策略还比较困难，但是在成人的引导下，他们可以有效使用记忆策略来提高记忆效果。为此，保教人员可以教会幼儿使用复述、归类、形象联想等常用的记忆策略，以帮助幼儿提高记忆效果。

5. 帮助幼儿进行合理的复习

幼儿记忆的特点是记得快、忘得快，不易维持，因此有必要引导其进行合理的复习。保教人员可以运用念儿歌、玩游戏、表演、猜谜语等方式帮助幼儿复习记忆内容，提高记忆效果。

• 教养实践 •

有意记忆培养游戏：小兔乖乖（小班）

创设有趣的游戏情境，和幼儿一起玩"小兔乖乖"的游戏，从而促进幼儿有意记忆的发展。

兔妈妈和小兔约定，听到三次敲门声就是妈妈回来了。妈妈刚走，小兔就听到"咚咚咚咚"的敲门声。保教人员问："是妈妈回来了吗？""妈妈回来时的敲门声是什么样的？""再仔细听一听、数一数，是不是妈妈的敲门声？"保教人员通过提问，帮助幼儿记忆妈妈敲门声的次数，然后让幼儿反复推敲，在听听、数数、比比中做出判断。游戏情境能激发幼儿的学习兴趣，他们对是谁在敲门感到好奇。为此，保教人员运用多媒体技术来满足幼儿的好奇心，在幻灯片中呈现不同的动物，如老虎、狮子、熊等。需要注意的是，根据小班幼儿的年龄特点，敲门声要控制在5次以内。

探索 3 婴幼儿是如何"思考"的？

恺恺今年3岁多了，活泼可爱，特别喜欢画画、玩拼图。每次画画时，他总是拿起笔来就画，偶尔画出某种图形，就高兴地说："小鸟，看我画了小鸟。"画出来的像什么，他就说是什么，玩拼图也是这样。爸爸针对恺恺的情况，要求道："先告诉爸爸，你想画什么，然后想好了再画！"可恺恺不听，还是拿起笔来就画。爸爸非常生气，为此批评恺恺："做事情之前不动脑筋！"

请结合学习支持3中的内容，思考以下问题。

（1）恺恺的行为表明他正处于哪个思维发展阶段？举例说明这个阶段婴幼儿思维的主要特征及表现。

（2）爸爸对恺恺的要求和批评是否合理？为什么？

···
···
···
···
···

学习支持 3

★ 婴幼儿思维的发展及保育

一、思维的概念、特性及基本形式

1. 思维的概念

思维是客观事物在人脑中概括的、间接的反映，是人的高级认知活动，是人类智力活动的核心。思维是借助于语言实现的，也是人类区别于动物的基本界限。

2. 思维的特性

思维有两个特性：概括性及间接性。思维的概括性是指思维能够把同类事物的共同的、本质的属性抽取出来加以概括，反映事物间的规律性联系。有了概括，人才能揭示事物的本质和内在的规律性联系，才能预测未来。间接性是指思维总是以一定事物为媒介来反映那些不能直接作用于感官的事物。思维的间接性使人能够超越感知觉的局限，认识到那些看不到且无法直接获得经验的事物，从而扩大了认识的范围和深度。

此外，思维与解决问题的关系密切。思维产生于问题，表现为解决问题的过程。也就是说，思维的主要作用是解决问题。解决问题在心理学上是指当人们在活动中面临新的情境，没有现成的有效对策时，所引起的一种积极寻求问题答案的心理活动过程。

3. 思维的基本形式

思维有三种基本形式：概念、判断、推理。概念是人脑对客观事物共同的本质特性的反映。判断是概念和概念之间的联系，它是人脑对客观事物之间的联系和关系的反映。推理是一种间接判断，它反映判断和判断之间的联系，是由一个或几个相互联系的已知判断推导出合乎逻辑的新判断的思维形式。

二、婴幼儿思维发生与发展的过程及特点

1. 思维的发生

1 岁半之前是人类思维发生的准备时期，该阶段婴幼儿的思维处于知觉概括水平，他们主要通过感知觉来认识和探索周围的世界。思维真正发生的时间一般是在 1 岁半至 2 岁。当幼儿出现以下动作时，说明思维已经发生了。

（1）表意性动作。表意性动作就是用动作表达意愿，用间接的手段来达到自己的目的。例如：幼儿想拿一样东西，可是自己又拿不到，于是他向成人指出他想要的东西，让成人去帮助自己拿。这种用动作表达自己意愿的行为就是表意性动作。在这个动作中，手的动作成为一种具有象征功能的符号，使得心理有了初步的间接性。

（2）工具性动作。工具性动作是指按照物体的结构特征和功用来使用物体的动作。具体来说就是，幼儿在拿到物品后不再盲目地敲敲打打，而是开始根据物品的功用做出动作。例如，幼儿在拿到电话模型后会有拨打电话及放在耳朵上接听的动作。这种带有理解性的动作能够反映出幼儿对于"类"概念的初步意识，反映出幼儿的心理有了初步的概括性。

（3）智慧性动作——用"试误"的方法解决问题。幼儿通过诸如拉动桌布来拿东西、用棍子够东西等非直接的方法来解决问题的动作属于智慧性动作。这类智慧性动作的出现也标志着思维的发生。

2. 婴幼儿思维发展的阶段及特点

（1）直观行动思维。直观行动思维是 0—3 岁婴幼儿主要的思维方式。直观行动思维是指在对客体的感知中、在主体与客体相互作用的行动中进行的思维。直观行动思维的主要特征是：思维离不开实物，需要依赖一定情境，思维是在直接感知中进行的；思维离不开动作，思维是在实际的行动中进行的。0—3 岁婴幼儿只能在自己的动作所能接触的范围内，且在自己的行动中进行思考，而不能在感知和动作之外进行思考，更不能考虑自己的动作、计划自己的动作、预见动作的后果。

（2）具体形象思维。具体形象思维是 3—6 岁幼儿主要的思维方式。具体形象思维是指幼儿的思维主要是凭借事物的具体形象或表象进行思维的方式。其主要特征表现为以下四个方面。

① 具体性。幼儿的思维内容是具体的，他们容易掌握代表实际东西的概念，而不容易掌握比较抽象的概念。比如："调料"这个概念比较抽象，幼儿不容易掌握；而"酱油"这个概念比较具体，幼儿容易掌握。

② 形象性。幼儿依靠事物在自己大脑中的已有颜色、形状、声音等具体形象进行思维。例如，中班幼儿能够理解 2 个苹果加上 3 个苹果，或者 2 根手指加上 3 根手指等于 5，但对于"2+3"这样的符号运算就很难理解。

③ 自我中心性。自我中心指主体在认识事物时，从自己的身体、动作或观念出发，以自我为认识的起点或原因的倾向，而不太能从客观事物本身的内在规律以及他人的角度认

识事物。皮亚杰用"三山实验"证明了幼儿思维具有自我中心性的特点。自我中心性主要表现在幼儿思维的拟人性、刻板性和不守恒等方面。拟人性是指婴幼儿认为世界万物与自己的感受是一样的，把有生命事物的特征加到无生命事物上。例如，婴幼儿认为花草跟人类一样会说话、会思考。刻板性是指当婴幼儿的注意集中在某个方面时，他们就不能同时关注其他方面，只能把握事物的静止状态，而很难理解事物是发展变化的。例如，很多幼儿都认为只有头发白的男子才是爷爷。守恒是指个体能够认识到事物的本质，不因外部现象的变化而发生变化。3—6岁的幼儿是没有守恒概念的，他们的思维易受到眼前事物表面特征的影响。例如，给幼儿看两个同样大小的用橡皮泥捏成的圆球，他会说两个一样大，所用的橡皮泥也一样多。但是，如果成人当着他的面把一个圆球拉成长条状再问他，他会说另一个圆球的泥用得多。

④经验性。幼儿的思维常根据自己的生活经验来进行。例如：幼儿往鱼缸里倒豆浆，一边倒一边告诉身边的小伙伴："我妈妈说了，多喝豆浆就能长得又快又好。"

（3）抽象逻辑思维。幼儿六七岁时，抽象逻辑思维开始萌芽。抽象逻辑思维是在感性认识的基础上，通过概念、判断、推理来揭示事物的内在和本质联系的过程。幼儿的思维带有极大的具体形象性，但是随着经验的积累，特别是第二信号信息（语言）的发展，到了幼儿晚期，在其经验所及的事物的范围内，幼儿也开始能初步进行抽象逻辑思维。抽象逻辑思维有两个特点：一是去自我中心化，是指幼儿摆脱自我中心，能够从他人的角度看待事物；二是开始获得守恒概念，知道物体的本质特征，如重量、体积、长度等，不会因其他非本质特征的变化而改变。

小链接 🔍　　　　　　　　　　　　　　　　□ ⛶ ✕

孩子为什么喜欢听重复的故事①

好多家长都有一个疑问：为什么孩子喜欢重复听同一个故事，且百听不厌？

幼儿重复做一件事，反复听一个故事，是他们不断深化学习的过程，是非常有意义的心智成长过程。就拿听故事而言，每反复听一次，幼儿都会有新的收获。蒙台梭利曾经说过："如果反复进行练习，就会完善儿童的心理感觉过程，反复练习是儿童的智力体操。"

三、促进婴幼儿思维发展的保教要点

1. 创设丰富的活动环境，促进婴幼儿思维能力的发展

婴幼儿在学会走路以后，视野扩大了，同时在好奇心的驱使下，他们非常喜欢走路，

---

① 孙明红，刘梅. 婴幼儿身心发展及保育 [M]. 北京：高等教育出版社，2021:200.

也乐于不停地用手探索周围丰富多彩的世界，这对婴幼儿的思维发展是非常重要的。首先，通过行走能够大大地扩大婴幼儿的认知范围，发展婴幼儿的空间知觉，使婴幼儿能在知觉中分析、综合并思考眼前的行动问题，促进婴幼儿直观行动思维的发展，并为具体形象思维的发展打下基础。其次，通过手的动作以及手和眼的协调运动，婴幼儿能够初步发展出对隐藏在物体当中的复杂属性和关系进行分析与综合的能力，丰富婴幼儿的感性认识，促进婴幼儿直观行动思维和具体形象思维的发展。因此，保教人员要理解婴幼儿的"多动"，在保证安全的条件下不限制婴幼儿的行为，给他们创造多样化的活动环境和条件。此外，保教人员还可以组织婴幼儿开展分类、匹配、排序等思维训练活动。例如，提供各种适宜的材料，引导婴幼儿按照事物外部的典型特征（如颜色、大小、形状等）进行分类，以促进婴幼儿思维的发展。

2. 丰富婴幼儿的感性认识，促进幼儿具体形象思维的发展

幼儿的思维主要表现为具体形象思维，而感性认识是具体形象思维的基础。婴幼儿认识世界，是从感性认识开始的。婴幼儿通过感官直接接触客观事物，接受客观事物一定的刺激，从而得到相应的感受，形成对客观事物的印象，这就是感性认识。婴幼儿的思维离不开客观事物的具体形象和表象的支持。保教人员应经常带领婴幼儿到户外感知周围的环境和物体，尝试指认、寻找周围的物品，丰富婴幼儿的感性认识。同时，保教人员也可以指导家长在家中引导婴幼儿认识日常的生活物品，以及常见的动植物和周围环境。

3. 合理组织保教活动，发展幼儿的抽象思维能力

到了六七岁时，幼儿的抽象逻辑思维开始萌芽，因此在保教活动中，保教人员要注意引导大班幼儿运用概念、判断、推理等方式进行抽象思维。例如，在大班主题活动的设计与实施过程中，师幼共同梳理、收集资源，形成主题活动思路。在此过程中，幼儿的抽象逻辑思维能力可以得到锻炼。

• 教养实践 •

思维培养游戏——猜小鱼（大班）

"猜小鱼"是图形与数的代换思维游戏。正方形表示1条鱼，三角形表示2条鱼，圆形表示3条鱼。

玩法1：看图形猜小鱼；出示2个正方形，猜猜有几条鱼。这种玩法属于正向思维学习。

玩法2：出示数字卡片，请幼儿根据卡片上的数字拿图形。这是一种逆向思维的学习，对幼儿的思维发展非常有帮助。

在游戏的过程中，可以从简单的数字开始对幼儿进行逆向思维的训练，使幼儿逐渐感知不同的分合方法，促进幼儿发散思维能力的发展。

探索 4 如何培养婴幼儿的想象力？

佳佳是一名幼儿园中班的小朋友。一次，她拿起纸和笔画画，在画之前，她自言自语地说："我想画小猫咪。"她先画了猫头、猫耳朵，再画了猫眼，然后画了条线，说"这是草地"，并在线的上方画了绿草、小花，接着又画了只兔子。她边画边说："哎呀，不像不像，像什么呀，像小拖车。"这时，她又好像忽然想起什么来，说道："小猫还没嘴呢！也没画胡子！"于是，她又画了起来。

请结合学习支持 4 中的内容，思考以下问题。

（1）佳佳的画画行为反映出幼儿想象的哪些特点？为什么？

（2）如何培养幼儿的想象力？

....

....

....

....

....

学习支持 4

★ **婴幼儿想象的发展及保育**

一、想象的概念及分类

1. 想象的概念

想象是人脑对已有表象进行加工改造，从而创造新形象的过程。首先，想象的基本材料是记忆表象，记忆表象是过去感知过的事物形象在头脑中的重现。其次，想象的结果是新形象，这个新形象可以是以前从未感知过的但现实中存在的、目前不存在但将来可能会存在或根本不可能存在的事物。新形象的构成方式主要有黏合、夸张、强调、拟人化、典型化等。最后，想象的过程是一个对已有形象（表象）分析、综合的过程。

2. 想象的分类

根据是否有明确的目的及是否需要意志努力，可以将想象分为无意想象和有意想象。

（1）无意想象。无意想象是指没有预定目的，在外界某种刺激的影响下而产生的无须意志努力的想象。梦是无意想象的一种极端的表现。比如：当人抬头仰望天空变幻莫测的浮云时，脑中就会出现起伏的山峦、柔软的棉花、嘶鸣的奔马等形象。又如，当幼儿拿起一根柳枝时，可能会把柳枝想象成小马，玩骑马游戏。

（2）有意想象。有意想象是指有一定目的，需要在意志努力下自觉、主动进行的想象。根据新形象的新颖性、独特性和创造性的不同，有意想象又可分为再造想象和创造想象。幻想是创造想象的一种特殊形式。

① 再造想象。再造想象是指根据词语的描述和非语言（如图样、图解、符号等）的描绘，在头脑中产生有关事物新形象的心理过程。

② 创造想象。创造想象是不依据现成描述而独立地创造出新形象的心理过程。与再造想象相比，创造想象具有新颖、独创、奇特的特点。

③ 幻想。幻想是指与个人愿望相联系，并指向未来事物的想象。它是个人对未来的希望与向往。例如：幼儿幻想将来成为一名科学家、医生、教师等。根据幻想的社会价值和有无实现的可能性，可以把幻想分为积极的幻想和消极的幻想。积极的幻想是指符合事物发展规律，并具有一定的社会价值及实现可能的幻想，一般称为理想。消极的幻想是完全脱离客观现实的发展规律、毫无实现可能的幻想，一般称为空想。

二、婴幼儿想象发生与发展的过程及特点

1. 婴幼儿想象的发生

想象不是与生俱来的，而是心理发展到一定阶段的产物。想象的产生需要具备两个基本条件：一是头脑中要有相当数量的记忆表象；二是要有对记忆表象进行加工改造的能力。

刚出生的婴儿没有想象。随着年龄的增长、生活经验的丰富，婴幼儿大脑中贮存的记忆表象越来越丰富。同时，随着大脑的发育，婴幼儿的表征能力、思维能力逐渐发展，具备了运用内部智力对记忆表象进行加工改造的能力。这时，想象产生的两个基本条件初步具备，想象开始萌芽，一般在幼儿1.5—2岁时发生。

幼儿最初的想象活动主要是通过他们的动作和言语来展现的，具体表现为相似性联想和象征性游戏。相似性联想是指将两个毫不相关，但在外表上有相似性的事物联系在一起，比如，幼儿说月亮像一个大圆盘。象征性游戏就是幼儿的假想游戏。在刚开始进行这类游戏时，幼儿的想象几乎完全是对记忆中各种情境的简单重复。例如，幼儿在玩娃娃家游戏时，最初的情节就是模仿家长切菜、烧饭。随着年龄的增长，幼儿的想象会逐渐发展起来。

2. 幼儿想象的发展趋势及特点 [①]

随着生活经验的丰富和游戏活动的开展，幼儿的想象逐渐发展起来。幼儿想象的发展主要有以下三方面的趋势，分别呈现出不同的特点。

---

① 说明：由于想象在幼儿1.5—2岁时开始萌芽，因此，本书所介绍的想象的发展趋势及特点、想象力发展的保教要点，主要针对的是1.5岁以上的幼儿。

（1）无意想象占主导地位，有意想象逐步发展。在整个幼儿期，无意想象占主导地位。幼儿年龄越小，想象的目的就越不明确，他们仅仅满足于想象的过程。例如，小班幼儿的想象没有明确的目的和稳定的主题，常常是看到什么就想象什么，想象的过程易受情绪和兴趣的影响，想象的主题随外界刺激的变化而变化，想象的内容零散。随着身心的发展以及成人的教育和引导，幼儿的有意想象开始发展，并逐渐丰富。中班以后，幼儿的想象表现出一定的有意性、目的性和主题性。幼儿想象的内容逐渐丰富和系统。例如，幼儿已经能够续编和改编故事。

（2）再造想象占主导地位，创造想象开始发展。在整个幼儿期，再造想象占主导地位，想象常依赖于成人的语言描述和具体的情境刺激，具有复制性和模仿性。想象的内容基本上是对一些生活中的经验或作品中的情景的重现。例如，幼儿的娃娃家游戏其实就是他们对家庭生活的模仿。此外，实际行动是再造想象的必要条件，幼儿的想象往往是在实际的活动中产生的。

随着幼儿知识经验的丰富以及抽象概括能力的提高，在再造想象快速发展的基础上，幼儿的创造想象逐渐萌芽并发展起来。4—5 岁幼儿的想象开始有一些创造性的因素；5—6 岁幼儿的想象已经能够比较显著地表现出创造性。例如，4—6 岁幼儿已经能够创作出大量具有创意的美术作品。

（3）容易混淆现实与想象，有夸大及虚构的现象。幼儿想象脱离现实主要表现为夸大事物的某个部分或某种特征。例如，幼儿之所以喜欢听童话故事，是因为童话中有很多夸张的情节。这种夸张性在绘画活动中也表现明显，如幼儿把自己的嘴巴画得很大，以此体现吃得又多、又香。小班幼儿的想象还常常与现实相混淆，经常把想象的事情当作真实的来描述。例如，一个小班幼儿眉飞色舞地向同伴炫耀："我爸爸昨天出差回来了，给我带来了一个很棒的玩具，和我一起玩了一个晚上呢！"实际上，他的爸爸并没有回来，也没有给他带玩具。幼儿这么说是因为他特别期盼爸爸归来，渴望的事情经过幼儿反复想象，就会在头脑中留下深刻的印象，以至于变成似乎是记忆中的事情，连幼儿自己都信以为真了。幼儿混淆想象与现实的情况与说谎是有本质区别的。这种现象源于幼儿认识水平不高，以及感知的分化不足，导致他们有时会将想象表象与记忆表象相混淆，这是幼儿初期想象的特点之一。到了中大班，幼儿混淆想象与现实的现象会大大减少。尤其是大班幼儿，他们已经能够分清楚想象与现实的界限了，他们会对保教人员讲述的离奇古怪的故事表示怀疑。

三、促进幼儿想象发展的保教要点

想象对幼儿的心理发展具有十分重要的意义。想象是幼儿游戏、学习、理解的基础。同时，心理学研究发现，想象具有调节不良情绪、维持心理平衡、促进心理健康的作用。因此，保教人员要注重培养幼儿的想象力。

1. 拓宽幼儿的视野，丰富幼儿大脑中的表象

想象的"原材料"是记忆表象，表象的数量和质量直接影响想象发展的水平。因此，

保教人员应当通过组织多种活动来丰富幼儿的表象，促进幼儿感性知识经验的增长，进而拓宽表象的内容，为幼儿的想象提供更加丰富的素材。例如：多让幼儿置身于大自然中，多看、多听、多观察，开阔幼儿的视野；通过图画书、视频等来帮助幼儿认识未知的事物。

2. 保护幼儿的好奇心，营造宽松的心理氛围

研究表明，幼儿的好奇心与创造力的发展成正比。因此，保教人员对于幼儿的好奇、好问，要耐心、完整地给予解释，还可以适时地追问他们，促使他们进行主动的想象，用发散性的思维去寻求解决问题的策略。同时，对于幼儿天马行空的想象，保教人员要给予真诚的鼓励，欣赏他们的大胆设想。

3. 利用游戏活动，鼓励幼儿大胆想象

游戏是幼儿的主要学习方式和基本活动形式，保教人员应该积极支持幼儿开展形式多样的游戏活动，为幼儿提供丰富多彩的玩具和不同层级结构的游戏材料，让幼儿在以物代物的活动中想象故事情节，体验游戏的快乐。

4. 以文学艺术活动为载体，发展幼儿的再造想象与创造想象

《3—6岁儿童学习与发展指南》指出：幼儿艺术领域学习的关键在于充分创造条件和机会，在大自然和社会文化生活中萌发幼儿对美的感受和体验，丰富其想象力和创造力，引导幼儿学会用心灵去感受和发现美，用自己的方式去表现和创造美。

在美术活动中，保教人员可以通过纸工、泥工、绘画等活动，鼓励幼儿积极想象和创造。早期阅读也是发展幼儿想象力的有效途径，很多优秀的图画书本身就充满了想象的魅力。例如：保教人员可以鼓励幼儿依据画面线索讲述故事，大胆推测、想象故事情节的发展，改编故事部分情节或续编故事结尾；鼓励幼儿用表演、绘画等不同的方式来表达自己对图画书和故事的理解；鼓励和支持幼儿自编故事，并为自编的故事配上图画，制成图画书。

• 教养实践 •

想象力培养游戏：有趣的水声（中、大班）

在美术活动"有趣的水声"中，张老师让幼儿倾听水滴的声音，并提问："听一听，这是什么声音？"此时立刻有幼儿回答道："这是一滴一滴的水声。"于是，张老师请幼儿试着把声音"画"下来。幼儿用圆圈或小圆点来表现听到的声音。然后，张老师让幼儿倾听"下雨"的声音，并让他们试着"画出听到的声音"，随着"雨声"逐渐变大，幼儿画作上的线条也越来越密集。最后，张老师组织幼儿一起听"小溪"的声音。有的幼儿用起起伏伏的波浪线来表示水声；有的幼儿画出了打转的螺旋圈圈；还有的幼儿在柔软的曲线上画出一个个圆，他说自己听到里面还有泡泡的声音。这个活动通过让幼儿画出"他们听到的声音"来激发幼儿对声音产生画面联想，从而进一步促进幼儿想象力的发展。

家园沟通

根据本学习活动所学知识，保教人员在开展家园沟通工作时，可参考以下内容：

（1）引导家长认识到婴幼儿注意发展对其身心发展的重要意义，懂得婴幼儿注意发展的特点，并排除无关刺激对他们注意发展的影响，注重培养婴幼儿良好的注意习惯，因材施教地促进其注意的发展。

（2）引导家长认识到婴幼儿记忆发展对其身心发展的重要意义，懂得婴幼儿记忆发展的特点，鼓励家长通过激发婴幼儿的兴趣，以及引导他们运用多种记忆策略等方式，因材施教地促进其记忆的发展。

（3）引导家长认识到婴幼儿思维发展对其身心发展的重要意义，懂得婴幼儿思维发展的特点，鼓励家长为婴幼儿创设适宜的活动环境，丰富婴幼儿的感性认识，因材施教地促进其思维的发展。

（4）引导家长认识到幼儿想象发展对其身心发展的重要意义，懂得幼儿想象发展的特点，引导家长注重保护幼儿的好奇心，鼓励幼儿大胆想象，因材施教地促进其想象的发展。

● 学习水平评价表 ●

评价内容	观测点	分值	得分
婴幼儿注意的发展及保育	·能正确说出婴幼儿注意发生与发展的过程及特点（8分） ·能根据案例中婴幼儿的表现，分析婴幼儿注意发展的特点，并为其提供恰当的保教措施（12分）	20分	
婴幼儿记忆的发展及保育	·能正确说出婴幼儿记忆发生与发展的过程及特点（8分） ·能根据案例中婴幼儿的表现，分析婴幼儿记忆发展的特点，并为其提供恰当的保教措施（12分）	20分	
婴幼儿思维的发展及保育	·能正确说出婴幼儿思维发生与发展的过程及特点（8分） ·能根据案例中婴幼儿的表现，分析婴幼儿思维发展的特点，并为其提供恰当的保教措施（12分）	20分	

（续表）

评价内容	观测点	分值	得分
婴幼儿想象的发展及保育	·能正确说出婴幼儿想象发生与发展的过程及特点（8分） ·能根据案例中幼儿的表现，分析幼儿想象发展的特点，并为其提供恰当的保教措施（12分）	20分	
素养目标达成情况	·能在学习过程中主动提出疑问或分享自己的观点（10分） ·能发现婴幼儿认知发展的特点，因材施教地促进婴幼儿认知的发展（10分）	20分	
总　分		100分	

在线自测

● 课后练习 ●

一、单选题

1. 在以下关于婴幼儿注意的说法中，错误的是（　　）。

　A. 婴幼儿的注意始终以无意注意为主

　B. 鲜明、生动、直观、形象、活动、多变的事物容易引起婴幼儿的无意注意

　C. 大班幼儿注意集中的时间可延长到10—15分钟

　D. 有意注意优于无意注意

2. 以下不属于3—6岁幼儿记忆发展特点的是（　　）。

　A. 有意识记逐渐发展并占主导地位

　B. 形象记忆占优势，语词记忆逐渐发展

　C. 机械识记用得多，意义识记效果好

　D. 记得快、忘得快，记忆不精确

3. 3—6岁幼儿主要的思维方式是（　　）。

　A. 直观行动思维　　　B. 具体形象思维　　　　C. 抽象逻辑思维　　　　D. 以上都不是

4. 在以下措施中，有利于幼儿想象发展的是（　　）。

　A. 给幼儿提供多看、多听、多观察的机会

　B. 对幼儿天马行空的想象给予真诚的鼓励，欣赏他们的大胆设想

　C. 通过艺术活动发展幼儿的想象

　D. 以上都是

5. 很多幼儿都认为只有头发白的男子才是爷爷，这反映了幼儿思维的（　　）。

A. 具体性　　　　　　B. 形象性　　　　　　C. 自我中心性　　　　　D. 经验性

二、简答题

1. 婴幼儿的思维发展分为哪几个阶段？其特点有哪些？

2. 简述促进婴幼儿记忆力发展的保教要点。

三、拓展题

阅读案例，回答问题。

星期日，妈妈带着4岁半的浩浩去逛公园。突然，浩浩被不远处的场景吸引住了，那是他最喜欢的动物——恐龙的仿真场景。但当浩浩走近时却发现，其中的一只"恐龙"已经奄奄一息地躺在了地上，身上有一个很大的"伤口"，并流了很多"血"，浩浩伤心地哭了，请求妈妈救救"恐龙"。妈妈将浩浩带到受伤"恐龙"的身边并告诉他："你看，这是假的，它的身体是用钢丝搭出支架后裹一层防雨布做成的，血是用涂料染上的。"可是浩浩就是不相信，仍旧哭个不停。回家后，他一晚上都没有睡好觉。第二天去幼儿园，浩浩对小朋友们说道："昨天，我看到了真的恐龙，它好可怜，病得那么重了也没有人救它。"有的小朋友说："你骗人，地球上已经没有恐龙了。"

问题1：浩浩的表现反映了幼儿想象发展的什么特点？

问题2：作为教师，听到小朋友们的争论，你会如何做？

学习活动 2　婴幼儿言语发展的特点及保育

○ 学习目标 ○

☑ 能概述婴幼儿言语发生发展的过程。

☑ 能概述婴幼儿言语发展的阶段及其发展特点，并能据此判断婴幼儿言语发展的水平及所处阶段。

☑ 能根据婴幼儿言语发展的特点，采用恰当的保教措施。

☑ 能简述促进幼儿前阅读能力发展的方法。

☑ 能根据婴幼儿言语发展的特点，向家长提出适宜的教养建议，并与家长进行有效的沟通。

☑ 能根据婴幼儿言语发展的特点因材施教，耐心、细致地促进婴幼儿言语的发展。

☑ 能主动获取并整理有关婴幼儿言语发展保教的有效信息，乐于展示学习成果，并能对本学习活动的学习情况进行总结和反思。

○ 课前小活动 ○

☑ 预习本学习活动内容，完成案例导入中的思考题及各探索活动。

☑ 通过调研，列举适合托、小、中、大班幼儿阅读的绘本，至少各5本。

☑ 扫描二维码，学习微课"3—4岁幼儿言语发展及保育"；阅读"0—3岁婴幼儿语言与沟通发展要点"。

微课视频
3—4岁幼儿言语发展及保育

在线阅读
0—3岁婴幼儿语言与沟通发展要点

-------------------------------- ● 案例导入 ● --------------------------------

朵朵的全家福

朵朵已经11个月了，还不会叫爸爸妈妈。一天，张老师请家长为小朋友带一张全家福的照片到托育园。因为全家福照片是家的缩影，张老师希望通过让小朋友认认家人，复述爸爸、妈妈等词汇来帮助他们模仿发音，从而逐渐理解词句的含义。

朵朵用小手捏着全家福照片，摇摇晃晃地走进教室，一屁股坐在地毯上。张老师也顺势坐在朵朵的身旁，用手轻点照片上的人，像讲故事一样地对朵朵说："多漂亮的照片，这是朵朵的全家福呀。这是爸爸，这是妈妈，这是朵朵。"张老师在说"爸爸""妈妈"的时候特地放慢了语速，提高了音量，以此引发朵朵的注意及兴趣，也便于她模仿与学习。

接着，张老师又拉起朵朵的小手，再一次边指边说："这是朵朵全家福的照片，这是爸爸，这是妈妈，这是朵朵。朵朵你也来试一试，说爸爸，妈妈。"朵朵没有开口，挣脱小手，用力把屁股扭了过去。张老师也不着急，不催促朵朵跟念，而是给予她一些时间。

过了一会儿，朵朵捏着照片，认真地看了起来，还模仿着刚才老师的动作，用手指摁压照片上的爸爸妈妈。张老师见状赶忙引导："哦！朵朵在跟照片里的爸爸妈妈打招呼呢！爸爸，你好！妈妈，你好！"朵朵用手摁到谁，张老师就说这是谁。过了一会儿，朵朵扔下了照片，被旁边的玩具吸引了。

（由谈佳乐老师提供）

> **思考** 张老师是如何一步步引导朵朵开口的？在张老师的引导下，朵朵最终还是没有开口，那么她的引导是否有意义呢？

语言是交流和思维的工具。婴幼儿时期是个体言语发展，尤其是口语发展的重要时期。言语在婴幼儿的心理发展过程中起着十分重要的作用。婴幼儿言语的发展贯穿于各个领域，同时也对各个领域的学习与发展有着重要的影响：婴幼儿在运用语言进行交流的同时，也在发展着人际交往能力、理解他人和判断交往情境的能力、组织自己思想的能力。随着年龄的增长，婴幼儿通过言语获取的信息量将逐步超越个体直接感知获取的信息量。

婴幼儿的言语能力是在交流和运用的过程中发展起来的。保教人员应为婴幼儿创设自由、宽松的语言交往环境，鼓励和支持婴幼儿与成人、同伴交流，让婴幼儿想说、敢说、喜欢说，并能得到积极回应；为婴幼儿提供丰富、适宜的低幼读物，经常和婴幼儿一起看图画书、讲故事，丰富他们的语言表达能力，培养阅读兴趣和良好的阅读习惯，进一步拓展学习经验。

婴幼儿的言语学习需要相应的社会经验支持，保教人员应通过多种活动拓展婴幼儿的生活经验，丰富他们的言语内容，增强理解和表达能力；在生活情境和阅读活动中引导婴幼儿自然而然地对口语表达及符号、文字产生兴趣。需要注意的是，切忌使用机械记忆和强化训练的方式让婴幼儿过早识字，因为这不符合他们的学习特点和接受能力。

小链接 🔍

语言和言语

　　语言是人类在社会实践中逐渐形成和发展起来的交际工具，是一种社会上约定俗成的符号系统。言语则是对语言的运用，它既指运用语言的行为，又指运用语言所产生的结果，即说出来的话语。

　　语言和言语两者相互影响，相互依存。一方面，言语活动是依靠语言材料和语言规则来进行的。个人言语活动的效能如何，受到他对语言掌握程度的制约，因此，离开了语言，就不会有言语活动。另一方面，语言也离不开言语活动。因为语言是人在具体的言语交际中逐步创造和发展起来的，并且任何一种语言都必须通过人们的言语活动才能发挥它作为交际工具的作用。

探索 1 　婴儿是如何从"听准音"到"听懂义"的?

　　观看视频"学喊妈妈的宝宝"，并结合前言语阶段婴儿言语发展的特点，思考以下两个问题。

　　（1）这个宝宝知道"爸爸"是什么意思吗？

　　（2）妈妈一直在着急地教宝宝喊"妈妈"，可为什么没有明显的效果呢？

案例视频
学喊妈妈的宝宝

学习支持 1 💡

★ 0—1 岁婴儿前言语的发展及保育

一、0—1 岁婴儿前言语的发展

在婴儿掌握语言之前，有一个较长的言语发生的准备阶段，称为前言语阶段。一般把

婴儿从出生到能够说出第一个具有真正意义的词之前的这一时期（0—12个月）称为前言语阶段。在这一阶段，婴儿言语的发音能力、知觉能力和对语言的理解能力逐步发展起来，出现了"咿呀学语"、非语言性的声音与姿态交流等现象，统称为"前言语现象"或"前言语行为"。下面主要介绍前言语阶段婴儿言语发音和言语知觉的发展情况。

1. 婴儿的前言语发音

▲ 图 3-2-1　婴儿咿呀学语

前言语阶段的婴儿在获得大量感知语言的经验之后，进入前言语发音阶段。前言语发音是指婴儿在正式说话之前的各种语音发声，类似于说话之前的语音操练。关于这方面的研究，吴天敏、许政援把婴儿前言语阶段的发音练习划分为三个阶段，即简单发音阶段（0—3个月）、连续发音阶段（4—8个月）和学话萌芽阶段（9—12个月）。[①]

（1）简单发音阶段。新生儿通过呼吸发声，哭是婴儿最初的发音。在新生儿的哭声中，特别是哭声停止的时候，可以听出 ei、ou 的声音。2个月以后，婴儿已能发出 ai、a、e 等音。发这些音不需要较多的唇舌运动，气流自口腔冲出，也就发出了音。

（2）连续发音阶段。当婴儿吃饱、睡醒、感到舒适时，常常不由自主地发音。在发出的声音中，不仅韵母增多，声母也开始出现，而且会连续重复同一音节，如婴儿发出 ma-ma、pa-pa 的声音，但这并不表示婴儿真的会叫爸爸妈妈了，而是前言语阶段的发音现象。这些"话"虽然没有意义，但却为婴儿学习说话做了发音方面的练习与准备。成人要帮助婴儿将这些发音与具体事物相联系，使其形成条件反射，让音节具有意义。

（3）学话萌芽阶段。婴儿开始能模仿成人的语音，在其所发的音中，明显增加了不同音节的连续发音（如 ba-da-gu-la），音调也开始多样化，听起来很像是在说话。虽然这些语音仍没有任何意义，但同样是在为说话做发音上的准备。此外，这个阶段的婴儿开始能模仿成人发出类似话语的声音。例如：父母一边说出"灯灯""袜袜"等语音，一边指着相应的物品，以此来教婴儿说话，婴儿会积极地模仿成人的发音。

不同学者对前言语阶段发音练习的划分方式也有所不同。例如：朱曼殊、张仁俊认为，前言语阶段婴儿的发音练习可以分为单音节阶段（0—4个月）、多音节阶段（4—10个月）和学话萌芽阶段（11—12个月）；周兢认为，婴儿的发音练习大致经过单音发音阶段（0—4个月）、音节发声阶段（4—10个月）、前词语发声阶段（10—18个月）。[②]但从整体来看，各位学者对"婴儿的语音获得过程"的研究有着基本一致的观点，即从最初的哭声中逐步分化语音，并沿着单音节音、双音节音、多音节音、有意义语音的顺序发生和发展。

---

① 吴天敏，许政援. 初生到三岁儿童言语发展记录的初步分析 [J]. 心理学报，1979(2):153—165.

② 周念丽. 学前儿童发展心理学 [M]. 上海：华东师范大学出版社，2014：85.

2. 婴儿的前言语知觉

周兢、余珍有认为,在汉语系统中,婴儿的前言语阶段是语言获得过程中的语音敏感期。她把婴儿前言语阶段的言语知觉能力分为三种水平。

(1)辨音水平(0—4个月)。从出生到4个月左右,婴儿形成了感知辨别单一语音的能力,能够分辨言语声音和其他声音。

(2)辨调水平(4—10个月)。婴儿开始注意一句或一段话的语调,从整块语音的不同音调、音长变化中体会说话声音的社会性意义,能够从不同语调的话语中判断出交往对象的态度。

(3)辨义水平(10—18个月)。进入这个阶段,婴儿越来越多地在感知人们说话时将语音表征和语义表征联系起来,从而分辨出一定的语音和语义内容。比如,婴儿开始对父母所说的"灯""门"做出正确反应。10个月的婴儿可以理解10个左右的表示人称、物体和动作的词。[①]

总体来说,0—1岁的婴儿说得少、说得不清楚、说得不准确,但他们"懂得"很多,已经为正式运用语言进行人际交往做好了准备。

二、0—1岁婴儿前言语阶段的保教要点

前言语阶段是婴儿语言发育与发展的"储备"阶段。虽然这一阶段婴儿的语言表达比较少,但切不可因为婴儿不会说话而对他们少言寡语。1岁前的婴儿虽然还不太能够用语言交流,但他们对接触到的语言非常敏感,成人说话的用词、语音、语调、表情等对婴儿来说,都是会引起他们仔细观察和关注的方面。

1. 给予回应性照料,提供丰富的语言刺激

研究表明,相较于较少给予回应的母亲,那些对婴儿的发声行为和相关活动经常给予言语回应的母亲,为婴儿提供了更多的语言刺激。后者的孩子在言语能力发展方面会表现得更好,如更早说出第一个单词、更快掌握50个词汇、有更复杂的口语表达等。因此,在促进婴儿言语发育与发展的过程中,保教人员应尽可能多地同婴儿说话,多与他们交流,并对婴儿的发音行为给予积极的应答,为婴儿提供所需的"听音"需求,同时进行及时的应答强化

▲ 图3-2-2 尽可能多地与婴儿交流

并鼓励婴儿进行更多的发音尝试。如果婴儿仅接收单向的语音输入,如电视节目中的声音等,这可能会对婴儿的语言发展产生抑制作用。因此,回应性照料对婴儿今后语言的发展至关重要。

---

① 周兢,余珍有. 幼儿园语言教育 [M]. 北京:人民教育出版社,2004:8.

2.通过直观的方式，增加婴儿的感性认识

在这一时期，婴儿对事物（包括对语言）的理解和认识主要处于感性认识阶段。成人发音时的口腔活动、面部表情、语气语调等，都是婴儿理解语言、模仿语言的重要刺激因素。保教人员在与婴儿进行语言交流的过程中，可以通过直观的方式，如利用婴儿各感官（触摸、咀嚼、观看等方式）来增加他们的感性认识，帮助婴儿建立语言与事物之间的联系。因此，语言的输入及与婴儿的交流，应该更多的是面对面并能给予积极回应的交流。

• 教养实践 •

前言语发音训练游戏：找爸爸（0—1岁）

妈妈抱着宝宝，对着宝宝微笑，用夸张的口型，反复、有节奏地叫宝宝的小名，以引起宝宝的注意。妈妈亲切地与宝宝对视，同样用夸张的口型和表情对宝宝说："多多找爸爸，爸爸在哪里？"此时，妈妈观察宝宝的情绪，可以重复一遍。随后，躲在宝宝背后的爸爸摇着串铃或拨浪鼓，吸引宝宝循声找自己。当宝宝转身看到爸爸时，爸爸面带微笑，摇着串铃或拨浪鼓，也用夸张的口型和表情，拍拍自己并放慢语速说："爸爸，爸爸，我是爸爸。"这样的互动旨在激发宝宝的愉悦情绪。该游戏可反复进行，并变换方向，同样也可以用类似的方式玩找妈妈的游戏。

探索 2   幼儿是如何从"听懂"到"会说"的？

佳佳1岁多了，她只要叫"妈妈"，妈妈就能分辨出她是饿了还是要抱抱了，然后就会给她吃的或者抱抱她。佳佳还会指着玩具汽车说"车车"，指着水果叫"切切"。此外，她还很"勤劳"，妈妈对她说"把妈妈的鞋子拿过来"，她就会很快跑过去把鞋子拿过来。

请结合学习支持2中的内容，思考以下问题。

（1）妈妈是如何识别并理解佳佳所表达的需要的？

（2）佳佳为什么会叫汽车"车车"，叫水果"切切"？

....

....

....

....

....

学习支持 2

★ 1—3 岁幼儿言语的形成及保育

一、1—3 岁幼儿言语的形成

经过 1 年左右的言语准备，1 岁左右的幼儿已经能模仿发音，并能听懂成人简单的语言；经过 2—3 年的时间，3 岁左右的幼儿可以初步掌握本民族的基本语言。因此，1—3 岁是幼儿语言形成的关键期，也是幼儿语言发展最迅速的时期，主要包括以下三个阶段。

1. 单词句阶段（1—1.5 岁）

幼儿言语发展的基本规律是先听懂再学说。在成人的影响下，这一时期幼儿头脑中关于词和具体事物情境的联系越来越多，使得他们能够理解更多的词和简单的句子。据统计，幼儿到 1 岁半时能够说出 50 个左右的词。具体来说，1—1.5 岁的幼儿能够说出的词有如下特点：① 单音重叠。这一阶段的幼儿喜欢说重叠的字音，如"娃娃""帽帽"等，还喜欢用象声词代表物体的名称，如把汽车叫作"滴滴"，把小狗叫作"汪汪"等。② 一词多义。这个阶段的幼儿会用一个词表示多种事物。例如，幼儿见到猫叫"毛毛"，见到带毛的东西，如毛手套、毛领子一类的生活用品，也都叫"毛毛"，因为这个阶段的幼儿对词的理解还不精确，说出的词往往代表多种意义。③ 以词代句。这一阶段的幼儿不仅能用一个词代表多种物体，而且能用一个词代表一句话，因此这一阶段称为"单词句"时期。例如，当幼儿说出"要"这个词时，它可能代表他要拿奶瓶，也可能代表他要拿玩具，或者还可能代表他要拿其他的东西。也就是说，这个词不是单纯存在的，而是和当时的情境相联系的，成人常常需要根据幼儿的表情、动作以及当时的具体情况来确认其需要。

2. 双词句（电报句）阶段（1.5—2 岁）

这一阶段幼儿言语的发展主要表现在开始说由双词或三词组合在一起的句子上。这些句子从表现形式上看是断断续续、简明且结构不完整的，好像成人的电报式文件，故也称为"电报句"或"电报式语音"，如"妈妈抱抱""宝宝吃饭"。

3. 复合句阶段（2—3 岁）

2—3 岁的幼儿渐渐能够用简单句表达自己的意思，并开始尝试说一些复合句。幼儿所说的句子逐渐变长，结构也日趋完整和复杂，由多种词类组合而成。同时，2—3 岁幼儿的词汇量增长非常迅速，几乎每天都能掌握新词，并且他们学习新词的积极性非常高。

二、1—3 岁幼儿言语发展阶段的保教要点

1. 提供言语示范，鼓励语言模仿与表达

在 1.5—2 岁阶段，幼儿掌握的词汇更加多样、丰富，同时语言表达开始出现"妈妈抱"和"洗手、吃饭"这样的电报句。不过，此时幼儿在语句的表达上仍处于尝试阶段，经常

会出现语序颠倒、表达不清的情况。保教人员应为幼儿创设宽松愉快的语言环境；提高自身的口语素养，为幼儿提供良好的言语示范，引导幼儿学习表达自己的需求。

2. 创设良好的阅读环境，进行早期阅读

对于2岁的幼儿来说，前阅读发展的重点是听简短的故事，开始探索书籍的特性，并对图片产生意识。因此，保教人员应为幼儿准备适合早期阅读的材料，如带有大图画和简单故事的各种绘本；创设良好的阅读环境，如确保光线充足、柔和，保持周围环境安静。在开展早期阅读活动时，保教人员的语言应清晰缓慢，同时注重使用恰当的肢体言语，生动形象地进行故事讲读和表演，从而激发幼儿早期阅读的兴趣，促进他们语言理解能力的发展。

3. 关注语言发展的个体差异，及时进行个别指导

此阶段幼儿的语言发展普遍较快，已进入语言爆发期。但是，也有幼儿可能还没有进入语言爆发期，甚至很少说话。对于这类幼儿，保教人员不能急于求成，可以多观察幼儿语言的发展状况，为他们提供充分的锻炼机会，引导他们想说、敢说、会说，但不强求。对于迟迟不肯说话的幼儿，可以先通过观察和沟通来了解可能的原因。如果确实有语言发展迟缓的问题，应建议家长带孩子咨询专业人员进行诊断和治疗。

· 教养实践 ·

语言游戏：小动物在哪里（2岁左右）

1. 材料准备

动物图片（小鸡、小鸭、小猫、小狗），并将图片四散放在活动室周围，模拟小动物的家。

2. 游戏玩法

师幼一起拍手念节奏儿歌：小动物爱游戏，跑到外面去玩耍，请你快快躲躲好，马上我就要来找。在念完儿歌后，幼儿自主找小动物的家并躲起来。待幼儿躲好后，教师走到小猫家，眼睛看着小猫询问："小猫小猫在哪里？"躲在小猫家的幼儿回答："喵喵喵喵，在这里。"被找到的"小猫"跟着教师一起去找其他小动物。当走到小鸡家时，"小猫"和教师一起询问："小鸡小鸡在哪里？"躲在小鸡家的幼儿说："叽叽叽叽，在这里。"依次类推找到所有的小动物，游戏结束。

3. 游戏提示

（1）教师可以根据幼儿的言语发展情况，从引导幼儿一起念"叽叽叽叽，在这里"逐步过渡到让幼儿独立表达。

（2）教师要关注并帮助幼儿练习正确发音；鼓励幼儿模仿不同的小动物，反复进行游戏。

探索 3　　幼儿是如何从"会说"到"说好"的?

情景1：3岁的亮亮在幼儿园见到老师后，轻声细语地说："老西好！老西好！"

情景2：4岁的航航对妈妈说："妈妈，天太热了，我们到大树下，冷静冷静。"

情景3：5岁的佳佳经常会把"一匹马"说成"一个马"或者"一只马"。

请小组合作，查阅资料并结合学习支持3的内容，分析案例中幼儿言语表达的特点，并说一说如何促进幼儿的言语发展。

....

....

....

....

....

学习支持 3

★ 3—6 岁幼儿言语的发展及保育

一、3—6 岁幼儿言语的发展

3—6 岁幼儿言语的发展主要是口头言语方面的发展，表现在语音、词汇、语法、口头表达能力等方面。

1. 语音的发展

随着发音器官的成熟，4 岁的幼儿已经能够掌握本民族或本地区语言的全部语音，并达到发音基本正确的水平。但是，3—4 岁的幼儿由于牙齿、舌头等运动不够有力，下颌不够灵活，听觉的分辨能力较差，因此不易辨别和运用发音器官的某些部位，或者不能掌握某些发音方法。此外，受环境和教育的影响，该年龄段的个别幼儿仍存在某些发音不清楚或发音错误的现象，如幼儿的发音错误多集中在辅音（zh、ch、sh、z、c、s 等）方面。

2. 词汇的发展

（1）词汇量增长迅速。词汇的发展是言语发展的重要标志之一。幼儿期是人一生中词汇数量增加最快的时期。有研究表明，3 岁幼儿的词汇量大约为 1000 个，4 岁幼儿的词汇量大约为 1730 个，5 岁幼儿的词汇量大约为 2583 个，6 岁幼儿的词汇量大约为 3562 个。

（2）词类范围扩大。幼儿掌握的词汇不断增加，且沿着"名词—动词—形容词—数量词"的顺序发展。各类词汇的内容不断扩大，从与日常生活有关的词逐步发展到与日常生活关系较远的词。但是，幼儿的词汇量并不等同于他们正确运用的数量，这与幼儿对词义的理解有关。

（3）词义理解尚不准确。幼儿对词义的理解受到思维发展水平的制约，常有理解过宽或过窄的现象。例如，把"粗"说成"胖"，把猴子身上的"毛"说成"羽毛"，把"草地"称为"草原"，把"调料"说成"肥料"，把"水果"与"桃子"当作同级概念等。此外，幼儿对词的理解更多的是对其具体意义的理解，因此，对于过于抽象的词，或远离幼儿生活的词，幼儿理解起来还有困难。在此阶段，幼儿还会出现"造词现象"，如把一双鞋说成"两个鞋"，将鸡蛋糕说成"蛋黄糕"等。

3. 语法的发展

语法是组词成句的规律，词汇必须按照一定的语法构成句子，这样才能表达思想。幼儿语法的发展主要体现在句子的长短和幼儿对各种句式的运用上。

研究者以词为单位对幼儿的平均句长进行统计，结果发现：2 岁幼儿的平均句长为 3.23 个词，4 岁幼儿的平均句长为 4.75 个词，6 岁幼儿的平均句长为 5.22 个词。幼儿虽然已经能够熟练说出合乎语法的句子，但并不能把语法当作认识对象，他们只是从言语习惯上掌握语法。专门的语法知识的学习要到小学才能进行。

4. 口头表达能力的发展

3 岁前的幼儿，与成人的言语交际主要是对话言语，往往仅限于回答成人提出的问题，有时也向成人提出一些问题或要求。3 岁以后，随着幼儿活动能力的发展，他们常常离开成人从事各种活动，从而获得自己的经验、体会和印象等。他们渴望把自己的各种体会、经验等告诉成人，这就促进了幼儿独白言语的发展。在正确的教育引导下，一般到幼儿晚期，幼儿便能较清楚、系统、绘声绘色地讲述看过或听过的事件或故事了。

二、3—6 岁幼儿言语发展阶段的保教要点

1. 提高幼儿倾听能力的保教措施

（1）树立良好的倾听榜样。《3—6 岁儿童学习与发展指南》指出：成人要注意语言文明，为幼儿做出表率。例如：与他人交谈时，成人应认真倾听，使用礼貌用语；幼儿在表达意见时，成人可以蹲下来，眼睛平视幼儿，耐心听他把话说完。保教人员要专注倾听每一个幼儿的发言，无论幼儿的发言是对还是错，是流畅还是吞吞吐吐，都要专心倾听。

对于特别喜欢发言但说不到"点子"上的幼儿，保教人员不能表现出厌烦的情绪，要耐心地听完，可以稍作点拨，也可以用简洁的语言帮助他概括要表达的内容。

（2）利用游戏培养幼儿的倾听习惯。游戏是托幼机构教育的基本活动，保教人员可以通过设计游戏活动，培养幼儿的倾听习惯。例如，保教人员可以组织幼儿进行传话游戏，这种游戏既可以在托幼机构组织开展，也可以在家庭中开展，如让爸爸告诉孩子一句话，

请孩子告诉妈妈（或爷爷、奶奶）。经常性地开展传话游戏能培养幼儿仔细倾听的能力和习惯。

（3）运用讨论评价法提升倾听能力。保教人员应当鼓励幼儿参与话题讨论，评价其他幼儿的讲话内容，引导他们养成良好的倾听习惯，提升倾听能力。幼儿只有在安静地听他人说话，并集中注意力理解他人说话的情况下，才能参与到后来的话题讨论中，进而对他人进行评价。

▲ 图3-2-3 保教人员需引导幼儿仔细倾听

2. 提高幼儿表达能力的保教措施

（1）创设说话的氛围，使幼儿愿意表达。作为保教人员，应让幼儿从内心真正接受你，使幼儿产生说话的欲望；创设机会让幼儿自由地交谈，不要过多干预；平时多与幼儿交流，抓住每一个锻炼幼儿说话的机会。这些措施对幼儿的言语发展有很大的帮助。

（2）有意识地引导，为幼儿创造表达的机会。保教人员需提高自身对幼儿言语的敏感性，有意识地主动与幼儿交流。特别是当幼儿在日常表达中遇到说不清楚的词语或者发不清楚的音时，保教人员可在平时的交流中进行引导和纠正。此外，保教人员还可以教幼儿念儿歌、顺口溜，或引导他们自行编创这些内容，以此增加幼儿言语练习的机会。

（3）引导家长为幼儿创设表达的环境和机会。宽松、融洽的家庭氛围和民主的教养方式，同样可以促进幼儿表达能力的发展。保教人员应引导家长多创设有助于幼儿语言表达的家庭环境，同时引导家长多给幼儿表达的机会，通过家园共育来提高幼儿的语言表达能力。

教养实践

故事屋——说不完的故事

涵涵和菁菁在一起玩故事屋的游戏。涵涵选了三张图片，分别是小兔、草地、气球，并放在故事屋里。涵涵想了想说："小兔拿着红气球，走到草地上，找朋友一起玩。"菁菁看了看，将图片的顺序换为草地、气球、小兔，说："草地上，红气球在飞呀飞，小兔跟着气球追呀追。"一旁的悦悦看见了，边手舞足蹈边讲道："草地上，小兔蹦蹦跳跳，看见红气球从天上飞过来，小兔说'红气球，我想和你一起飞'。"最后"飞"的动作没稳住，悦悦轻轻地摔倒在地，逗得孩子们哈哈大笑。每天故事屋的笑声很多，简单、自由、宽松的学习氛围，加上孩子们丰富的想象力和肢体动作，使他们乐此不疲。在故事屋里，幼儿通过互动学习、相互影响，从只能说简单的一个短句逐步过渡到能说出丰富的、有情节的一段故事，这不仅增进了幼儿的语言表达能力，还促进了想象力的发展。

探索 4　幼儿是如何从"说"到"读"的?

　　6 岁的婷婷拿着图书专心地看着,边看边有声有色地讲述着故事:"一天,一只可爱的小兔子对妈妈说,我要逃走了。妈妈听了有点惊讶,她对小兔子说,你要是逃走了,我就要一路追着你,不然你会丢掉,因为你是我心爱的宝贝呀……"

　　请小组合作,查阅资料并结合学习支持 4 的内容,分析案例中幼儿阅读能力的发展阶段,并说一说如何促进幼儿前阅读能力的发展。

....
....
....
....
....

学习支持 4

★ 3—6 岁幼儿前阅读能力的发展及保育

　　幼儿在进入小学之前已经能够阅读,但从阅读的材料来看,他们的读物更多的是图画、符号,而不是单纯的文字材料;从阅读的方式来看,他们除了自己看图画、符号,猜测、想象内容外,还可以借助成人的帮助来阅读。这一时期的阅读活动,是真正意义的阅读准备时期,也称为前阅读时期。

　　周念丽把幼儿的前阅读时期大体分为三个阶段:第一阶段为分析阶段。这一阶段的幼儿,由于生活经验的不足和理解能力的限制,对图画的理解常常是单个的、局部的。他们对图画内容的表达常常处于"给物体命名"的阶段,即说出"这是什么,那是什么"。第二阶段为综合阶段。这一阶段的幼儿,开始能够根据图画中事物之间的联系,把图画上的内容经过组织后表达出来,但是表达得还不够连贯。第三阶段为分析综合阶段。该阶段幼儿开始能够完整地理解画面的内容,能够把看到的和说出的统一起来,从而达到把看到并理解的图画内容正确而迅速地用语句说出的程度。

　　为了促进幼儿前阅读能力的发展,托幼机构和家长可以采取以下做法。

一、托幼机构的做法

1. 引导幼儿喜欢听故事、看图书

　　(1)为幼儿提供良好的阅读环境和条件。比如,保教人员可以提供一定数量、符合幼

儿年龄特点、富有童趣的图画书；创设相对安静的环境，尽量减少干扰，保证幼儿自主阅读的顺利进行。

（2）激发幼儿的阅读兴趣，培养阅读习惯。比如，保教人员可以经常与幼儿一起看图书、讲故事；提供童谣、故事和诗歌等不同体裁的儿童文学作品，让幼儿自主选择和阅读；当幼儿遇到感兴趣的事物或问题时，和他们一起查阅图书资料，让他们感受图书的作用，体会通过阅读获取信息的乐趣。

▲ 图 3-2-4　保教人员为幼儿讲故事

（3）引导幼儿体会标识、文字符号的用途。比如，保教人员可以向幼儿介绍交通信号灯、垃圾桶等生活中的常见标识，让他们知道标识代表的意义；结合生活实际，帮助幼儿体会文字的用途，如当购入新玩具时，把说明书上的文字念给幼儿听，以帮助他们了解玩具的玩法，切身体会文字符号的作用。

2. 培养幼儿具有初步的阅读理解能力

（1）经常和幼儿一起阅读，引导他们基于自己的经验来理解图书的内容。比如，保教人员可以引导幼儿仔细观察画面，结合画面讨论故事内容，尝试将画面与故事内容建立联系；和幼儿一起讨论或回忆书中的故事情节，引导他们有条理地说出故事的大致内容；在给幼儿读书或讲故事时，可先不告诉他们故事的名称，让他们听完后自己命名，并说出这样命名的理由；鼓励幼儿自主阅读，并与他人讨论自己在阅读中的发现、体会和想法。

（2）在阅读中发展幼儿的想象和创造能力。比如，保教人员可以鼓励幼儿依据画面线索讲述故事，大胆推测、想象故事情节的发展，改编故事部分情节或续编故事结尾；鼓励幼儿用表演、绘画等不同的方式表达自己对图书和故事内容的理解；鼓励和支持幼儿自编故事，并为自编的故事配上图画，制成图画书。

（3）引导幼儿感受文学作品的美。比如，保教人员可以有意识地引导幼儿欣赏或模仿文学作品的语言节奏和韵律；给幼儿读书时，通过表情、动作和抑扬顿挫的语调来传达书中的情绪情感，让幼儿体会作品的感染力和表现力。

二、家庭的做法

1. 为幼儿提供多样化的读物

家长可以在幼儿活动的场所为他们提供随手可取的图书或其他文字游戏材料，使幼儿能随时随地接触图画和文字。此外，家长还要注意所提供图书的多样性，让幼儿能够接触不同体裁和题材的读物。

2. 使用正确的方法指导幼儿阅读，培养阅读能力

（1）朗读熏陶。家长应经常为幼儿朗读，最好能每天安排在一个固定的时间进行，这样不仅可以使亲子关系更为亲密，而且可以培养幼儿良好的阅读习惯。

（2）观察理解。家长在与幼儿一起看书时，不仅要引导幼儿认真听，而且应引导他认真看画面，通过画面帮助幼儿理解内容，培养观察能力。

（3）交流互动。家长在给幼儿讲完一个故事后，应与幼儿就这个故事的内容有目的地进行交谈，以此了解幼儿的理解程度。在交流时，应以幼儿讲述为主，家长注意倾听，并及时引导幼儿的话题，既可以紧紧围绕故事主题开展，又可以联系自身或周围的生活。

· 教养实践 ·

阅读活动：春天的电话（大班）

张老师一边翻阅图书一边给小朋友们讲故事。当张老师翻阅到小白兔打电话的页面时，问道："小白兔在给谁打电话，会说什么呢？"墨墨说："在给小蛇打电话。"张老师接着问："小白兔看到的春天是什么样的？"轩轩站起来说："树叶长出嫩芽。"墨墨说："河里的冰融化了。"浩浩说："路边的小花盛开了。"张老师说："你们说的都是春天的美景。小白兔给小蛇打电话会怎么说呢？谁来试试打电话。"轩轩模仿打电话的动作说："喂，小蛇吗？春天来了，树叶长出很多很多嫩芽，快出来看吧！"墨墨说："喂，小蛇吗？春天来了，河里的冰融化了，快来游泳吧！"浩浩说："喂，小蛇吗？路边的小花盛开了，快来看花吧！"张老师拍手鼓掌说："太棒了，你们都有一双发亮的眼睛，找到了不一样的春天。"

在线阅读
《幼儿园教育指导纲要（试行）》

每个孩子对春天的感受经验是不一样的，所以阅读的答案也不是唯一的。保教人员要顺应幼儿的经验，跟随他们的阅读视角，引导他们理解画面内容，鼓励他们大胆表达自己对画面的理解，发挥他们的想象力，从而提升他们的阅读能力。

· 家园沟通 ·

根据本学习活动所学知识，保教人员在开展家园沟通工作时，可参考以下内容：

（1）引导家长认识到持续不断的语言刺激、及时的回应、早期阅读等对婴幼儿言语发展的重要性。

（2）鼓励家长尽可能多地对婴儿说话，与他们交流，并对婴儿的发音行为给予及时回应。

（3）引导家长为幼儿提供符合其年龄特点的读物，并指导家长使用正确的方法陪伴幼儿阅读，培养幼儿的阅读习惯。

（4）鼓励家长多带婴幼儿参加各种活动，以拓宽婴幼儿的生活经验，丰富其言语内容，并增强他们的理解和表达能力。

-------------------- ○ **学习水平评价表** ○ --------------------

评价内容	观测点	分值	得分
0—1岁婴儿前言语的发展及保育	· 能正确说出婴儿前言语阶段发音练习的三个阶段（9分） · 能正确说出婴儿前言语阶段的保教要点（11分）	20分	
1—3岁幼儿言语的形成及保育	· 能复述1—3岁幼儿言语发展的阶段及其发展特点（9分） · 能根据1—3岁幼儿言语发展的阶段及其发展特点，分析1—3岁幼儿言语发展的水平及所处阶段（11分）	20分	
3—6岁幼儿言语的发展及保育	· 能正确说出3—6岁幼儿在语音、词汇、语法、口头表达能力等方面的发展特点（9分） · 能正确选择可促进婴幼儿言语发展的保教措施（11分）	20分	
3—6岁幼儿前阅读能力的发展及保育	· 能说出婴幼儿前阅读能力发展的三个阶段（6分） · 能说出托幼机构及家庭在促进幼儿前阅读能力方面的保教要点（至少各2条）（14分）	20分	
素养目标达成情况	· 能在学习过程中主动提出疑问或分享自己的观点（10分） · 能根据婴幼儿言语发展的特点因材施教，耐心、细致地促进婴幼儿言语的发展（10分）	20分	
总　分		100分	

-------------------- ○ **课后练习** ○ --------------------

在线自测

一、**单选题**

1. 当1岁半的幼儿想给妈妈吃饼干时会说"妈妈，饼，吃"，并把饼干递过去。这表明该阶段幼儿语言发展的主要特点是（　　）。

　　A. 电报句　　　　　B. 完整句　　　　　C. 单词句　　　　　D. 简单句

2.3—5岁幼儿常常自己造词，出现"造词现象"，这说明（　　　）。

　A. 幼儿词汇贫乏，词义掌握不确切　　　　　B. 幼儿的词汇量在不断增加

　C. 幼儿的智力发展有了质的飞跃　　　　　　D. 幼儿的言语表达能力不断增强

3.1.5—2岁幼儿所使用的句子主要属于（　　　）。

　A. 单词句　　　　　　　B. 电报句　　　　　C. 完整句　　　　　　D. 复合句

4.3—6岁幼儿言语发展的主要任务是（　　　）。

　A. 发展情境言语　　　B. 发展对话言语　　　C. 发展书面言语　　　D. 发展口头言语

5. 以下说法正确的是（　　　）。

　A. 幼儿掌握词类的正确顺序是：名词→形容词→动词

　B. 处于前言语阶段的婴儿不会说话，因此成人不需要跟婴儿有过多的交流

　C. 3—4幼儿仍存在某些音发不清楚或发出错误的音的现象，这些均属于正常现象

　D. 幼儿语言的发展比较均衡，不存在个体差异

二、简答题

1.1—3岁幼儿的言语发展分为哪几个阶段？各阶段有哪些特点？

2. 简要阐述促进幼儿语言表达能力的保育措施。

三、拓展题

　阅读案例，回答问题。

　14个月的浩浩在被妈妈抱着时，着急地往柜子的方向挣扎，嘴里发出"ta，ta"的音。妈妈先给他拿出手指饼干，他又摇头又摆手，发出"xi，xi"的音。妈妈于是给他拿玩具小车，问道："是这个吗？"他用力喊："xi，xi。"妈妈便拿了一辆玩具小车放在浩浩的手里，他的脸上露出了笑容。

　问题1：此案例反映出婴幼儿言语发展中的哪些特点？

　问题2：在促进婴幼儿言语发展的保教过程中，保教人员和家长应注意哪些方面？

模块 4 婴幼儿情绪情感、个性与社会性发展的特点及保育

任务概述

　　婴幼儿期是儿童情绪情感、个性与社会性发展的重要时期，表现为情绪情感的交流与控制、个性特征的逐步形成，以及各种社会性需要和行为（如亲子依恋、同伴交往、亲社会行为等）方面的迅速发展。婴幼儿个性与社会性的发展是其日后人格发展的重要基础。

　　本模块主要介绍婴幼儿情绪情感、个性与社会性的概念和类型，发生与发展的过程和特点，以及相应的保教要点，并通过案例的形式展现托幼机构在促进婴幼儿心理发展方面的实践做法。

建议学时

9 学时

学习活动 1（3 学时）

婴幼儿情绪情感发展的特点及保育

学习活动 2（3 学时）

婴幼儿个性发展的特点及保育

学习活动 3（3 学时）

婴幼儿社会性发展的特点及保育

阅读笔记

学习活动 1 婴幼儿情绪情感发展的特点及保育

学习目标

☑ 能概述情绪情感的定义、分类及其对婴幼儿心理发展的意义。

☑ 能根据婴儿情绪发生与发展的特点，采用恰当的保教措施，以提高婴儿的情绪调节能力。

☑ 能根据幼儿情绪情感发展的规律和特点，采用恰当的保教措施，以培养幼儿积极的情绪情感。

☑ 能根据婴幼儿情绪情感发展的特点，向家长提出适宜的教养建议，并与家长进行有效的沟通。

☑ 能根据婴幼儿情绪情感发展的特点因材施教，促进婴幼儿心理的健康发展。

☑ 能主动获取并整理有关婴幼儿情绪情感发展保教的有效信息，乐于展示学习成果，并能对本学习活动的学习情况进行总结和反思。

课前小活动

☑ 预习本学习活动内容，完成案例导入中的思考题及各探索活动。

☑ 通过调研，列举 25—36 个月幼儿的情绪发展特点。

☑ 扫描二维码，阅读"0—3 岁婴幼儿情感与社会发展要点"。

在线阅读
0—3岁婴幼儿情感与社会发展要点

案例导入

谁的椅子

　　吃点心的时间到了，中班的孩子们陆续来到餐厅用餐。靓靓慢慢地走进餐厅并张望了一下，当他看见诚诚坐在自己的位置上时，皱着眉头对诚诚大喊道："我的！这是我的椅子！"诚诚像没听到一般，继续悠闲地吃着点心。靓靓开始着急了，快步上前，伸出双手一把拉住诚诚坐着的椅子。诚诚回头看了一眼，并没有站起身来要让座的意思。靓靓见状，喊得更大声了："这是我的椅子！你快让开！"喊叫声引起了张老师的注意，张老师正要走向他们，只见靓靓猛地用力，一把抽掉了诚诚正坐着的椅子。诚诚一屁股坐到地上，愣了一下后大哭了起来。

　　张老师赶忙来到诚诚的身边，在确认他没有受伤后，先安抚他坐下。然后，张老师走到了靓靓的面前，蹲下身问道："靓靓，你刚才这样做对吗？"靓靓有些慌了，连忙说："不对。""那你为什么要拉诚诚的椅子呢？"张老师继续问道。靓靓顿时有了些底气，回答道："因为这是我一直坐的椅子！"张老师又问道："想一想，我们吃点心时，小朋友是怎么坐的？"靓靓抬起头，说："好像是在橘子组里可以随便选位子坐！"张老师微笑着摸了摸靓靓的头说："瞧，你的记性可真好！所以，诚诚到底有没有坐错位子呢？"靓靓立刻回答道："诚诚没错！我应该去和他说'对不起'！"张老师点点头说："靓靓真棒，快去吧！"

（由施晓辰老师提供）

思考　靓靓为什么会发脾气？张老师是如何帮助他平复情绪的？

　　情绪是心理活动中的一个非常重要的部分，我们几乎每时每刻都能体验到不同的情绪：喜悦、兴奋、沮丧、悲伤、恐惧、忧虑等，每一种情绪都会引起我们不同的感受，并可引发一系列的行为变化。

　　从科学理论的角度来讲，情绪并没有好坏之分。但是，积极的、正面的情绪有助于培养婴幼儿良好的性格，提高婴幼儿的认知水平及社会交往的能力；而负面的、消极的情绪则会影响婴幼儿的身心健康，对其今后的生活、学习、工作也会产生不良影响。

　　0—6岁的婴幼儿正处于性格形成和情绪发展的关键期。该阶段情绪的发生，既有一般规律，又有个别差异，且这些情绪反应随着婴幼儿年龄的增长而发生有规律的变化。保教人员要充分理解各种情绪反应背后的信号，敏锐地捕捉婴幼儿情绪的变化规律，及时做出恰当的回应，帮助婴幼儿获得良好的情绪体验，从而培养他们内在的感知力。

小链接　⊟ ◻ ✕

健康情绪的特征 [1]

　　良好的情绪是个体心理健康的重要标志，也是个体适应现代社会复杂人际关系的社

---

[1]　邓赐平.儿童发展心理学（第四版）[M].上海：华东师范大学出版社，2023：245.

会化水平重要标志。良好的情绪或健康的情绪具有下列几个特征:

（1）正向情绪或积极情绪占优势（严重缺乏积极情绪会使人变得冰冷和残酷）。

（2）情绪稳定。

（3）情绪体验丰富多样（情绪贫乏会难以应对突如其来的变化和挫折）。

（4）正视自己的情绪（而不是逃避、否认、压抑）。

（5）适时、适地、适度地（以符合社会规定的"表达规则"）表达情绪。

（6）能及时、合理地宣泄、转移和摆脱不良情绪的困扰，避免不良情绪（如恐惧等）随时间的推移而变得更加强烈和泛化。

探索 1　何为情绪情感？它有哪些类型？

观察图4-1-1、图4-1-2中婴儿的面部表情，思考以下问题。

▲ 图4-1-1　婴儿的表情（1）

▲ 图4-1-2　婴儿的表情（2）

（1）图片中婴儿的面部表情，分别表达了什么情绪？

（2）婴儿有哪些基本情绪？

学习支持 1 💡

★ 情绪情感概述

情绪情感与人的需要密切相连，是人的主观体验，是人对自己心理状态的自我感觉。人的情绪情感不是凭空产生的，它是由一定的外界刺激情境引发的。不同的个体对同一件事物会有不同的认识，获得不同的体验，进而也会因为不同的需求而产生不同的情绪情感。

一、情绪情感的概念

心理学家提出了许多关于情绪的定义。例如：詹姆斯－兰格情绪理论认为，情绪是对特殊刺激产生的机体变化的知觉。拉扎勒斯的认知评价理论则认为，情绪是个体对环境事件知觉到有害或有益的反应，是人与环境相互作用的产物。坎波斯等人给出了情绪的操作性定义：情绪是个体试图或准备去建立、维持、改变自身与对其具有重要意义的环境之间的关系。[①] 我国心理学家孟昭兰认为，情绪是多成分组成、多维量结构、多水平整合，并为有机体的生存适应和人际交往而同认知交互作用的心理活动过程和心理动机力量。本教材倾向于采纳心理学家孟昭兰对情绪的定义。

情感是对客观事物与人的需要之间的关系的反映，是人类特有的。婴幼儿情感的发展随着年龄的增长而逐渐分化。

情绪和情感这两个概念，既有区别，又有联系。情绪出现得较早，多与生理需要相联系；情感出现得较晚，多与社会需要相关。情绪是情感的具体形式和直接体验，情感是情绪的深化和本质内容，两者不可分割。为此，本学习活动将情绪和情感结合在一起介绍。

二、情绪情感的种类

情绪情感是人对客观事物是否符合自身需要而产生的主观体验。下文将介绍情绪和情感的分类。

1. 基本情绪

我国古代将人的情绪分为喜、怒、哀、乐、爱、恶、惧七种基本类型。现代心理学一般将情绪分为快乐、愤怒、悲哀、恐惧四种基本形式，它们通常被认为是最原始的情绪。

（1）快乐。快乐是人类最早体验到的基本情绪之一，是人们在达成期望的目的后，或者某种需要得到满足时所产生的情绪体验。我国心理学家孟昭兰认为，在人的生命长河中，人们从自己的事业成就和社会交往成就中得到快乐，这一点要自儿童时期做起。例如，成人可以让婴幼儿参加游戏，同他人玩耍，这样能引起婴幼儿短时的欢乐，对他们是有益的。此外，成人也应该与婴幼儿分享快乐。

[①]　戴蒙，勒纳.儿童心理学手册（第六版）第三卷：社会、情绪与人格发展 [M].林崇德，李其维，董奇，等译.上海：华东师范大学出版社，2009:254.

（2）愤怒。愤怒是一种激活水平很高的爆发式负性情绪，是指人们在实现某种目的的过程中受到了挫折，或者愿望不能够得到满足时所产生的情绪体验。例如，婴幼儿在愤怒的时候会大喊大叫、拳打脚踢、撕扯咬人或者打滚耍赖等。

（3）悲哀。悲哀是人们在失去某种重视或追求的事物时所产生的情绪体验。悲哀的程度取决于失去的东西的重要性和价值大小，也依赖于主体的意识倾向和个体特征。悲哀根据其程度不同，可细分为遗憾、失望、难过、悲伤、极度悲痛。

（4）恐惧。恐惧是一种有害的具有压抑作用的情绪，是指人们在因面对某些事物或身处某些特殊情境而感到危险或可能受到伤害时所产生的情绪体验，如怕黑、怕打雷、怕陌生动物的叫声、怕生人、怕陌生的环境等。

上述四种基本情绪能派生出许多复杂情绪。复杂情绪都是从基本情绪发展而来的，是若干个基本情绪的组合。新生儿是带着原始情绪来到这个世界上的，他们首先获得的是基本情绪，而后随着生活经验的日益丰富、身心的不断发展，复杂情绪才开始渐渐地发展起来。

2. 情绪状态

情绪状态指的是一个人在特定的生活环境中，在一段时间内所产生的情绪体验。依据情绪发生的强度、速度、持续性和紧张度，情绪状态可以分为心境、激情、应激和挫折感。

（1）心境。心境是在某一时间段内的一种微弱、持久且具有感染性的情绪状态，也叫心情，如心灰意冷、苦闷和心情舒畅等。"感时花溅泪，恨别鸟惊心""忧者见之而忧，喜者见之而喜"等诗句，反映的就是当人处于某种心境时，会以同样的情绪状态看待周围的一切事物，使个体的活动染上某种情绪色彩。

（2）激情。激情是一种强烈、短暂、爆发式的情绪体验，如狂喜、暴怒、绝望等。激情往往由生活中与人关系重大而又突然的事件引起。激情对人的行动有很大的影响，会引起一些鲁莽的、不假思索的行为，同时还会伴随剧烈的生理状况的变化，如拍案而起、怒发冲冠等。但是，人如果能意识到自己的激情状态，就可以有意识地对其进行调节和控制。

（3）应激。应激是在出乎意料的紧张情况下或危险情境中所产生的情绪状态，是人对意外的环境刺激做出的适应性反应。在应激状态下，人可能有两种表现：一种是急中生智，从而解决或者完成一些平时做不到的事情；另一种是惊慌失措，从而影响个体的判断和行为，导致错误百出。由于人在应激状态中会出现一系列激烈的生理反应，因此，如果长时间处于应激状态，人体内的生化环境就会失调，抵抗疾病的能力就会下降，容易受到疾病侵袭。

（4）挫折感。挫折感是一种持久的、消极的情绪体验，如失望、消沉、压抑、沮丧、怨恨等。对于婴幼儿来说，他们会因在蹒跚学步时反复摔倒而产生失败感；因在探索未知事物时，自己的想法没有办法实现而感到沮丧。

3. 情感的种类

情感是与人的社会性需要相联系的体验，是一种社会情感，是人类所特有的。情感主要包括道德感、理智感和美感。

（1）道德感。道德感是人在评价自己或别人的行为是否符合社会行为道德标准时所产生的内心体验，它是在掌握道德标准的基础上产生的。对于婴幼儿来说，他们的道德感体现在喜欢听表扬、鼓励的话，不喜欢听批评的话，以及受到批评会不高兴或者难为情等。

（2）理智感。理智感是人在对认知活动成就进行评价时所产生的情绪体验。比如，人在发现、发明、创造的过程中所产生的怀疑、惊讶、喜悦及烦恼等都属于理智感。理智感与求知欲、兴趣、渴求解决问题等情感相联系。对于婴幼儿来说，他们在探索事物的过程中不断向成人提出这是什么、为什么等问题（产生疑惑），以及在获得成功时所感到的愉快、自豪，遇到困难、挫折时所产生的烦恼等，都属于理智感。

（3）美感。美感是个体在评价事物是否符合审美标准时所产生的情感体验。美感的产生与一个人的鉴赏能力和必要的知识经验有关。对于婴幼儿来说，他们的美感主要表现为喜欢色彩鲜艳的事物，或很早就显露出来的对音乐、舞蹈、画画的喜爱。

三、情绪情感对婴幼儿发展的意义

情绪情感是婴幼儿心理发展中的重要方面，在婴幼儿的身心发展过程中有着非常重要的意义。婴幼儿年龄越小，情绪情感的影响就越直接。谢亚力在《早慧儿童的奥秘》一书中指出，0—6个月婴儿的学习相对简单，他们全神贯注于自身的情绪，在循环往复中体验情绪性状，从而形成情绪惯性，由此打下进一步向环境认知的基础。[①] 情绪情感对婴幼儿的意义主要包括以下四个方面。

1. 对婴幼儿心理活动和行为的作用

很多研究表明，情绪情感对婴幼儿的心理活动和行为具有非常明显的激发作用。情绪情感可以直接驱动、促使婴幼儿某种行为的发生或者抑制某种行为的出现。例如，在情绪愉快时，婴幼儿愿意配合刷牙、洗脸或学习某些本领；在不高兴的时候则会拒绝任何活动，还会发脾气、咬人等。这就印证了"儿童是情绪的俘虏""儿童凭兴趣做事"的说法，也反映了情绪情感对婴幼儿行为的支配作用。

2. 对婴幼儿认知发展的作用

皮亚杰认为，知识永远不会先于情感。情绪情感对婴幼儿的认知活动起着促进或抑制作用。感知、记忆、注意、思维都会影响情绪，同时受到情绪的调节。例如，兴趣、热情与认知、操作相结合，可以促使婴幼儿思维活跃、记忆力加强、注意力集中，使认知能力不断提高。反之，如紧张、悲伤、恐惧等负面情绪则会抑制婴幼儿智力的正常发挥，从而影响他们的认知发展。

3. 对婴幼儿人际交往的影响

在掌握语言之前，婴儿主要通过情绪信息与成人交流，以此向成人传达他们的需求。例如，新生儿通过啼哭来表达饥饿、身体不舒服、尿湿等状态；通过微笑来表达舒适和愉快；通过皱眉、摆头等动作来表达厌恶。另外，婴儿虽然听不懂成人的话语，但能从成人的表情中获得情绪信号，从而实现沟通交流的目的。表情作为情绪情感的外部表现，是人与人进行信息交流的重要手段。在婴幼儿初步掌握语言之后，表情仍旧是他们与成人或同伴进行社会

① 沈雪梅 .0—3 岁婴幼儿心理发展 [M]. 北京 : 北京师范大学出版社，2019：171.

性交往的重要工具。

4. 对婴幼儿个性形成的作用

婴幼儿期是个性形成的奠基时期，情绪情感对婴幼儿未来性格的形成具有重要作用。诸多研究表明，在生命的前三年中，养育者的长期爱护和关注，会使婴幼儿形成活泼、开朗、自信、信任的情绪特征；反之，长期缺乏养育者的关怀和抚爱，则会使他们形成孤僻、胆怯的性格。

探索 2 婴儿的情绪是如何发生与发展的？

乐乐5周大了，他最喜欢妈妈抱着他，低头凝视他的脸，并温柔地对他说话。虽然他听不懂妈妈在说什么，但是妈妈温暖、轻柔的声音和带着笑意的双眼总是能吸引他的注意力。乐乐妈妈也确信，乐乐脸上闪过的那些微笑是有意义的。

请结合学习支持2中的内容，思考以下问题。

（1）妈妈是如何与5周大的乐乐交流的？

（2）乐乐脸上闪过的微笑有什么含义？

学习支持 2

⭐ **婴儿情绪的发展及保育**

婴儿的诞生是一个重要的时刻。这些皮肤红通通、皱巴巴的小生命究竟是如何与外界进行交流并建立联系的呢？他们又是如何传达自己的需求的呢？作为成人，我们应当如何解读婴儿的表达呢？

一、情绪的表达

情绪的表达是指个体将其情绪体验经由行为活动表露于外，从而显现其心理感受，并借以达到与外界沟通的目的。婴儿天生就具有情绪表达的能力，他们靠着这种能力与成人交流、传递信息，以满足自身的各种需要。

　　婴儿的情绪表达与其生理需要是否得到满足有直接关系。例如，婴儿在饥饿、尿湿时会哭，在吃饱、睡足时会变得愉悦、安静。早在19世纪，进化论的创立者查尔斯·达尔文就指出，人类的面部表情是天生的，而不是习得的。0—6个月的婴儿已经拥有所有的基本情绪，但不同情绪的出现时间不一。

1. 婴儿的哭

　　新生儿的第一声啼哭宣告了他的降临，也开启了他与外界交流的大门。哭是新生儿与世界交流的重要机制。新生儿哭的原因有很多，归纳起来主要分为两类：生理性啼哭和心理性啼哭。

　　（1）生理性啼哭。由于新生儿对环境的适应能力低，他们常常会用哭喊来表示饥饿、寒冷、机体不舒服或疼痛等，这类啼哭常常伴有闭眼、号叫和蹬腿等行为的发生。这类反映生理需要的啼哭，是成人判断婴儿需求的重要依据。这类啼哭在婴儿早期阶段发生频繁，但随着生长发育而逐渐减少，6个月以后便很少出现。

　　（2）心理性啼哭。这类啼哭主要发生在机体受到持续存在的不良刺激的时候，如愤怒时的啼哭、惧怕时的啼哭和感到挫败时的啼哭等。这类啼哭带有明显的面部表情，是成人判断婴儿心理需求的信息来源。

　　伴随年龄的增长，婴儿的啼哭会随着对外界环境以及与成人互动的适应能力的逐渐增强而减少。保教人员应善于观察和读懂婴儿的啼哭，根据不同情境给予积极回应，尽量满足婴儿的需求，以减少他们啼哭的次数，缩短啼哭的时间，从而减少婴儿消极情绪的发生。

小链接 🔍　　　　　　　　　　　　　　　　　　🗕 🗖 ✖

学会翻译婴儿的哭声 [①]

　　哭声是婴儿的语言。婴儿的哭声有很多种，我们要学会从婴儿不同的哭声中发现他不同的需求。

　　（1）饥饿时的哭声。有节奏，哭时伴随闭眼、号叫、双腿紧蹬（如同蹬自行车那样）等行为。在出生的第一个月，婴儿啼哭多是由饥饿或干渴引起的；到第6个月，这类啼哭会下降至30%左右。

　　（2）发怒时的哭声。这类哭声往往听起来有点失真，因为婴幼儿发怒时会用力吸气，迫使大量空气从声带通过，使声带震动而引起哭声。

　　（3）疼痛时的哭声。突然高声大哭，拉直了嗓门连哭数秒，伴有号叫，脸上表情痛苦。

　　（4）惧怕或惊吓时的哭声。突然发作，强烈而刺耳，伴有间隔时间较短的号叫。

---

① 沈雪梅. 0—3岁婴幼儿心理发展 [M]. 北京：北京师范大学出版社，2019:179.

（5）招引别人时的哭声。从第 3 周开始出现，先是长时间哼哼唧唧地小声哭，且断断续续的，如果没人理他，就会大声哭起来。

2. 婴儿的笑

笑是婴儿的第一个社会性行为，是一种积极情绪的表现。一般而言，婴儿的笑比哭发生得晚。我国心理学家孟昭兰认为，婴儿的笑经历了以下四个阶段。

（1）自发性微笑（0—5 周）。婴儿最初的微笑是自发性的，又称内源性微笑，反映了婴儿生理状态的舒适程度，是一种生理表现，而不是交际的表情手段。这类微笑可以在没有外部刺激的情况下发生，主要表现为嘴角上扬，而眼睛周围的肌肉没有收缩，脸的其余部分仍保持松弛状态。这种微笑常发生在婴儿睡眠时，尤其是在快速眼动的睡眠状态。此外，当成人抚摸婴儿的面颊、腹部，或者发出各种声音（特别是女性的声音）时，也能引发婴儿的微笑。一般女婴微笑的次数多于男婴。

（2）无选择的社会性微笑（5 周—2 个月）。这类微笑又称外源性微笑，是由外界刺激引起的微笑。研究发现，从第五周开始，婴儿对人和物体会做出不同的反应。人的出现，包括人脸、人声，特别容易引起婴儿的微笑，即婴儿开始出现社会性微笑。但这个时期的微笑是无差别的，往往不分对象。

（3）有选择的社会性微笑（3 个月以后）。3 个月以后，随着婴儿处理刺激内容能力的增强，他开始能够对熟悉的和不熟悉的刺激做出区分。婴儿的微笑开始有所选择，对熟悉的人会无拘无束地微笑，对陌生人则带着警惕，不再轻易地笑，这种区分标志着社会性微笑的真正产生。

（4）婴儿的大笑（4 个月以后）。大约在 4 个月时，婴儿开始能笑出"咯咯"的声音。当受到如挠痒痒之类的身体刺激，或玩亲子游戏、被成人逗引，或看到同伴在活动、大笑时，婴儿也会发出快乐的笑声。这类笑不仅有助于强化亲子间的关系，增加婴儿与照护者的依恋之情，而且能帮助婴儿释放紧张情绪。

3. 婴儿的愤怒

愤怒最早出现于婴儿出生后的 4—8 周，如持续的痛刺激会让婴儿愤怒。4 个月以后，身体活动受到限制、不舒服等，都会激怒婴儿。婴儿愤怒的早期表现有哭、手舞足蹈等。

4. 婴儿的恐惧

恐惧是一种消极情绪，最早在婴儿 4 个月左右出现。引起婴儿恐惧的原因有很多，如巨响、跌落、疼痛、孤独、处境不明等。到了 6 个月左右，婴儿会因对陌生人和物的恐惧而产生怯生的行为。

二、情绪的识别

婴儿不仅具有表达情绪的能力，还有识别情绪的能力。随着年龄的增长，婴儿不仅能恰当地表达快乐和痛苦，也能准确地感受到成人情绪和行为的变化。婴儿对他人情绪识别能力的发展主要经历了以下四个阶段。

（1）不完整的面部知觉（0—2个月）。新生儿的视线往往停留在照护者脸部的边缘，如下颌、发际等处，而对表达面部表情的脸部中心部位注视不够，因而不能将脸部的整体轮廓和表情进行整合。这时，婴儿无法识别面部表情及情绪信息。

（2）无评价的面部知觉（2—5个月）。2个月的婴儿已经能对成人的面部表情做出回应，但这时的情绪反应是不具有知觉表情意义的评价。

（3）对表情意义的情绪反应（5—7个月）。6个月左右的婴儿对他人的积极或消极的情绪会有不同的反应，能更精细地知觉他人面部表情的细节变化，认识表情所要表达的意义。因此，该阶段婴儿对不同个体或个体在不同情境中所表现出的表情有了一致性的理解，这表明婴儿对面部表情有了概括化的认识。

（4）社会性参照能力出现（7—10个月）。社会性参照是指婴儿根据面部表情，理解或解释他人情绪反应的能力。婴儿的社会性参照一般在7—8个月开始出现。到了10个月的时候，婴儿已经具备了这种能力，他们不仅能够识别他人的表情，而且能通过这些信息来确定他人的内在精神状态和偏好，并以此来决定自己的行为。例如，当1岁的幼儿在看到陌生人边上有一个新玩具时，陌生人的不同反应会驱使幼儿做出不同的行为，即：如果这个陌生人面带微笑，那么这名幼儿可能会伸手去拿玩具玩；如果陌生人做出严厉的表情，他则会趋向于回避，不敢拿这个玩具。

三、情绪的调节

1. 婴儿情绪调节能力的发展趋势

研究发现，婴儿情绪调节能力的发展存在以下趋势。

（1）婴儿情绪调节的方式随自身运动能力的发展而发展。小月龄的婴儿为了避免不愉快的刺激，会通过吸吮手指、安抚奶嘴等来安慰自己。稍大一些的婴儿则会采用控制视觉注意的方式来调节情绪，如闭上眼睛、移开目光等。当婴儿能够爬行或行走时，他们会采用接近或回避的方式来调节情绪。

（2）婴儿情绪调节的能力随着社会认知能力的发展而发展，即从主要依靠外部资源到学会自我调控。

（3）婴儿逐渐学会用一些认知策略来调节情绪，如置身轻松的情境、避免冲突、转移和集中注意等。婴儿运用这些策略的水平随着年龄的增长而提高。

2. 促进婴儿情绪调节能力发展的保教要点

通过科学的引导，婴儿的情绪调节能力和情绪智力可以得到进一步的发展。具体的保教要点包括以下几个方面。

（1）正确解读婴儿的情绪语言。促进婴儿情绪调节能力发展的首要前提是保教人员能够识别他们的情绪语言，成为婴儿表情的诠释者。婴儿的情绪表现模式相当丰富，以欢笑、哭泣、撒娇、吵闹和发脾气为主。保教人员要心平气和地观察婴儿的脸部特征，如眉毛、脸颊、嘴唇等,因为这些部位都是他们表情"说话"的地方;观察婴儿的动作,重点注意他们的手、脚、肩膀等部位的动作。此外,保教人员要充分理解婴儿各种情绪背后的信号,从而做出恰当的回应。需要注意的是,婴儿都有属于自己的表情语言风格,保教人员要观察和了解不同婴儿的表达特点。只有认真观察婴儿的情绪表达,识别婴儿的情绪语言,并给予及时的反馈与引导,才能够帮助他们健康、快乐地成长。

(2)帮助婴儿建立安全感及信赖感。婴儿从成人那里获得的安全感及信赖感会发展出"我是被爱的""我所处的环境是安全的""环境中将要发生的事是可以预期的"等积极情绪。这种信赖感为婴儿带来了心理上的以及对所处环境的一种安全感,为日后健康人格的发展打下良好的基础。保教人员要了解并及时满足婴儿的生理需求,同时与婴儿建立情感联系,以满足他们的心理需求。例如,在喂奶的时候轻柔地抚摸婴儿、柔声地呼唤婴儿的名字等,这些措施都能使婴儿获得积极的情感体验,进而有利于其良好情绪的发展。

(3)提供情绪观察学习的机会。班杜拉认为,婴儿可以通过观察他人对情境刺激的反应来获得相应的知识、行为或情绪反应。在婴儿情绪发展的过程中,成人自身的情绪特质和特点对婴儿具有潜移默化的作用。因此,保教人员在和婴儿的交往过程中要始终调控好自己的情绪,即处于饱满、振奋、愉悦、热情的状态,以感染婴儿的情绪,为婴儿提供情绪观察与学习的背景。

(4)为婴儿提供良好的成长环境。婴儿的情绪容易受到周围环境气氛的感染,因此,家长和保教人员要为婴儿创设积极的生活环境。首先,父母之间互敬互爱、亲子关系和谐的家庭氛围,会潜移默化地促进婴儿良好情绪的发展,并为婴儿处理自己的不良情绪提供榜样。其次,保教人员要为婴儿创设温馨、安全的环境,使婴儿情绪稳定,从而产生积极的情绪状态。

(5)在游戏活动中渗透情绪教育。保教人员可以运用游戏来帮助婴儿识别和表达情绪。例如,保教人员可以和婴儿玩变脸(笑脸和哭脸)的游戏。玩法为:保教人员用手捂住脸,然后说"笑脸",并把手移开,露出微笑的表情;在婴儿掌握该游戏的规则后,可以由保教人员发出指令,婴儿来做出相应的表情。通过这样的游戏,婴儿能很快明白不同表情的面部特征,并能够有效地识别他人的表情。

• 教养实践 •

情绪培养小游戏:亲一亲(9—12个月)

游戏目标:增进宝宝与父母之间的情感,给予宝宝积极的情绪体验。

游戏准备:一张爸爸、妈妈在亲吻宝宝的照片。

游戏玩法:

(1)保教人员将宝宝抱在怀里并给他看照片,边看照片边指着妈妈的头像问:"宝宝,这是谁啊?是妈妈,妈妈在亲宝宝,宝宝笑啦!"保教人员念儿歌《亲一亲》:"亲亲宝宝，亲亲宝宝，宝宝哈哈笑。"

（2）保教人员将宝宝抱在怀里并给他看照片，边看照片边指着爸爸的头像问："宝宝，这是谁啊？是爸爸，爸爸在亲宝宝。宝宝也来亲亲爸爸好不好？"说完后，保教人员可以请宝宝亲吻照片上爸爸的头像。接着，保教人员念儿歌："亲亲爸爸，亲亲爸爸，爸爸哈哈笑。"

注意事项：在游戏的过程中，保教人员可以边念儿歌边抚摩宝宝的身体，让他感受到关爱的情感。此外，这个游戏也可以由父母和宝宝一起开展。

探索 3　　幼儿的情绪情感发展有什么规律和特点？

妈妈带着3岁的豆豆去超市。在超市里，豆豆看到一个新奇的小火车玩具，哭着吵着要买，妈妈怎么安慰都不行。这时妈妈灵机一动，从自己的包里拿出了一个糖果玩具给豆豆，豆豆见状，马上破涕为笑了。

请结合学习支持3中的内容，思考以下问题。

（1）豆豆为什么会一会儿哭一会儿笑？

（2）幼儿的情绪情感发展有什么特点？

....

....

....

....

....

学习支持 3

★ 幼儿情绪情感发展的特点及保育

婴儿最初出现的情绪是与生理需要相联系的，这时的情绪状态主要取决于生理需要是否得到满足。然而，随着年龄的增长，幼儿的情绪反应逐渐开始分化，且呈现出一定的规律和趋势。

一、幼儿情绪发展的一般规律

幼儿情绪发展的规律主要体现在以下三个方面。

1. 情绪的社会化

随着幼儿的成长，情绪逐渐与社会化相联系。社会化成为幼儿情绪发展的主要趋势。在该阶段，幼儿的社会交往能力有了大幅度的提高，他们会花更多的时间与同伴一起游戏和交往。

（1）引起情绪反应的社会性动因不断增加。引起幼儿情绪反应的原因，称为情绪动因。婴儿最初出现的情绪是与生理需要相联系的，这时的情绪状态主要取决于生理需要是否得到满足。随着年龄的增长，幼儿的社会性交往内容不断增加，情绪反应的社会性动因也不断增多。

（2）表情的社会化。2岁以后，幼儿能够比较正确地识别他人的面部表情，理解表情所提供的信息，能够谈论与情绪有关的话题，并能将情绪与引发情绪的情境联系起来。这个阶段的幼儿已经能够运用表情去影响他人，并学会在不同场合用不同方式来表达同一种情绪。研究表明，随着年龄的增长，幼儿理解面部表情和运用表情的能力都有所增强。一般而言，幼儿理解表情的能力高于运用表情的能力。

2. 情绪感受更加丰富和深刻

随着幼儿认知水平的提高、情绪词汇的迅速扩充，他们的情绪感受会变得更加丰富和细化。也就是说，幼儿的情绪越来越分化，情绪指向的事物越来越多。幼儿情绪的深刻化主要表现在指向事物性质的变化上，即从指向事物的表面到指向事物的内在特点。

3. 情绪调节能力逐渐增强

随着年龄的增长，幼儿对情绪的调控能力不断提高，开始能够在人际交往中根据实际需要隐藏和改变自己的情绪反应，也会用一些策略去调节情绪。主要表现在三个方面：一是幼儿情绪调节的方式随着自身运动能力的发展而发展；二是幼儿的情绪调节能力随着社会认知能力的提高而发展；三是幼儿的情绪自控能力随着认知策略的提高而不断提升。

二、幼儿情绪发展的特点

1. 容易冲动

幼儿大脑皮质的兴奋点容易扩散，皮层对大脑中枢神经的控制能力较差，容易冲动。因此，幼儿常常会受某一事物的影响而处于激动状态，听不进成人的话，并且在短时间内不能平静。但到了幼儿晚期，这种情绪冲动的情况会明显减少。

2. 情绪不稳定，易受影响

幼儿的情绪起伏很大，经常在积极情绪与消极情绪之间来回转化，表现为两种对立的情绪可以在很短的时间内转换（如喜悦和愤怒、快乐和悲伤等），如"一会儿笑，一会儿哭""破涕为笑"等。此外，幼儿的情绪常常受到外界的影响，容易被感染和暗示。例如：初入园时，幼儿常常会哭成一片；当看见成人谈笑时，幼儿也会莫名其妙地跟着笑起来。

3. 情绪外露，控制能力较差

幼儿的情绪大都表露于外，不会掩饰和控制自己。比如，当幼儿没有得到自己心爱的玩具时，会尖声哭叫、躺在地上打滚、蹬腿、手臂胡乱挥舞等。到了2岁以后，幼儿开始表现出初步有效的情绪控制能力。例如，在没有得到玩具时，幼儿会用语言"我家里已经有这样的玩具了"来调控自己的情绪。然而，这个年龄段幼儿的情绪自我控制能力只是初步发展，他们还不能完全控制自己的情绪表现。

三、移情的萌芽

移情是指幼儿在感知到他人的某种情绪时，他自己也能体验到相应的情绪，既是对他人情绪的意识，又是与他人情绪的共鸣。移情是最基本的人际关系能力，是高级社会情感的基础，是幼儿亲社会行为的重要促进因素。霍夫曼认为，移情的发展可以分为以下四个阶段。

1. 整体移情（1岁之前）

这个阶段的婴儿不能区分他人的情绪状态和自己的情绪状态，如当婴儿听到其他婴儿的哭声时，也会跟着哭。这些早期的"同情哭喊"类似于先天反应。显然，婴儿还不能够理解他人的感受，他们只是把发生在其他人身上的事情当作发生在自己身上一样来反应。

2. 自我中心移情（1—2岁）

1—2岁幼儿能意识到自己与他人的不同，能分别形成自我的表象和他人的表象，这使得整体移情发生了变化，但仍不能充分地把自己的内部状态与他人的内部状态相区分。

3. 对他人情感的移情（2—3岁）

2—3岁幼儿不仅能够区分自己和他人的情绪状态，而且开始意识到别人具有与自己不同的需要和情感，以及会对事物产生不同的理解。例如，当幼儿面对痛苦的人时，他能够明白是别人痛苦而不是自己感到痛苦。

4. 对他人生活状况的移情（3岁以后）

这一阶段幼儿的换位思考能力不断发展，从对他人即时痛苦的感情的理解，发展到对他人生活境遇的理解。此时的幼儿已经能够理解痛苦并不是一种短暂的现状，而是一种持续痛苦的情绪生活。

四、幼儿高级情感发展的特点

2岁左右，幼儿的高级情感开始萌芽。之后，随着情感动因的日益丰富、情感内容的深刻化，幼儿的高级情感逐步发展。幼儿的高级情感主要体现在道德感、理智感和美感三个方面，并分别表现出不同的特点。

1. 道德感的发展

幼儿期道德感主要表现为幼儿喜欢听表扬、鼓励的话，不喜欢听批评的话。到了幼儿中后期，随着幼儿对行为规则的掌握，他们的道德感也逐渐发展起来。最初，幼儿的道德感主要指向个别的外部行为，并且往往由成人的评价直接引起。之后，幼儿的道德感逐渐与一些概括化的道德标准相联系。幼儿不仅能够对自己的行为产生道德感，而且开始对他人的行为是否符合道德标准产生明显的情绪体验。

2. 理智感的发展

求知欲的扩展和加深是幼儿理智感发展的主要标志之一。大约 5 岁时，幼儿的求知欲开始萌发，理智感也开始迅速发展，如他们会经常向成人提问。到了幼儿晚期，理智感的发展表现为：幼儿喜欢开展各种智力游戏，积极探索各种问题，并能动脑筋寻找答案和解决问题。在这个过程中，幼儿会因得到问题的答案而感到极大的满足和愉悦。

3. 美感的发展

幼儿对色彩鲜艳的事物非常喜爱，喜欢看靓丽的颜色，喜欢听优美动人的音乐。到了幼儿中期，在教育的影响下，他们能够从舞蹈、音乐、朗诵、绘画等艺术创作中感受到美的体验。到了幼儿晚期，他们对美的标准的理解以及对美的体验又有了进一步的发展。

五、促进幼儿积极情绪情感发展的保教要点

1. 丰富幼儿的生活，创设良好的生活环境

幼儿的情绪易受周围环境气氛的影响。对幼儿来说，他们主要的生活场所是家庭和托幼机构，因此，家庭和托幼机构需要创设良好的生活环境，以满足幼儿好动、好奇、好探究的愿望，使他们产生积极、愉快的情绪。同时，家庭成员之间及保教人员之间良好的关系、和睦的气氛也会潜移默化地影响幼儿良好情绪的发展。

2. 与幼儿建立亲密的情感联系

亲子关系是幼儿在人生中接触到的第一类人际关系，托幼机构的保教人员是幼儿依赖的对象。因此，家长和保教人员在日常生活中，要正确对待幼儿的依恋，与幼儿建立亲密的情感联系，让幼儿感受到照护者的关爱和照料，从而保持积极、愉悦的情绪。

3. 建立合理的生活制度，教会幼儿基本的生活技能

合理、有规律的一日生活，能使幼儿在身体和情绪的转换中感到舒适与安全，减少因环境的不确定和多变而带来的焦虑感和紧张感。在幼儿的一日活动中，进餐、睡眠、大小便、穿脱衣裤（鞋袜）、盥洗等生活活动占据了一大半，幼儿常常因缺乏这方面的自理能力而感到苦恼，从而产生消极情绪。由此，保教人员应根据幼儿的年龄特点逐步培养他们的生活技能，使幼儿因自己有本领而保持积极的情绪。

4. 以自身良好的情绪感染幼儿

保教人员对待幼儿的态度，不仅会影响幼儿的情绪情感，而且会影响幼儿良好情绪的发展。由于幼儿模仿性强，情绪容易受感染，因此，保教人员的一言一行都是幼儿模仿的内容。保教人员要有意识地以自身良好的情绪状态感染幼儿，以起到情绪自控的表率作用。

5. 帮助幼儿调节、控制好自己的情绪

每个幼儿在生活中都可能遇到冲突、挫折等，从而产生不良的情绪反应。为此，保教人员应采取科学的方法，来帮助和指导幼儿调节并缓解自己的不良情绪。例如，保教人员可以运用转移注意力、冷却法、消退法等，来帮助幼儿养成良好的情绪表达习惯，学会恰当的调节和控制情绪的方式方法。

• 教养实践 •

表情猜猜乐（小班）

本活动的目的是仔细观察表情，感知情绪的不同表达方式。活动中，当张老师神秘地从身后拿出几张印有不同表情的大头照卡片时，孩子们好奇极了，他们被一张张的"宝宝"大头照所吸引。一看到孩子们的反应，张老师立刻问道："宝贝，这是谁呀？"说着，张老师顺势拿出了其中的一张卡片，并试着引导幼儿，说道："让我们看看卡片上的这个小朋友吧！"有的孩子有模有样地盯着卡片看了一会儿，有的孩子则大步迈向老师，试图去拿老师手中的卡片看……孩子们感兴趣的似乎只是大头照，而忽略了老师刚才的提问。于是，张老师试着进一步引导，问道："咦？这个小朋友在干什么呢？"这时，一个稚嫩的声音突然响起："他在笑！""是呀！他在笑！"张老师迅速地回应乐乐，接着问道："宝贝，你觉得这个小朋友开心吗？"乐乐点了点头，笑眯眯地说道："开心！"听到这儿，张老师又问全体幼儿："孩子们，你们确定这个小朋友很开心吗？"在得到了大部分孩子肯定的回答后，张老师对小朋友们竖起了大拇指，追问道："你们是怎么知道他很开心的呢？是从哪里发现的呢？"孩子们的回答五花八门，有的说"他在笑"，有的说"他的眼睛眯起来了"，还有的说"他笑得牙齿都露出来了"……张老师一遍又一遍地肯定着孩子们的观察，也一次又一次地用更加完整的语言来复述孩子们的回答。就这样，在短暂而又饱含热情的一次集体活动中，孩子们感知并尝试用语言表达了"开心""伤心""生气"等情感。

• 家园沟通 •

根据本学习活动所学知识，保教人员在开展家园沟通工作时，可参考以下内容：

（1）引导家长认识到情绪情感是婴幼儿心理发展中的重要内容，在婴幼儿成长的过程中有着非常重要的意义。婴幼儿年龄越小，情绪情感对他们的影响就越直接。

（2）引导家长关注婴幼儿情绪情感发展的规律及特点，采取恰当的保教措施，以促进婴幼儿良好情绪情感的发展。

-------------------------- ◉ 学习水平评价表 ◉ --------------------------

评价内容	观测点	分值	得分
情绪情感概述	• 能正确说出情绪情感的概念（10分） • 能正确说出情绪情感的种类（10分） • 能正确说出情绪情感对于婴幼儿发展的意义（10分）	30分	
婴儿情绪的发展及保育	• 能识别婴儿的情绪表达（15分） • 能根据婴儿情绪发展的特点，采取恰当的保教措施（15分）	30分	
幼儿情绪情感发展的特点及保育	• 能正确说出幼儿情绪发展的一般规律（10分） • 能正确说出幼儿情绪发展的特点（10分） • 能根据幼儿情绪发展的特点，采取恰当的保教措施（10分）	30分	
素养目标达成情况	• 能在学习过程中主动提出疑问或分享自己的观点（5分） • 能根据婴幼儿情绪情感发展的特点因材施教，耐心、细致地促进婴幼儿积极情绪情感的发展（5分）	10分	
总　分		100分	

-------------------------- ◉ 课后练习 ◉ --------------------------

在线自测

一、单选题

1. 一名幼儿在学会表演《三只小猪》的故事之后，感受到了成功的喜悦，这属于婴幼儿高级情感中的（　　　）。

　A. 道德感　　　　　　B. 理智感　　　　　　C. 美感　　　　　　D. 成就感

2. 在以下关于婴幼儿情绪情感特点的描述中，不正确的是（　　　）。

　A. 情绪稳定，不容易冲动

　B. 情感外露，控制能力差

　C. 有强烈的依恋性

　D. 情绪情感不稳定，易受影响

3. "忧者见之而忧，喜者见之而喜"，这句话体现的情绪状态是（　　　）。

　　A. 心境　　　　　　　B. 激情　　　　　　　C. 应激　　　　　　　D. 挫折

4. 在以下关于情绪情感的说法中，不正确的是（　　　）。

　　A. 以需要为中介　　　B. 是一种主观感受　　　C. 与认知过程无关　　　D. 会引起生理变化

5. 在以下因素中，与婴儿最初出现的情绪表达相关的是（　　　）。

　　A. 脑成熟

　　B. 社会性需要

　　C. 社会性适应

　　D. 生理需要

二、简答题

1. 情绪情感的种类有哪些？

2. 简要阐述促进幼儿积极情绪情感发展的保教要点。

三、拓展题

　　阅读案例，回答问题。

　　一天，在某幼儿园的小一班中来了一群见习老师听课。班内的幼儿开始"人来疯"了，有的互相扮鬼脸、做怪相，有的转过身看着见习老师，还有的在和旁边的幼儿说话、打闹。

　　问题1：此案例反映出幼儿情绪情感发展中的哪些特点？

　　问题2：保教人员该如何引导幼儿控制情绪？

学习活动 2 婴幼儿个性发展的特点及保育

○ **学习目标** ○

- ☑ 能简述个性、气质和自我意识的定义。
- ☑ 能复述个性、自我意识的结构，个性的基本特征，气质的类型及其典型特征表现。
- ☑ 能根据婴幼儿气质的发展特点，选择恰当的保教措施。
- ☑ 能根据婴幼儿个性发展的特点，向家长提出适宜的教养建议，并与家长进行有效的沟通。
- ☑ 能根据婴幼儿个性发展的特点因材施教，促进婴幼儿个性的良好发展。
- ☑ 能主动获取并整理有关婴幼儿个性发展保教的有效信息，乐于展示学习成果，并能对本学习活动的学习情况进行总结和反思。

○ **课前小活动** ○

- ☑ 预习本学习活动内容，完成案例导入中的思考题及各探索活动。
- ☑ 通过网络查询信息，列举 2—3 岁幼儿自我意识发展的特点。

○ **案例导入** ○

谁是公约小达人

大班上学期，幼儿已具备一定的规则意识，但仍有部分幼儿自制力较弱，行为规范欠佳，如经常大呼小叫、随意摆放玩具或图书、做事情拖拉、迟到等。基于这样的情况，张老师开展了"公约小达人"的活动。张老师先请幼儿针对一日生活中出现的问题各抒己见，与幼儿共同商量出需要遵守的公约。然后经过一到两周的时间，大家选出表现最棒的幼儿，并将"大拇指"贴纸贴在这名幼儿的照片上，然后说一说他的哪些方面表现得很棒。

通过"公约小达人"活动，幼儿真切直观地认识并理解了公约规则的重要性。在交流的过程中，幼儿能够说出得到"大拇指"贴纸最多的幼儿的行为表现。例如："因为他总是能紧跟着队伍前进，不插队，不掉队""他上课经常举手回答问题，声音也响亮""他经常整理图书角和游戏材料库，我觉得他很棒""他从不迟到，很早就来幼儿园了"……同时，幼儿也能够说出自己的变化和需要努力的地方。比如："我最近吃饭进步了，比之前吃得干净，希望我下次能吃得再快一点""今天我给大家分筷子和调羹了，还帮老师搬桌子了"……通过"公约小达人"的自评、他评活动，幼儿对于规则的意识逐渐增强了，行为习惯也逐步得到了改善。

（由张玲老师提供）

思考

在案例中，张老师通过哪些活动帮助幼儿树立规则意识？

俗话说"一百个孩子一百个样""世界上没有两片完全相同的树叶，世界上也没有个性完全相同的人"。幼儿在班级里表现出的各种状况，如有些幼儿规则意识强、自律，有些幼儿自制力较弱等，体现了他们不同的个性特征。0—3岁婴幼儿的个性刚开始萌芽，各种心理结构成分逐渐组织起来；3—6岁幼儿的个性初具雏形，各种心理结构成分开始发展，特别是性格、能力等个性心理特征及自我意识开始初步发展起来。

幼儿期是儿童个性发展的重要时期，主要表现为幼儿的自我意识迅速发展，个性特征逐步形成，气质随着年龄的增长、社会生活条件的变化及教育的影响而发生不同程度的变化，这些都为幼儿日后人格的发展奠定了重要基础。《幼儿园教育指导纲要（试行）》明确指出："幼儿园教育应尊重幼儿的人格和权利，尊重幼儿身心发展的规律和学习特点，以游戏为基本活动，保教并重，关注个别差异，促进每个幼儿富有个性的发展。"因此，保教人员应当了解婴幼儿的个性特征，并据此因材施教，采取合理的保教措施。同时，保教人员还应科学指导家长积极培养婴幼儿的良好个性。基于以上目标，本学习活动将介绍个性的概念、结构、特征及形成过程，以及婴幼儿的气质、自我意识的概念、类型及发展特点。

探索 1 你了解个性吗？

在幼儿园大班的美工活动中，第一组的依依把所有色彩鲜艳的蜡笔占为己有，使得其他小朋友只能另选颜色，他们的作品因此显得暗淡无光。第二组的浩浩看到鲲鲲涂了个黑苹果，并在悄悄地抹眼泪，便走过去，把手里的红色蜡笔递给了鲲鲲，说："鲲鲲，我帮你，我们会画出最漂亮的苹果。"

根据两位幼儿的行为，并结合学习支持 1 中的内容，思考以下问题。

（1）两位幼儿的行为表现有什么不同？

（2）分析两位幼儿不同行为背后的个性差异。

....

....

....

....

....

学习支持 1

★ 个性概述

当婴幼儿的心理发展到一定的成熟阶段后，就会形成一种整体的、稳定的、有特点的精神面貌，这就是个性。个性或人格是一个复杂、多侧面、多层次的动力结构，包括需要、动机、兴趣、志向、世界观等个性倾向性，气质、能力、性格等个性心理特征，以及自我认识、自我体验和自我调节等自我意识。

一、个性的概念

个性一词来源于拉丁语 persona，原意指古希腊、古罗马时代戏剧演员在舞台上戴的面具，它代表剧中人的身份，后来引申为演员在舞台上所扮演的角色。心理学家将该词借用过来，用以表示一个人在人生舞台上扮演角色时，他的行为模式所表现出来的内心活动。

目前，心理学界对个性还没有一个公认的定义。我国心理学界倾向于将个性界定为：一个人比较稳定的、具有一定倾向性的各种心理特点或品质的独特组合。每个人的个性都有自己独特的倾向性，都有各自的特点，婴幼儿亦是如此。一个婴幼儿经常表现出来的心理特点和心理倾向性的整合，是他不同于其他婴幼儿的独特的个性或人格的表现。

二、个性的结构

个性主要包括个性倾向性、个性心理特征和自我意识三种成分。

1. 个性倾向性

个性倾向性指一个人对现实的态度和行为倾向。它是个性结构中的动机系统，是人进行活动的基本动力。它也是个性结构中最活跃的成分，决定着人对现实的态度，以及对认识活动对象的倾向和选择。

个性倾向性包括需要、动机、兴趣、志向、世界观等。它是推动个性发展的动力因素，决定着一个人的活动倾向性，集中地表现了个性的社会性质。其中，需要是最基本的个性倾向，是形成其他个性倾向的基础。当需要达到一定的强度并出现满足需要的条件时，就会引起动机。兴趣在人的认识和交往活动中起着重要作用。对于婴幼儿来说，个性倾向性主要是指需要、动机和兴趣。

2. 个性心理特征

个性心理特征指一个人身上经常地、稳定地表现出来的心理特点，是个性的独特性的集中表现，包括气质、能力、性格等。其中，性格是个性的核心特征，反映一个人对现实的稳定态度和习惯化的行为方式。

3. 自我意识

自我意识包括自我认识、自我体验和自我调节，是个性的一个组成部分，是衡量个性成熟水平的标志，是整合、统一、调节个性各个系统的核心力量，也是推动个性发展的内部动因。只有当婴幼儿的自我意识初步发展了，其个性才会逐步发展起来。同时，在婴幼儿心理的发展过程中，自我意识的发展水平越高，个性也就越成熟和稳定。

三、个性的基本特征

个体的个性特征会在一个人的言语和行为等多个方面体现出来，但并非所有的行为都是个性的表现。因此，要了解一个人的个性行为，就有必要了解个性的基本特征。

1. 个性的整体性

个性是一个统一的整体结构，是由各个密切联系的成分所构成的多层次、多水平的统一体，体现着人的整体精神面貌。在这个整体中，各个要素相互作用、互为依存，使个体的各种行为都体现出统一的特征。在人的一生中，只有在完整的个性的基础上，才能促使个性连贯、丰富、和谐地发展，防止个性的分裂。

2. 个性的社会性

个性的社会性是指人在个性的形成和发展中，人的个性本质特征是由社会关系决定的。人的本质是一切社会关系的总和。这些个性特征的形成，是和一个人所处的客观环境以及所受的教育密切联系的。影响个性形成的社会因素可以分为两个方面：宏观环境和微观环境。宏观环境主要指一个人所在的国家、民族背景，所处的时代及其社会生活条件和社会风气。微观环境主要指家庭、学校等环境。对于婴幼儿来说，影响其个性发展的环境主要是家庭和托幼机构。

3. 个性的稳定性

个性是在心理发展到一定水平之后才逐渐形成的。心理的成熟水平，保证了个性的稳定性。一个人在出生后，在个体社会化的过程中，会逐渐形成一定的理想、信念、性格、动机、能力等，从而使个体的行为总是带有一定的倾向性，使个体的心理面貌在不同的环境和场合中都显示出相同的品质。个体的个性特征是相对稳定的，这样才能与其他人有所区别，才能预测个体在特定情境下产生的行为举止。

个性虽然具有稳定性，但这不是绝对的，个性是稳定性与可变性的统一。个体的个性虽然呈现出很大的稳定性，但也受后天环境和教育的影响。对于婴幼儿而言，其个性尚处于发展中，保教人员在培养婴幼儿的良好个性时，要因人而异、因材施教，并耐心地引导和等待。

4. 个性的独特性

个性的独特性是指每个人都是独特的，世界上绝对没有两个完全一样的人。个体之间的不同，不只表现在相貌上，还表现在行为的差异，以及兴趣、爱好及能力等方面的不同上。但要注意的是，强调个性的独特性，并不排除个性的共性。同民族、同性别、同年龄的人，个性中往往存在着一定的共性。也就是说，个性是独特性和共同性的统一。比如，婴幼儿普遍具有一些明显的共性：好动、好奇心强、模仿性强等，但不同的婴幼儿又表现出争强好胜、谦和忍让等不同的个性特点。

四、个性的形成

2岁之前的婴幼儿还没有很好地掌握语言，思维也没有真正形成，他们的心理活动是零碎的、片段的，还没有形成系统。2岁左右，婴幼儿心理结构的各种成分开始组织起来，并有了某种倾向性的表现，但是还没有形成具有稳定倾向性的个性系统，即个性开始萌芽。3—6岁是幼儿个性开始形成的时期，幼儿具有稳定倾向性的各种心理活动的独特结合开始逐渐成形，个性的各种心理结构成分开始发展，特别是性格、能力等，而且表现出明显的、稳定的倾向性，形成个人的独特性，即个性开始形成。

小链接 🔍   ▭ ▢ ✕

父母的教养方式与孩子性格的关系

研究发现，父母的教养方式会影响孩子性格的形成（见表4-2-1）。

表 4-2-1　父母的教养方式与孩子性格的关系

父母的教养方式	孩子的性格
民主	独立、自信、大胆、机灵、乐观、情绪稳定，善于与他人交往、协作，具有分析思考能力
专制	顽固、冷酷无情、倔强，或缺乏自信心及自尊心；性格软弱的孩子会变得更加彷徨无助、胆怯、懦弱
溺爱	怯懦、盲从、依赖、被动、任性、缺乏独立性、情绪不稳定、骄傲
放任	冷漠、自我控制力差、易冲动，不遵守纪律和社会规范，具有攻击性

探索 **2** 如何根据婴幼儿的气质类型实施个性化教育？

两岁半的小虎精力旺盛，对班级里的事情有很高的热情，但是做事急躁、马虎，喜欢指挥别人，脾气暴躁，稍不如意便大发脾气，甚至动手打人。小虎事后虽也知错，但是遇事总是难以克制。

请结合学习支持2中的内容，思考以下问题。

（1）小虎属于什么气质类型？

（2）如果你是小虎的老师，你准备如何根据他的气质类型实施个性化教育？

....

....

....

....

学习支持 **2**

★ **婴幼儿气质发展的特点及保育**

一、气质概述

气质是人的三大个性心理特征之一。它是指一个人所特有的、相对稳定的心理活动的动力特征。例如，有的人脾气暴躁，有的人性情温和，有的人行动敏捷，有的人行动缓慢，等等。气质使人的全部心理活动都带上了个人独特的色彩。

1. 气质的概念

气质相当于我们日常生活中所说的脾气、秉性或性情。它是个性的生物基础和情绪基础，是心理活动表现在强度、速度、稳定性和灵活性等方面的动力性质的特征。婴幼儿生来就具有个体最初的气质特点，即个体最初的个性，也是一个人个性和社会性发展的基础。

2. 气质类型及其典型特征表现

气质有很多特征，按照这些特征的不同组合，可以把人的气质分为不同的类型。目前，主要有以下三种分类方法。

（1）传统的四种类型说。传统的气质类型是由古希腊医生希波克拉底提出的。他认为，个体内有四种体液，即黄胆汁、血液、黏液和黑胆汁。每一种体液和一种气质类型相对应，个体身上体液分布的多寡构成人的气质差异。黄胆汁对应胆汁质，血液对应多血质，黏液对应黏液质，黑胆汁对应抑郁质。虽然希波克拉底用体液来解释气质成因缺乏根据，但是心理学领域至今仍沿用了他的分类方法。

表 4-2-2　四种典型气质类型的主要特征

类型	主要特征
胆汁质	精力旺盛、兴奋性高、性情直率、刚强，但易感情用事、脾气暴躁
多血质	热情、有朝气、反应迅速、动作敏捷，但注意力容易转移，情绪易改变，粗枝大叶
黏液质	稳重、善于克制忍让、认真踏实、有耐久力、注意力不易转移，但缺乏激情和生气
抑郁质	敏锐、稳重，但多愁善感、怯懦、孤独、行动缓慢

（2）巴普洛夫的高级神经活动类型说。巴普洛夫通过实验研究，发现神经系统具有强度、平衡性和灵活性三个基本特性。根据这三种特性的不同组合，可以形成四种高级神经活动类型，即兴奋型、活泼型、安静型和抑制型。这四种神经活动类型，恰恰与希波克拉底所划分的四种气质类型相对应，见表4-2-3。

表 4-2-3　高级神经活动类型与气质类型的关系

神经过程的基本特性			高级神经活动类型	气质类型
强度	平衡性	灵活性		
强	不平衡		兴奋型	胆汁质
强	平衡	灵活	活泼型	多血质
强	平衡	不灵活	安静型	黏液质
弱			抑制型	抑郁质

（3）托马斯和切斯的三类型说。托马斯和切斯将儿童气质分成以下三种基本类型。

① 容易型（易养型）。这类儿童容易建立起规律的作息，容易适应新的环境，喜欢探究新事物，容易接受陌生的人和事。他们的情绪一般是积极愉快的，爱玩，对成人的交往行为反应积极。

② 困难型（难养型）。这类儿童作息不规律，照护者很难把握他们在睡眠、喂食、排泄等方面的变化。他们对新环境和新事物很难适应，烦躁易怒，且不容易安抚。

③迟缓型（缓慢型）。这类儿童的活动水平很低，在活动性、适应性、情绪性的反应上均较慢，情绪总是消极而不甚愉快。他们对环境和新事物的回应比较慢，在陌生的人或物面前表现退缩。但在没有压力的情况下，他们对新刺激也会慢慢地产生兴趣，并逐渐活跃起来，对环境刺激的反应比较温和。随着年龄的增长，这类儿童的气质特征会因成人抚爱和教育情况的不同而发生变化。

3. 气质的发展

（1）出现个别性。婴儿出生后即表现出气质上的个别差异。托马斯和切斯等学者认为，可以根据九个方面来确定儿童的气质（见表4-2-4），儿童一出生就在这些方面表现出很大的差异。他们还根据气质方面的差异，把儿童分为三类（前文已介绍），这三类儿童的占比情况为：容易型（易养型）约占40%，困难型（难养型）约占10%，迟缓型（缓慢型）约占15%。另外有35%的儿童不能简单地被划归到任何一种气质类型中去，他们往往具有其中两种或三种气质类型的混合特点，属于上述类型中的中间型或过渡（交叉）型。

到了幼儿期，儿童已经比较明显地表现出不同的气质类型，他们的个性初步形成，个性的差异在气质方面已可表现出来。

表4-2-4　个性类型和气质[①]

气质维度	活动水平（活动期与不活动期之比）	节律性（饥饿、排泄、睡眠和觉醒的节律）	分心（外部刺激改变行为的程度）	探究与退缩（对新的客体或人的反应）	适应性（儿童适应环境变化的容易性）	注意广度和持久性（专心于活动的时间，分心对活动的影响）	反应的强度（反应的能量，不管它的性质或方向）	反应性阈限（唤起一个可以分辨的反应所要求的刺激强度）	心境的性质（友好的、愉快的、高兴的行为与不高兴的、不友好的行为相比）
容易型（易养型）	较适中	很有节律	多变	积极探究	很容易适应	高或低	低或适度的	高或低	积极的
困难型（难养型）	多变	无节律	多变	退缩	慢慢地适应	高或低	强烈的	高或低	否定的
迟缓型（缓慢型）	多变	多变	多变	最初有退缩	慢慢地适应	高或低	适度的	高或低	稍许否定的

---

① 邓赐平. 儿童发展心理学（第四版）[M]. 上海：华东师范大学出版社，2023:274.

（2）具有稳定性。在人的各种个性心理特征中，气质是最早出现的，也是变化最缓慢的。有研究发现，婴儿的气质与其7岁时的性格有紧密的联系。也有研究发现，根据幼儿3岁时的气质类型，能相当准确地预测其18—21岁时的性格。也就是说，气质具有长期稳定性，婴幼儿所呈现的气质倾向从几个月到几年后甚至到他成年后，都会保持稳定。

（3）具有可变性。气质虽然是比较稳定的心理特征，但并非不可改变。实际上，婴幼儿的气质在教育和生活条件的影响下会逐渐发生改变。如果成人的教育和引导得当，婴幼儿在早期形成的气质类型中的某些消极特征会逐渐得到改正，甚至可以完全消除。同时，婴幼儿气质类型中的各种积极特征也会逐渐得到巩固和发展，从而使婴幼儿的整个气质类型发生改变。

（4）可能出现气质掩蔽现象。气质掩蔽现象是指个体气质类型并没有发生改变，但却形成了一种新的行为模式，表现出了一种不同于原来类型的气质面貌。婴幼儿也会出现气质掩蔽现象，即婴幼儿有时因受环境、教育的影响而没有将自己的气质充分地表露出来，或改变了气质的表现形式，但婴幼儿的气质类型实际并未发生变化。

二、促进婴幼儿气质发展的保教要点

1. 了解婴幼儿的气质特点

婴幼儿的气质对其良好个性的形成及身心的健康发展有着不可忽视的作用，因此，保教人员要了解婴幼儿的气质特点，然后再对其进行有针对性的教育。保教人员可以在日常生活中，运用行为评定法来了解婴幼儿的气质特点，即细致观察婴幼儿在游戏、学习、运动等活动中的情感表现和行为态度。

▲ 图 4-2-1　通过婴幼儿在游戏中的表现来了解其气质特点

小链接

观察婴幼儿气质特点的方法

在观察婴幼儿的过程中，保教人员需重点关注以下内容：婴幼儿是否热情亲近他人，脾气是否急躁，情绪是否容易激动；他们对新环境或陌生人能否很快适应，旧的生活习惯是否容易改变；活动时，婴幼儿是否表现出信心，以及在集体活动中是否容易羞涩或退缩等。保教人员应该把观察到的结果记录下来，并将该结果与气质类型的典型特征相对照，以初步判断婴幼儿的气质特点。

2. 不要轻易对婴幼儿的气质类型做出判断

婴幼儿虽然会表现出各种气质特征，但保教人员不应轻率地对婴幼儿的气质类型做出判定。因为在实际生活中，纯粹属于某种气质类型的人是极少的，某一种行为特点可能为几种气质类型所共有。例如，情绪敏感、容易改变，可能是胆汁质的表现，也可能是抑郁质的表现。同时，婴幼儿的气质还在发展中，尚未稳定，可能会发生改变。因此，保教人员要反复观察婴幼儿的行为特点，谨慎地判断婴幼儿的气质是接近或属于某种类型，并且能够随着婴幼儿气质的发展，选择适宜的教育方式。

3. 针对婴幼儿不同的气质特点，因势利导地开展教育

保教人员在进行教育时，应根据婴幼儿的气质特点，采取相应的适宜措施。对于精力旺盛、容易兴奋的婴幼儿，要慢慢引导他们学会自制，如午睡先醒时要安静地躺着，不打扰别人，养成遵守纪律的习惯。对于容易抑郁、行动畏怯的婴幼儿，要多肯定他们的进步，培养他们的自信心，激发他们活动的积极性。对于反应迟缓、沉默寡言的婴幼儿，要耐心引导他们多和同伴交往，鼓励他们多参加集体活动，教给他们各种活动的技能和方法。总之，保教人员要在尊重婴幼儿原有气质的基础上，发展其中的积极方面，帮助他们建立良好的个性。

小链接

1—3岁幼儿气质简易测评①

本测评共有27题，涵盖气质测评的9个维度，每道题目有三个等级：常见、一般、不常见。保教人员可让家长根据幼儿最近的行为表现，给每道题目选取一个相应的等级。积分方法为：常见（3分）、一般（2分）、不常见（1分）。家长可将每道题目的得分填在"题目得分"栏中，再将每个维度中所有题目的得分总和填在"维度得分"栏中，最后画出这9个维度特征的剖面图，从而确定此名幼儿的气质类型。

（1）每天晚上在同一时间入睡。

（2）在应保持安静的环境中，总是坐不住，不能安静下来。

（3）对不喜欢的食品有情绪反应，即使这些食品中混有他喜欢吃的。

（4）尽管环境很嘈杂，但仍能够进行某一活动。

（5）对失败表现出强烈的情绪反应，如大哭、跺脚。

（6）对喜爱的玩具可以玩10分钟以上。

（7）能安静坐着等候食品。

（8）尽管有让人分心的声音，如汽车声、说话声，但仍能继续看图画书。

（9）当有人从身边走过时，会停止吃饭并抬头张望。

① 沈雪梅.0—3岁婴幼儿心理发展[M].北京：北京师范大学出版社，2021:214.

（10）哭闹时，用玩具能很快使他安静下来。

（11）到了一个陌生的地方，会到处跑、跳、看看。

（12）对挫折反应强烈，如痛苦地喊叫。

（13）做体力活动不能超过5分钟。

（14）白天午睡、晚上睡觉，都很愉快。

（15）离开父母初入幼儿园，要适应好几天。

（16）喜欢蹦跳的游戏胜过坐着玩的游戏。

（17）在1小时之内就对新玩具、新游戏失去兴趣。

（18）到一个新环境，头几分钟会小心翼翼，如拉着妈妈的手、躲在妈妈身后。

（19）每天在同一时间精力旺盛。

（20）会对遇见的另外一个孩子微笑、打招呼。

（21）在和小朋友一起玩时，被别的小朋友超过会很计较。

（22）情绪不好时，会变得爱发脾气。

（23）到了吃饭的时间就感到饥饿。

（24）尽管家长反复告诫，但仍会到不该去的地方，或者动不该动的东西。

（25）不管高兴还是不高兴，都能富有感情地大声向他人问候。

（26）在首次学习新东西时，会烦躁哭泣，如学习穿衣、收拾玩具。

（27）当家里来了客人时，会很主动地接近。

表4-2-5　1—3岁幼儿气质测评计分

	规律性	情绪	持久性	适应性	反应强度	敏感性	趋避性	活动性	注意分散度
题号	（1）（19）（23）	（14）（22）（25）	（6）（13）（17）	（15）（18）（26）	（5）（7）（12）	（3）（9）（21）	（11）（20）（27）	（2）（16）（24）	（4）（8）（10）
题目得分									

（续表）

	规律性	情绪	持久性	适应性	反应强度	敏感性	趋避性	活动性	注意分散度
维度得分									

9个维度特征剖面图

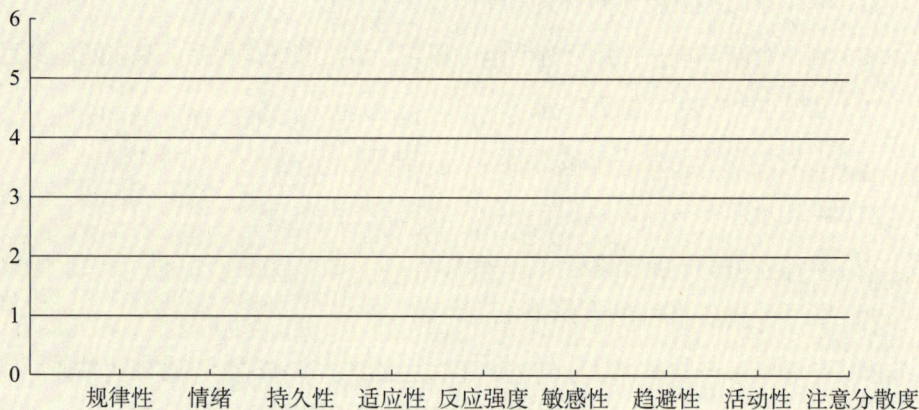

测评结果

姓名：＿＿＿＿＿＿＿　年龄：＿＿＿＿＿＿＿

初步评定该婴幼儿属于＿＿＿＿＿＿＿＿气质类型

探索 3　如何培养婴幼儿的自我意识?

　　心心2岁之后就变得特别自我，总是说："不行!""这是我的!""不，我就想要!"他也会常常强调自己的自主性，如"我要自己吃饭"。

　　请结合学习支持3中的内容，分析心心出现这些行为的原因。

....

....

....
....
....

学习支持 3

★ 婴幼儿自我意识发展的特点及保育

一、自我意识概述

婴幼儿的自我意识不是与生俱来的，而是婴幼儿在与环境和他人的互动中逐渐形成的。自我意识是特殊的认知过程。一般的认知过程是主体对客体的反映过程，而自我意识则是主体对自己的反映过程。那么，婴幼儿是从什么时候开始感觉到自己是独立于他人存在的呢？婴幼儿的自我意识又是怎样随着年龄的增长而发展的呢？

1. 自我意识的概念

自我意识是个性的一个组成部分，是衡量个性成熟水平的标志，是整合、统一、调节个性各个系统的核心力量，也是推动个性发展的内部动因。自我意识是人类特有的反映形式，是人对自己的身心状态及对自己同客观世界的关系的意识，尤其是人我关系的认识。自我意识包括三个层次：一是对自己及自身状态的认识，二是对自己的思维、情感、意志、个性、能力等心理活动的认识，三是对自己所扮演的社会角色、人际关系等社会关系的认识。

2. 自我意识的结构

自我意识由自我认识、自我体验和自我调节组成。

（1）自我认识。自我认识主要指自我概念，是自我意识的认知成分，是自我意识的核心和首要成分。自我认识主要包括自我感觉、自我概念、自我观察、自我分析和自我评价。其中，自我评价是对自己的能力、品德、行为等方面的社会价值的评估，它最能代表一个人自我认识的水平。

（2）自我体验。自我体验是自我意识在情感方面的表现，具体包括自尊心和自信心。自尊心是指个体在社会交往中通过比较所获得的有关自我价值的积极的评价与体验。自信心是对自己的能力是否适合所承担的任务而产生的自我体验。自尊心和自信心都是与自我评价紧密联系的。

（3）自我调节。自我调节是自我意识的意志成分，主要表现为个体对自己的行为、活动和态度的调控，包括自我检查、自我监督和自我控制等。自我检查是主体在头脑中将自己的活动结果与活动目的加以比较、对照的过程。自我监督是个体以其良心或内在的行为准则对自己的言行实行监督的过程。自我控制是一个人对自身心理与行为的主动掌握。

二、婴幼儿自我意识的发展

1. 自我感觉的发展（1岁前）

婴儿最初不能意识到自己，不能把自己作为主体去同周围的客体区分开来，连自己的身体属于自己也不知道。例如，他们会把自己的小手、小脚放进嘴里啃咬，有时还会因把自己咬疼而哭叫起来。在与客体的互动中，婴儿能够逐渐获得自我感知。比如，婴儿通过咬奶嘴和咬自己手脚时的不一样的感觉经验，慢慢知道手脚是自己身体的一部分，这就是自我意识的最初形式，即自我感觉开始发展。

2. 自我认识的发展（1—2岁）

随着认知能力的发展和成人的教育，1—2岁的幼儿能更清晰地认识到自己的存在。他们能够通过一些外在的、明显的特征，去判断自己与他人的区别。对于自己身体的认识，既是幼儿认识自我存在的开始，也是幼儿认识物我关系的开始。这一阶段的幼儿有了对物的"所有权"的意识，不太愿意将自己心爱的东西分享给他人。

3. 自我意识的萌芽（2—3岁）

自我意识的真正出现是和幼儿语言的发展相联系的。2—3岁的幼儿开始把自己当作主体来认识，逐渐学会用"我"来称呼自己，这是幼儿自我意识萌芽的重要标志。例如，幼儿会说"我叫××，我比××高""我家里有洋娃娃，她家没有"等。

4. 对自己心理活动的意识（3岁以后）

相比外在的身体，幼儿对自己摸不着、看不见的内心的意识更为困难，因为这要求幼儿有较高的思维发展水平。3岁左右，幼儿开始出现对自己内心活动的意识，能够意识到"我想做"和"我应该做"是有区别的；开始懂得什么是"应该的"，以及"想做"要服从"应该"。

小链接

阿姆斯特丹的镜像实验 [1]

北卡罗来纳大学的比拉·阿姆斯特丹就儿童的自我形象认知问题做了一项经典研究。他在儿童毫无察觉的状态下，在其鼻尖上涂上一个红点，然后观察儿童照镜子时的反应，以此来揭示其自我认知的发生过程。阿姆斯特丹认为，如果儿童表现出意识到自己鼻尖上红点的自我指向行为，那就表明他们具有自我认知能力。因为如果儿童特别注意自己

---

[1] 文颐. 婴儿心理与教育（0—3岁）（第二版）[M]. 北京：北京师范大学出版社，2015:244.

鼻尖上的红点或者能够找到自己鼻尖的话，那么说明他们已经对自己的面部特征有了清楚的认识，同时也说明他们已经有了把自己当作客体来认识的能力。

阿姆斯特丹研究了88名3个月到24个月大的儿童，并对其中2名12个月大的儿童进行了追踪研究，时间为1年。结果表明，只有到了15—24个月时，儿童才显示出稳定的对自我特征的认识。根据研究，阿姆斯特丹揭示了儿童自我认知发展的三个阶段。

第一阶段：游戏伙伴阶段（6—12个月）。这个阶段，儿童以为镜子里的影像是另一个儿童，他们常常会看看镜子里的形象，而后又想要到镜子后面去找找那个并不存在的儿童。

第二阶段："退缩"阶段（13—20个月）。这个阶段显现了自我形象意识的迹象。儿童在看到镜子里的形象后，或感到窘迫，或有点傻乎乎的，或带些自我欣赏的样子。有些人认为，这正是自我意识的标志。但阿姆斯特丹认为，它不足以说明自我意识的出现。

第三阶段：自我意识的产生阶段（20—24个月）。这一阶段的儿童可以明确地表现出意识到自己鼻尖上的红点的行为。同时，伴随这种自我再认，儿童还会表现出其他行为，如自我赞赏。

三、婴幼儿自我评价与自我体验的发展

自我评价是自我认识的重要组成部分，它最能代表一个人自我认识的水平。自我体验是个体在自我评价的基础上对自己产生的情绪体验，是自我意识中的情绪情感成分。学习婴幼儿自我评价和自我体验发展的特点，有助于我们更好地了解婴幼儿自我意识的发展情况。

1. 婴幼儿自我评价的发展

（1）依从性和被动性。由于认知水平不高，加之对成人权威的尊重与服从，婴幼儿还没有独立的自我评价能力。他们的自我评价往往依赖于成人的评价，基本上是成人对他们评价的简单重复。例如，"我是一个好孩子""打人的孩子都是坏孩子"，这种评价依据的就是成人的标准。

（2）表面性和局部性。婴幼儿的自我评价受整体思维和认知发展水平的限制，一般比较笼统，较多的是评价自己的某个方面或局部，主要集中在自我的外部表现上，且仅局限于对外部行动的评价。婴幼儿还不会评价自己的内心活动和个性品质。例如，婴幼儿在评价自己是好孩子时，他们的理由通常为"我吃饭吃得好""我睡觉表现好"等。

（3）情绪性和不确定性。婴幼儿的自我评价往往带有主观情绪，而不是从具体事实出发。由于婴幼儿对权威（如父母、保教人员）的评价以及对自己的评价往往比对同伴的评价偏高，加之他们在评价时表现出依从性和被动性，因此，婴幼儿的自我评价很不稳定。

（4）对自我的评价往往偏高。婴幼儿一般都会过高地评价自己，这是因为婴幼儿还没

有开始将自己以及自己的表现与他人进行比较。随着年龄的增长，婴幼儿的自我评价将逐渐趋向于客观。例如，表 4-2-6 是不同年龄幼儿对值日工作的自我评价。从表格中的数据可以看出，幼儿年龄越小，评价过高的人数越多；而随着年龄的增长，评价过高的人数明显减少，同时能正确做出自我评价的幼儿数量明显上升。

表 4-2-6 不同年龄幼儿对值日工作的自我评价

年龄	不正确评价者（%）			正确评价者（%）
	评价过高者	评价过低者	总计	
4—5 岁	74	0	74	26
5—6 岁	59	0	59	41
6—7 岁	22	28	50	50

2. 婴幼儿自我体验的发展

（1）自我体验的发展水平不断深化。0—3 岁婴幼儿随着自我认知能力的不断提高，开始有了对自我的体验，从而出现了自尊、自信等自我知觉。婴幼儿的各种自我体验都会随年龄的增长而发展，且发展水平不断深化。

（2）自我体验的社会性。随着年龄的增长，婴幼儿能对社会性的需要产生自我体验，即开始发展对社会情感的自我体验。自我体验的社会性会随着年龄的增长而不断发展。例如，委屈感、自尊感和羞愧感等社会性较强的自我体验，一般从 4 岁以后开始明显发展。

（3）自我体验的受暗示性。在自我体验的产生过程中，年龄越小的婴幼儿，越容易受到成人的影响。保教人员要充分注意婴幼儿易受暗示性的特点，多采用积极的暗示，以促进婴幼儿良好道德情感的发展；同时要注意避免消极暗示对婴幼儿行为的不良影响。

四、促进婴幼儿自我意识发展的保教要点

1. 在日常生活中培养婴幼儿的自我意识

成人要有意识地帮助婴幼儿认识自己、了解自我，意识到自己的成长。例如，保教人员可以引导婴幼儿进行一些力所能及的劳动，如整理桌椅、摆放碗筷、叠被子、叠衣服、扫地等，帮助婴幼儿掌握简单的劳动技能，培养自我服务能力，增强婴幼儿的自信心。

2. 在各种活动中培养婴幼儿的自主性

婴幼儿具备独立行走的能力和手部精细动作的发展，为他们的自主活动创造了条件，使得他们能脱离成人的帮助，独立完成一些简单的事情。这种独立做事的经历，一方面能提高婴幼儿解决问题的能力，另一方面能增强婴幼儿的自信心。保教人员可以通过让婴幼儿自己做主、自己选择、自己动手的方式，培养他们的自主性和自信心，如让婴幼儿选择游戏主题、讨论游戏玩法、选择游戏材料、进行角色分工等。

3. 多维、纵向地评价婴幼儿

婴幼儿处于自我意识形成的初期，他们的自我评价往往是根据成人的态度形成的，且以成人的评价为标准。因此，成人的评价会对婴幼儿的发展产生重要影响。成人的肯定、赞赏和鼓励会增加婴幼儿的积极情感和自信心，帮助他们形成良好的自我体验。为此，保教人员要从多方面观察、评价和分析婴幼儿的发展，多采用纵向评价，帮助他们看到自己的进步，提升他们的自信心。

4. 鼓励婴幼儿进行自我评价

婴幼儿自我评价能力的发展对其良好个性的形成、心理的健康发展以及良好人际关系的建立，均具有十分重要的意义。因此，保教人员要为婴幼儿提供自我评价的机会，帮助他们正确认识自己。

5. 家园配合，提升婴幼儿的自我意识水平

家庭是婴幼儿个性社会化的主要场所，父母对婴幼儿的态度、评价，以及父母与婴幼儿之间的互动方式，对婴幼儿正确认识自我及发展良好的个性具有重要意义。保教人员应经常和家长交流沟通，引导家长全面了解自己的孩子，指导家长实施正确的教育，通过家园合作培养婴幼儿良好的自我意识。

• 教养实践 •

音乐活动：我的身体最神气（小班）

1. 活动目标

（1）欣赏歌曲，尝试跟随音乐轻拍身体各部位。

（2）边念歌词，边做出相应的动作。

2. 活动准备：

歌曲《我的身体最神气》。

3. 活动过程

（1）引导幼儿玩指认自己身体各部位的游戏，帮助他们了解身体各部位的名称。

① 音乐游戏"身体音阶歌"：身体宝宝要和我们做游戏了，让我们跟着音乐一起在自己的身体上"弹钢琴"吧。

② 教师引导幼儿以慢速从头到脚指认身体各部位。

③ 教师快速地指身体的各部位，让幼儿边认边说：这是我身体的什么地方。

（2）欣赏歌曲，熟悉音乐的旋律和歌词。

① 听！这里有一首好听的歌，唱出了身体宝宝的本领，让我们一起听听身体宝宝有哪些本领。

② 欣赏歌曲《我的身体最神气》，引导幼儿自由表达欣赏到的歌词内容。

③ 教师慢速哼唱歌曲，引导幼儿根据听到的歌词内容，有节奏地轻轻拍打身体各部位。

（3）跟随音乐，创编表现身体部位的动作。

① 教师鼓励幼儿用各种动作表现身体的各个部位：我们的身体宝宝还能做什么呢？（如摆摆手、招招手、转转手腕等，或是小脚跳跳、走走、踩踩等）

② 鼓励幼儿跟着音乐，表现相应的动作。教师及时肯定幼儿的动作表现：你们的身体宝宝本领可真大，能做这么多的动作。

分析：通过此音乐活动，幼儿能指认、感知自己身体的各个部位，意识到这些部位的本领，从而促进自我意识的发展。

·家园沟通·

根据本学习活动所学知识，保教人员在开展家园沟通工作时，可参考以下内容：

（1）引导家长认识到家庭是实现婴幼儿个性社会化的主要场所，家长对婴幼儿的态度、评价，以及家长与婴幼儿之间的互动方式，对他们的自我认识及良好个性的发展具有重要意义。

（2）引导家长尊重婴幼儿的原有气质，并在婴幼儿原有气质的基础上发展其中的积极方面，采取适当的保教措施，帮助婴幼儿形成优良的个性特征。

学习水平评价表

评价内容	观测点	分值	得分
个性概述	·能正确说出个性的概念及结构（10分） ·能正确说出个性的基本特征及个性的形成过程（10分）	20分	
婴幼儿气质发展的特点及保育	·能正确说出气质的概念（5分） ·能复述婴幼儿气质的类型及其典型特征（10分） ·能根据婴幼儿气质发展的特点，选择恰当的保教措施（15分）	30分	

（续表）

评价内容	观测点	分值	得分
婴幼儿自我意识发展的特点及保育	·能正确说出自我意识的概念及结构（5分） ·能复述自我意识的发展过程，以及自我评价与自我体验的发展情况（10分） ·能根据婴幼儿自我意识发展的特点，选择恰当的保教措施（15分）	30分	
素养目标达成情况	·能在学习过程中主动提出疑问或分享自己的观点（10分） ·能根据婴幼儿个性发展的特点因材施教，耐心、细致地促进婴幼儿良好个性的发展（10分）	20分	
总　分		100分	

在线自测

○ **课后练习** ○

一、单选题

1. 一个人在不同的时间、地点、场合所做出的行为都会有很相似的表现，这是个性的（　　　　）。

    A. 整体性　　　　　　B. 独特性　　　　　　　　C. 稳定性　　　　　　　D. 社会性

2. "老师说我是好孩子"，这句表述说明幼儿对自己所做的评价具有（　　　　）。

    A. 独立性　　　　　　B. 个别性　　　　　　　　C. 多元性　　　　　　　D. 依从性

3. 一个人比较稳定的、具有一定倾向性的各种心理特点或品质的独特组合是（　　　　）。

    A. 性格　　　　　　　B. 个性　　　　　　　　　C. 自我意识　　　　　　D. 理想

4. 婴幼儿个性发展的最原始的基础是（　　　　）。

    A. 气质特征　　　　　B. 情感类型　　　　　　　C. 性格特征　　　　　　D. 爱好类型

5. 个体自我意识开始发展的时期是（　　　　）。

    A. 婴儿期　　　　　　B. 幼儿期　　　　　　　　C. 学龄期　　　　　　　D. 青春期

二、简答题

1. 婴幼儿的气质类型及其典型特征有哪些？

2. 在日常生活中，保教人员应当如何培养婴幼儿良好的自我意识？

三、拓展题

阅读案例，结合婴幼儿自我意识发展的有关知识对东东的行为进行分析。

一天，小班幼儿东东因打了人而没有拿到小红花。当妈妈来接他时，他不肯回家，非要拿到小红花才肯离园。经过张老师的耐心引导，东东知道了自己的错误，答应老师自己会通过良好的表现来获得小红花。从第二天起，他自觉控制自己的行为，每天都要问张老师："我今天表现好吗？"有一天，张老师看到了他的进步，奖给他一朵小红花，东东高兴极了。

学习活动 3 婴幼儿社会性发展的特点及保育

学习目标

- ☑ 能概述社会性、亲子依恋、同伴关系以及亲社会行为和攻击性行为的概念。
- ☑ 知道社会性发展的内容、依恋发展的过程和类型，以及同伴交往的类型和发展阶段。
- ☑ 能根据婴幼儿攻击性行为的特点，采用多样化的保教措施来减少该行为的发生。
- ☑ 能根据婴幼儿社会性发展的特点，向家长提出适宜的教养建议，并与家长进行有效的沟通。
- ☑ 能根据婴幼儿社会性发展的特点因材施教，有效促进婴幼儿社会性的发展。
- ☑ 能主动获取并整理有关婴幼儿社会性发展保教的有效信息，乐于展示学习成果，并能对本学习活动的学习情况进行总结和反思。

课前小活动

- ☑ 预习本学习活动内容，完成案例导入中的思考题及各探索活动。
- ☑ 通过网络查询信息，了解同伴交往的类型。
- ☑ 扫描二维码，学习微课"了解亲社会行为"。

微课视频
了解亲社会
行为

案例导入

我想来幼儿园玩

早上入园时，小雨看到妈妈转身要离开，便死死地抱住妈妈，大声喊道："我要妈妈陪……"经过一番"拉扯"，张老师好不容易将小雨带进幼儿园，可是小雨仍然哭闹不止。张老师抱着小雨说："我们一起进去玩吧，幼儿园里可好玩了！"但安慰的话对小雨不起作用，她还是不停地哭。来到教室后，当小雨看到许多小朋友拿着各种玩具在玩时，先是愣了几秒，随即又号啕大哭起来。张老师见状，连忙过来抱了抱小雨，并从一旁的橱柜里拿出一个颜色鲜艳的冰激凌仿真玩具递给她，说道："小雨你来啦！早上好！我这里有许多好吃的冰激凌，你想要什么口味的呢？"这回，小雨终于停止了哭泣，看了看张老师手里的冰激凌，再看了看一旁的小朋友，一副欲言又止的神情。这时，教室里突然响起"哇"的一声，吸引了小雨的注意，原来是其他"想妈妈"的小朋友来园了。看到这一幕，小雨又开始抽泣起来，但哭闹声明显变小了。张老师赶紧抱起小雨，说："老师带你到教室外面去看一看更有趣的东西，好吗？"小雨看向窗外，点了点头，不再哭闹了。

随后，小雨跟着张老师在操场上左看看、右看看。张老师对她说："小雨，幼儿园是不是有许多好玩的玩具呢？"小雨点点头。"你喜欢这些玩具吗？想来幼儿园玩吗？"小雨再一次点点头，眼睛边看着操场上各式各样的运动器械，边轻声地说了句："想！"

（由施晓辰老师提供）

思考　小雨为什么要妈妈陪着上幼儿园？张老师是通过哪些方式来激发小雨来园的意愿的？

王振宇认为，婴幼儿并不是一个孤立的个体，他们心理的发展依存于特定的社会环境和社会关系，婴幼儿不可能摆脱这种环境和关系。这种社会环境和社会关系既是婴幼儿心理发展的一个条件，也是婴幼儿心理发展本身的内容。事实上，当婴幼儿开始与周围的人共同生活，尤其是开始掌握人类社会的交际工具——语言时，也就开始了他们的社会化发展。刚刚呱呱坠地的小生命并不认识镜子中的自己，甚至不能把自己和周围的环境区分开来；大约到了3个月，当他听到人的声音时，就会转动小脑袋，对声音做出反应，他开始慢慢地认识主要照护者并与之建立依恋关系，开始能够认识到自我，感受到自己和他人的情绪，开始尝试与他人合作、分享。婴幼儿的社会性发展就此开始，并将贯穿他一生的发展。

探索 1　什么是婴幼儿的社会性发展？

雯雯第一天上托班，她哭着喊着不肯进教室，抱着妈妈说："妈妈，我要和你回家，我不要上幼儿园！"小脸上挂满了泪水。等妈妈离开后，雯雯断断续续地哭了一上午，甚至拒绝睡午觉。

请结合学习支持1中的内容，思考以下问题。

（1）雯雯为什么会出现这样的行为？

（2）雯雯和妈妈之间的亲子关系有什么特点？

....

....

....

....

....

学习支持 1

★ 社会性概述

马克思指出，人天生是社会动物，不仅是一种合群的动物，而且是只有在社会生活中才能独立的动物。婴幼儿作为社会成员，能够在与社会群体和环境的交互过程中不断丰富自己的社会经验，认识社会关系系统，形成个性，适应并参与社会生活，从而发挥相应的作用。

一、社会性的概念

所谓社会性是指作为社会成员的个体，为适应社会生活所表现出的心理和行为特征。所谓社会性发展是指个体从一个自然人逐渐掌握社会道德行为规范，形成社会技能，扮演社会角色，成长为一个社会人，并逐渐步入社会的过程。社会性发展也称为社会化。

婴幼儿社会化是一个积极、主动的过程，是每一个婴幼儿成为负责任的、有独立行为能力的社会成员的必经途径。在这个漫长且复杂的内化过程中，婴幼儿能够逐渐掌握参与社会生活所必须具备的道德品质、价值观念、行为规范，以及形成积极的生活态度。独立掌握并自觉遵守社会规范，是婴幼儿社会化的一个重要成果，也是婴幼儿实现社会化的重要标志。

婴幼儿在发展的过程中，必定要与形形色色的人交往，从而形成各种社会关系，如自出生开始与父母所形成的亲子关系，之后因活动范围和交往范围的扩大而与同伴、教师所形成的同伴关系、师生关系等。其中，亲子间的依恋关系是婴幼儿最初的人际关系，对婴幼儿的心理发展具有重大影响，因此，父母是婴幼儿社会化过程中的重要他人。

二、社会性发展的主要内容

社会是由人构成的，婴幼儿不是独立的个体，他们的心理发展依赖特定的社会环境和社会关系，如亲子关系、同伴关系等。这种社会环境和社会关系，既是婴幼儿心理发展的条件，也是他们心理发展本身的内容。社会性发展的主要内容包括人际关系的发展和社会行为的发展。

1. 人际关系的发展

人际关系既是婴幼儿社会性发展的重要内容，又会反过来影响婴幼儿社会性的发展。婴幼儿人际关系的发展主要表现在亲子关系和同伴关系的发展上。亲子关系是指婴幼儿与主要抚养者（一般是父母或隔代亲人）的关系，它既是一种血缘关系，又是养育者与被养育者、保护者与被保护者、教育者与被教育者之间的纵向关系。婴幼儿亲子关系的发展主要表现在依恋关系和父母教养方式两个方面。对于0—3岁的婴幼儿来说，亲子关系主要表现在依恋关系上。

同伴关系是指年龄相同或相近的婴幼儿之间的一种共同活动、相互协作的关系，具有平等、互惠的特点。

2. 社会行为的发展

所谓社会行为是指人们在交往活动中对他人或某一事件所表现出的态度、言语和行为反应，是人们社会化过程的产物。婴幼儿的社会行为在0—4个月时开始萌芽，表现在社会认知的早期倾向、哭与笑、交流等方面；1岁左右开始初步发展，表现在亲社会行为和攻击性行为等方面。社会行为发展状况的好坏是个体社会性发展成败的重要指标。

● 教养实践 ●

社会活动：碰碰碰（31—36个月）

1. 活动目标

（1）初步感知围棋是由黑白两色棋子组成的，能听着音乐信号进行游戏。

（2）乐意与同伴玩音乐游戏，萌发对围棋活动的兴趣。

2. 活动准备

黑白棋泡沫垫、指示牌（黑色或白色）、歌曲《碰碰碰》。

3. 活动过程

（1）保教人员将幼儿聚集到一起，并介绍游戏："今天我们来玩一个'碰碰碰'的游戏。想一想，我们可以碰碰身体的哪些部位呢？让我们听着音乐试一试。"

（2）保教人员引导："瞧，这儿有许多黑棋、白棋宝宝也想来玩游戏。下面，我们一起听着音乐找一个棋宝宝碰碰碰吧！"

（3）在游戏的过程中，保教人员引导幼儿当唱到"一步一步往上爬"时，就要去找地上的棋宝宝泡沫垫，然后，当唱到"落呀落呀落下来"时，就要碰碰棋宝宝了。

（4）保教人员出示指示牌（黑色或白色），幼儿边听音乐，边根据指示牌翻出的颜色找棋宝宝玩"碰碰碰"的游戏。

（5）游戏结束时，保教人员用肢体动作、语言表扬幼儿的积极参与，激发幼儿对下一次玩游戏的兴趣与愿望。

小链接 🔍 ▬ ⛶ ✕

婴幼儿社会性发展的观察与评估

通过表 4-3-1 所列观察项目，可以对婴幼儿的社会性发展情况进行初步的评估。

表 4-3-1　婴幼儿社会性发展的观察评估项目 [①]

月龄段	观察评估项目
0—3 月龄	哭闹时听到母亲的呼唤声会安静
	受到逗引时出现动嘴巴、伸舌头、微笑等情绪反应
	看到主要照料者会笑
	当他人微笑时，自己也会微笑
4—6 月龄	看到母亲时，会伸手期待抱抱
	在陌生的环境里会表现出不安
	母亲在身边表现出生气或愤怒时会哭起来
	拿走他正在玩的玩具会表示反对
	会对着镜子中的影像微笑，伸手拍拍镜子
7—9 月龄	会注视、伸手去触摸另一个婴儿
	对于陌生人会有情绪不稳定的表现
	玩具被拿走时会激烈反抗
	当成人禁止做某件事时，能够停下
10—12 月龄	经常模仿成人的举动
	听到表扬后会重复刚刚的动作
	知道母亲要离开会哭，寻找母亲
	看见陌生人会焦虑、害怕
13—18 月龄	与小朋友一起玩耍时，经常为争夺玩具发生冲突
	开始能理解并遵从成人设定的简单行为准则和规范

[①] 周念丽 . 0—3 岁儿童观察与评估 [M]. 上海：华东师范大学出版社，2013:211.

（续表）

月龄段	观察评估项目
	会依赖自我安慰的东西，如毯子等物品
	能在镜子中辨认出自己，并叫出自己的名字
19—24月龄	不愿把东西给别人，知道是"我的"
	游戏时会模仿父母的动作，如假装给娃娃喂饭、穿衣
	有一定的自理能力，可以自己脱衣服
	可以从一堆照片中辨认出自己的照片
25—30月龄	能够主动帮助同伴
	同伴交往中出现一定的合作行为，如将物品递给同伴等
	能自己穿衣服
	不再怕生，在新环境中能很快适应
31—36月龄	乐于和其他幼儿一起游戏，并能够不打扰其他幼儿游戏
	知道如何排队，并耐心等待
	能自己收拾玩具
	能区分自己和他人的性别

探索 2 如何建立良好的亲子依恋关系？

乐乐4个月大了，他开始排斥妈妈以外的人来抱他。当看到陌生人时，他还会有焦虑不安的行为表现。

请结合学习支持2中的内容，思考问题：乐乐为什么会有这样的行为表现？

学习支持 2

★ 婴幼儿依恋的发展与良好亲子关系的培养

一、依恋概述

婴幼儿一来到这个世界，就以微笑、啼哭、认生、模仿等行为表明他们有交往的需要和能力。而这种交往需要的满足及其交往能力的发展状况，最初则依赖于婴幼儿与父母（尤其是母亲）或其他抚养者之间所建立的亲密联结关系。母婴依恋关系是婴幼儿最早形成的人际关系，这种关系对婴幼儿的心理发展有着重大影响。

▲ 图 4-3-1　良好的母婴依恋关系对孩子的成长至关重要

1. 依恋的概念

依恋是指婴幼儿与抚养者（母亲或家庭其他成员）之间形成的一种强烈而持久的社会性情感联结。英国心理学家约翰·鲍尔比是婴幼儿依恋研究的先驱，他最先提出了依恋的概念。他认为，依恋是婴幼儿对其主要抚养者特别亲近而不愿意离去的特殊情感，是存在于婴幼儿与其主要抚养者之间的一种强烈的、持久的情感联结。依恋主要表现为啼哭、微笑、吸吮、喊叫、咿呀学语、拥抱、抚摸、抓握和跟随等行为。鲍尔比将依恋描述为一种在维持婴幼儿的安全和生存方面具有直接意义的行为控制系统，其重要性不亚于控制饮食和繁殖的行为系统，其作用在于为婴幼儿创造一个安全舒适的环境。婴幼儿以此为安全基地，出发去探索外面的世界，当他遇到危险时，又可以迅速返回这一"安全的港湾"。

2. 依恋的发展过程

依恋不是突然出现的，而是一个渐进发展的过程，可以分为以下四个阶段。

第一阶段（0—3 个月）：无差别社会反应阶段。这个阶段，婴儿对人的反应几乎都是一样的，他们喜欢所有的人，喜欢注视所有人的脸。在舒适状态下，婴儿会对所有人微笑、手舞足蹈，对所有人的声音做出相同的反应。

第二阶段（3—6 个月）：有差别社会反应阶段。这个阶段的婴儿开始对不同的人做出不同的反应。婴儿对母亲和他所熟悉的人会表现出更多的微笑，尤其是对母亲，他们会逐渐显现出偏爱，更愿意接近母亲。此时的婴儿通常仍然能接受陌生人的照顾，对陌生人不会产生害怕的反应。

第三阶段（6 个月—2 岁）：特殊的情感联结阶段。这个阶段的婴幼儿对主要抚养者，尤其是母亲的偏爱尤为强烈。婴幼儿对母亲的依恋已经逐渐形成，其标志是出现分离焦虑和陌生人焦虑。婴儿从6—7个月开始,对依恋对象(通常是母亲)的存在会表示深深的关切。当依恋对象离开时,婴儿会哭喊,显得焦虑不安;当依恋对象回来时,会显得十分高兴。婴幼儿从8个月左右开始出现分离焦虑,10—18个月最为强烈。这个时期,婴幼儿会积极寻求与抚养者接近的机会。为了亲近和接触抚养者,婴幼儿能更加主动地调节自己的行为以适应成人的行为。

第四阶段(2岁以上):目标调整的伙伴关系阶段。这一阶段的幼儿随着认知的发展,自我中心表现减少,开始能觉察母亲行为的目的,获得对母亲感受和动机的认知,能理解母亲的行为。于是,母子(女)之间会形成一种复杂的关系,鲍尔比称之为"同伴关系"。这种新的母子(女)关系的发展有赖于幼儿具备两种能力:一是明白母亲具有与自己不同的目标和兴趣;二是将母亲的目标和兴趣纳入考虑。莱特等众多研究者发现,很多幼儿在4岁时已经具备观点采择能力,这是一种认知能力,即幼儿具备采纳别人的观点,从而理解他人的思想和情感的能力。

3. 依恋的类型

爱因斯沃斯以陌生情境中婴幼儿的行为表现为依据,将婴幼儿的依恋划分为四种类型。

(1)安全型。这类婴幼儿在陌生情境中,会把母亲作为"安全基地",自己去探究周围的环境。当陌生人出现时,他们有时会有点警惕,有时也会很积极,会对其微笑,但与对母亲的行为反应明显不同。当母亲离开时,他们会明显表现出痛苦和沮丧,探究活动显著减少;当母亲回来时,他们会以积极的情绪表达依恋并主动去寻求安慰。即使在忧伤时,婴幼儿也很容易被母亲安抚,能很快平静下来,然后继续全神贯注地探究或游戏。

(2)焦虑—回避型。这类婴幼儿在陌生情境中,母亲是否在场对他们的探究行为没有影响。当母亲离开时,他们并无特别紧张或忧虑的表现。当母亲返回时,他们也不会主动寻求接触,有时会欢迎母亲的到来,但这只是短暂的,接近一下便又走开了。在忧伤时,陌生人的安慰和母亲的安慰效果差不多,没有明显的陌生焦虑表现。

(3)焦虑—抗拒型。这类婴幼儿在陌生情境中,难以主动地去探究周围环境,且探究活动很少,会有明显的陌生焦虑表现。当母亲离开时,他们会极度反抗。但当与母亲在一起时,他们又无法把母亲作为安全探究的基地。最明显的表现是,当母亲回来时,他们既寻求与母亲的接触,同时又反抗与母亲的接触,在亲近母亲和抗拒母亲之间摇摆,表现出矛盾行为。这类婴幼儿在陌生环境中哭得最多、玩得最少,对陌生人难以接近。

(4)混合型依恋。这类婴幼儿可能会在不同情境下或不同时间表现出不同的依恋特征,因此难以被明确地归类为上述三个类型之一。在陌生环境中,这类婴幼儿通常会表现出困惑、迷茫和畏惧的情绪。当母亲返回时,他们可能会展现出矛盾的、无组织的行为。例如,他们可能会哭喊,但同时跑开,或者一边看着其他地方,一边接近母亲,或者在母亲周围显得极端的害怕和不安。

小链接 🔍 ⊟ ⧉ ✕

陌生情境测验

为了进一步探究依恋现象中存在的个体差异，美国著名发展心理学家爱因斯沃斯和她的学生一起设计了著名的陌生情境测验。爱因斯沃斯选取了若干12—14个月的男、女幼儿，让他们和母亲一起参加实验，并专门安排了工作人员来扮演实验中的陌生人。实验专门安排了一间游戏室，该游戏室只有一扇门，室内铺有地毯，地毯上有许多玩具，包括玩偶、积木、汽车模型等。与此同时，为了全程记录幼儿的反应，游戏室内较为隐蔽的位置安装了摄像机。研究者通过观察幼儿对陌生人的反应，来评估母亲与幼儿间的依恋关系。

表 4-3-2 测定幼儿依恋类型的情境

情境	在场人物	时间（分钟）
1. 母亲和幼儿一起进入房间	母亲、幼儿（四周全是有吸引力的玩具）	3
2. 陌生人进入房间	母亲、幼儿、陌生人	3
3. 母亲离开房间	幼儿和陌生人	<3
4. 母亲回到房间，陌生人离开	母亲、幼儿	>3
5. 母亲离开	幼儿	<3
6. 陌生人回来	幼儿、陌生人	<3
7. 母亲回来，陌生人离开	母亲、幼儿	3

其中，情境3、4和5、7是测量依恋的关键场景：幼儿在与母亲分离以及母亲重新回来时的表现各不相同。

二、促进婴幼儿良好亲子关系的保教要点

父母及主要抚养者是婴幼儿生存与发展的"第一重要他人"。在婴幼儿早期的社会性交往中，婴幼儿与父母及主要抚养者的交往占据了重要地位。父母及主要抚养者在婴幼儿心理的全面发展中起着积极的作用，影响着婴幼儿认知、情感、社会性等方面的健康发展。此外，父母及主要抚养者也是婴幼儿社会行为和社会交往发展的重要基础。婴幼儿与父母及主要抚养者的关系是以后诸多社会关系形成的基础，这种关系在很大程度上影响了婴幼儿以后人际关系的形成。促进婴幼儿良好亲子关系的保教要点主要有以下三个方面。

1. 有一个稳定的抚养者

稳定的抚养者是婴幼儿安全型依恋形成的必要条件。婴幼儿的依恋对象通常是母亲，母亲对孩子情绪和需求的积极回应，以及提供稳定的情感支持，使母子之间建立亲密关系，将有助于婴幼儿形成安全型依恋。同时，家庭成员之间的关系是相互渗透、相互影响的，因此，父亲及其他家庭成员也应发挥作用，以稳定的抚养者为核心，形成家庭成员之间的合力，以帮助婴幼儿形成安全型依恋。

2. 提高抚养质量

抚养质量主要通过抚养者的敏感性与反应性、积极的情绪表达、社会性刺激量等方面体现出来。婴幼儿出生以后的养育环境、母亲的喂养方式以及抚养者与婴幼儿之间的交往方式，都是影响婴幼儿依恋的关键因素。为此，在抚养婴幼儿的过程中，抚养者之间应确保教育目标和方法的一致性，且应及时回应婴幼儿发出的各种信息，注意态度要温和、充满热情，这样才能与婴幼儿建立良好的亲子关系。

3. 采取正确的教养方式

家长是孩子的第一任老师，家长的教养态度与教养方式影响着亲子关系的建立。鲍姆令特通过研究，将父母的教养方式归纳为以下四种主要类型。

（1）权威型。父母对婴幼儿持积极肯定的态度，能够热情地对婴幼儿的要求、愿望和行为做出反应，尊重婴幼儿的意见和观点；能够对婴幼儿提出明确的要求，不允许其违反规则；会对婴幼儿的不良行为表示不满，对他们的良好行为表示支持和鼓励，如鼓励他们的独立探索行为。在此种教养方式下成长的婴幼儿会表现出如下特点：独立性强，善于自我控制和解决问题；自尊心和自信心较强；喜欢与人交往，对人很友好，有很强的认知能力和社会交往能力。

（2）专制型。父母在情感方面倾向于拒绝和漠视婴幼儿，对婴幼儿表现出的是一种缺乏热情的、否定的情感反应，很少考虑婴幼儿自身的愿望和要求；会对婴幼儿违反规则的行为表示愤怒，甚至采用严厉的惩罚措施。在此种教养方式下成长的婴幼儿会表现出如下特点：缺乏主动性；胆小、怯懦、畏缩、抑郁，有自卑感，缺乏自信心；容易情绪化，不善于与人交往。

（3）放纵型。父母对婴幼儿有积极的感情，但是缺乏行为控制；对婴幼儿没有任何要求，让他们随意放纵自己的行为；对婴幼儿违反规则的行为采取忽视或接受的态度，很少发怒和训斥婴幼儿。在此种教养方式下成长的婴幼儿会表现出如下特点：有较高的冲动性，缺乏责任感；不顺从，难以管教；行为缺乏自制，不够自信。

（4）忽视型。父母对婴幼儿没有爱的情感和积极的反应，且缺乏对婴幼儿行为的控制；亲子交流少，对婴幼儿缺乏基本的关注，容易流露出厌烦、不想搭理的态度。在此种教养方式下成长的婴幼儿会表现出如下特点：具有较强的冲动性和攻击性，不顺从；很少替别人考虑，对人缺乏热情，在青少年期更有可能出现不良行为问题。

在以上四种教养方式中，权威型父母在教养方式上属于高要求、高控制与高接纳、高响应的结合。这类父母以一种合理的方式实施控制，对婴幼儿提出清晰的要求和规定，同时耐心地向他们讲解道理，引导他们遵从并执行规定，并贯彻始终。这类父母在要求婴幼儿的同时，也能准确判断孩子的需求并积极回应，尊重、理解孩子，从而与孩子之间形成了非常融洽的亲子关系。这类父母和孩子之间通常充满温情，交流多，其子女多属于安全型依恋。相比这类父母，其他几类父母的教养行为或过于专制，或过于放纵，或漠视孩子的存在，这些都会对婴幼儿的社会性发展产生负面影响。

• 教养实践 •

亲子活动：小脚踩大脚（30—36个月）

1. 活动目标

（1）感受身体前行和后退的变化，提升身体的平衡与协调能力。

（2）增进幼儿与父母之间的情感，体验亲子游戏的快乐。

2. 活动准备

无须任何材料。

3. 活动过程

（1）成人（父亲或母亲）让幼儿背对着自己，将幼儿的双脚放在自己的两只脚背上，扶着幼儿向前走，一边走，一边喊"一二一，向前走"。

（2）成人与幼儿面对面，将幼儿的双脚放在自己的两只脚背上，扶着幼儿向前走，一边走，一边喊"一二一，向后退"。

探索 3　如何建立良好的同伴关系？

晓晓在和姐姐一起玩积木。晓晓本来只是将积木随意地铺在地上，但当她看到姐姐拿着积木垒高时，便开始尝试将手中的积木一块一块地堆砌起来。然而，她尝试了几次都失败了。姐姐看到了，便帮助晓晓搭了上去，晓晓开心地笑了。

请结合学习支持3中的内容，思考以下问题。

（1）分析晓晓和姐姐处于什么游戏阶段。

（2）说一说如何引导婴幼儿建立良好的同伴关系。

学习支持 3

⭐ 婴幼儿同伴关系的发展与良好同伴关系的培养

一、婴幼儿同伴关系概述

除了亲子关系，同伴关系也是婴幼儿社会化必不可少的重要动因。婴幼儿与同伴交往的能力和水平是衡量个性和社会性成熟的重要标志。

1. 同伴关系的概念

随着婴幼儿年龄的增长，他们各方面的能力也在发展，会逐步走出家庭，进入更广阔的社会生活。对于婴幼儿来说，托幼机构集体生活是社会生活中的一个重要部分，婴幼儿在机构中与同伴相处是他们社会行为发展的开端。婴幼儿的同情心、互助行为等都会在这个时期形成。

同伴关系是婴幼儿在交往过程中建立和发展起来的一种同龄人之间的人际关系。与婴幼儿在家庭中与父母形成的"垂直关系"不同，婴幼儿与同伴之间形成的是"水平关系"。相比与成人之间的交往，同伴之间的交往更平等，这使得婴幼儿能够更全面地认识自己，发展交往技能，提高社会适应性。

小链接

垂直人际关系与水平人际关系的功能 [1]

哈特普把人与人之间的关系分为如下两类：

（1）垂直关系：是与比自己有更多知识和更大权利的人形成的关系，如父母、保教人员与儿童之间的关系。这种关系的交往是具有补充性质的，即：成人控制，儿童服从；儿童寻求帮助，成人提供帮助。因此，垂直关系的主要功能是一方提供帮助和保护，从而使另一方获得知识和技巧。

（2）水平关系：是社会权利相当的个体间的关系。这种关系在本质上是平等的，交往是互惠的，而不是补充的，即：一个孩子躲起来，另一个孩子去寻找；一个孩子把球扔出去，另一个孩子去接。两者的角色可以互换。水平关系的功能是帮助个体习得只有在平等的人之间才能学习到的技巧，如合作和竞争的能力。

---

① 鲁道夫·谢弗. 儿童心理学 [M]. 王莉，译. 北京：电子工业出版社，2010:125.

2. 同伴关系的早期发展

同伴之间的交往最早可以在3—4个月大的婴儿之间看到。婴儿之间会互相触摸和观望，有时可能会以哭泣的方式来对其他婴儿的哭泣做出反应。缪勒和白莱纳把婴幼儿与同伴相互作用的发展划分成三个阶段。[①]

（1）客体中心阶段（6—12个月）。婴幼儿很早就会对同伴发生兴趣。范德尔等人指出：大约在婴儿2个月时，同伴的出现便会引起他们的注意，婴儿之间会相互注视；3—4个月时，婴儿能够互相触摸和观望；6个月时，婴儿能对同伴微笑和发出"呀呀"声。但是，婴儿的这些行为并不是真正的社会性反应，10个月以下的婴儿即使在一起，也只能把同伴当作物体或活动的玩具来对待，如互相抓扯。1岁内婴儿之间的交往大部分是由单方面发起的，并且一个婴儿的社交行为不能引发另一个婴儿的回应。但是在此阶段，婴儿所有的社交行为已经出现，这是建立社会性相互影响的基础。

（2）简单互动阶段（1—1.5岁）。12—18个月的幼儿已经能够对同伴的行为做出反应。当一个幼儿的某种行为引起另一个幼儿的反馈时，即为社会性相互影响产生之时。研究者针对这一阶段的幼儿提出了"社交指向行为"的概念，它是指幼儿意在指向同伴的各种具体行为。在这个阶段中，幼儿会对同伴表现出身体接触、相视而笑、说话、互相拍打对方或给予玩具等行为。随着幼儿年龄的增长，同伴间相互影响的持续时间也会增加。

（3）互补性互动阶段（1.5—2.5岁）。随着年龄的增长，幼儿之间的社会交往更为复杂，模仿行为普遍出现，并出现了合作、互补或互惠等行为。幼儿不仅能较好地控制自己的行为，而且还可以与同伴开展需要合作的游戏。这个阶段幼儿交往的重要特征是同伴之间的社会性游戏数量有了明显增长。

3. 同伴交往的类型

不同婴幼儿在与同伴交往的过程中，其行为方式有很大差异，同伴对他们的反应也不同。有的婴幼儿能够一呼百应，受到众多同伴的欢迎，在群体中被喜欢和接纳；而有的婴幼儿则不受欢迎，同伴都不愿意和他一起玩。婴幼儿的不同行为方式决定了他们与同伴之间形成的不同交往类型。婴幼儿的同伴交往类型主要有受欢迎型、被拒绝型、被忽视型和一般型。

（1）受欢迎型。受欢迎的婴幼儿喜欢与人交往，在交往中能够积极主动，常常表现出友好、积极的交往行为。他们在群体中被大部分的同伴接纳和喜爱，在同伴中享有较高的地位，具有较强的影响力。

（2）被拒绝型。这类婴幼儿喜欢交往，在交往中表现活跃、主动，但是常常采取不友好的交往方式，如强行加入其他小朋友的游戏、抢夺玩具、大声叫喊、推打同伴等。他们的行为往往具有攻击性，因而被其他婴幼儿排斥、拒绝，在同伴中地位低，与同伴关系较为紧张。

（3）被忽视型。这类婴幼儿不喜欢交往，常常独处或单独行动，在交往中表现得退缩

---

① 邓赐平.儿童发展心理学（第四版）[M].上海：华东师范大学出版社，2023：319.

或畏惧。他们很少与同伴发生友好、合作的行为，也不会表现出不友好或者具有侵犯性的行为，因此在群体中，不会有同伴主动与他们交往，也不会受到同伴的排斥。他们在同伴交往中的存在感很低，容易被大部分同伴忽视和冷落。

（4）一般型。这类婴幼儿在同伴交往中表现一般，既不是特别主动、友好，也不是特别不主动、不友好，有的同伴喜欢他们，有的同伴则不喜欢他们。他们既不为同伴所喜爱、接纳，也不为同伴所忽视、拒绝，在同伴心目中的地位一般。

二、促进婴幼儿同伴交往的保教要点

同伴交往能力的发展对个体一生的成长与发展有着重要意义。同伴在婴幼儿社会性的发展中有着成人无法代替的独特作用。因此，保教人员要为婴幼儿提供充足的时间和空间，支持、鼓励他们的交往，使他们成为人际关系和谐的人，为他们一生的幸福和发展打下坚实的基础。

1. 提供与同伴进行游戏的机会

游戏是婴幼儿喜爱的一种活动形式，也是婴幼儿与同伴互动的主要活动形式。在游戏中，婴幼儿通过模仿成人的社会生活来满足自己渴望参与成人生活的心理需求，以及学会与同伴交流、沟通和协作等社会交往技能，从而具备遵守活动规则、服从领导、尊重他人等良好的社会交往品质。

保教人员要为婴幼儿营造宽松的游戏氛围，提供充分的游戏活动空间，让婴幼儿通过与同伴、环境之间的互动，逐步了解和掌握社会行为规范，学习不同角色间的交往方式，提升与同伴交往的技能。

2. 鼓励婴幼儿尽可能多地与同伴交往

保教人员要鼓励婴幼儿多与同伴交往，引导他们积极参与托幼机构的集体活动，给婴幼儿与同伴的交往留出时间和空间。当婴幼儿在交往过程中遇到问题时，保教人员要给予他们适当的空间，启发他们思考解决问题的方法，学习协调自己与他人之间的关系，让他们尝试自己解决问题，锻炼交往能力。

3. 培养婴幼儿的交往技巧

保教人员可以通过创设情境，引导婴幼儿学会正确的交往方式，如教导他们认真地倾听同伴说话、耐心地表达自己的意见等，丰富婴幼儿的交往经验，促进婴幼儿与同伴间的友好相处。

当发生冲突时，保教人员应鼓励婴幼儿与同伴交流，反思交往过程中的行为及引发冲突的原因，收获有益经验，促使婴幼儿获得交往技巧。

4. 强化婴幼儿良好的交往技能

当婴幼儿表现出良好的交往行为时，保教人员应适时地采用抚摸、拥抱、赞扬、奖励等方式对他们的行为进行强化。在婴幼儿交往的过程中，保教人员应持之以恒地给予他们鼓励和引导，帮助他们积累丰富的交往经验，巩固和强化良好的交往技能。

·教养实践·

社会活动: 小手动一动 (18—24 个月)

1. 活动目标

（1）学会与同伴配合。

（2）乐意和同伴一起玩游戏。

2. 活动准备

音乐《小手动一动》。

3. 活动过程

（1）将幼儿聚在一起，教师说引导语："宝贝们，今天我们要和小手一起做游戏。"

（2）和幼儿一起玩小手动一动的游戏，教师说引导语："你们的小手会怎样动呢？"（幼儿自己做动作：转一转、拍一拍、点一点……）

（3）教师讲解游戏规则。"请你们找一个朋友，听到'我的小手拍一拍'，就和好朋友拍拍手；听到'我的小手握一握'，就和好朋友一起握握手；听到'我的小手爬一爬'，就可以将小手轻轻地放在好朋友的身上爬一爬。"

（4）播放歌曲《小手动一动》，开始游戏。

探索 4 如何促进婴幼儿亲社会行为的发展?

浩浩不愿意和其他小朋友互动，看到别的小朋友手里拿着自己喜欢的玩具便伸手去抢。他经常说的一句话就是"这是我的"。

请结合学习支持4中的内容，思考以下问题。

（1）浩浩的行为表现出哪些问题？

（2）如果你是浩浩的老师，你会给家长提供哪些教育建议？

....

....

....

....

....

学习支持 4

★ 亲社会行为与攻击性行为

一、亲社会行为

婴幼儿的亲社会行为早在其出生第一年就已经出现。1 岁以内的婴儿已经能够有意识地对他人微笑、咿呀说话、挥手再见，这是最初的表达友好的方式。随着年龄的增长，婴幼儿会分享自己的玩具、食物，会帮助成人做一些力所能及的事情，会主动安慰同伴。这些都是亲社会行为。

1. 亲社会行为的概念

美国著名发展心理学家缪森对亲社会行为的定义是：试图帮助其他人或某个团体，使他们受益，但是在进行这些活动时，不期待任何外来的奖励，并且常常要付出一定的代价，如自我牺牲、承担一定的风险。之后，缪森进一步给出了亲社会行为的操作定义：那些能够增加或保证他人利益的行为，包括助人、慷慨、牺牲、保卫、无畏、忠诚、尊重别人的权利及感情、有责任感、合作、保护他人、分享、同情心、安慰、抚养他人、关心别人的利益、好心、拒绝非正义事物等。加拿大心理学家麦克奈利和奥哈拉将亲社会行为描述为：任何与他人分享、帮助他人、亲昵地接触他人的身体的行为。目前，人们普遍把亲社会行为定义为：个体帮助或打算帮助他人的行为倾向，是人与人之间形成和维持良好关系的重要基础，是一种积极的社会行为，具体包括合作、分享、助人、安慰、谦让等。

2. 亲社会行为的类型

（1）合作行为。在日常生活中，婴幼儿的合作行为表现为能与同伴配合及协调活动，以达成共同目标的行为。婴幼儿的合作行为通常发生在游戏过程中，对婴幼儿的社会性发展有重要意义。有研究发现，2 岁半的幼儿已经表现出相对稳定的合作行为，他们之间能相互协调，围绕任务进行配合。[①]

（2）分享行为。分享行为是指个体把属于自己的物品、情感、智慧、机会等与他人共享，从而使他人能从中得到益处的行为。研究表明，出生后半年的婴儿就会把自己的食物递给抚养者吃，这是最初的分享行为。婴幼儿的分享行为多为被动分享，对于自己的心爱之物，如玩具、图书等，通常不愿意主动分享。

（3）助人行为。婴幼儿的助人行为主要表现为关心他人，能够意识到他人的需要和困难，并提供帮助。随着婴幼儿各种能力的不断发展和自我意识的形成，他们的助人行为会越来越多。相关研究表明，婴幼儿很早就出现了助人行为，如会帮助成人递东西。

（4）安慰行为。安慰行为是指个体觉察到他人的消极情绪状态（如烦恼、忧伤、痛

---

① 钱文. 0—3 岁儿童社会性发展与教育 [M]. 上海：华东师范大学出版社，2014:90.

苦），想要通过语言、动作等行为帮助他人消除消极情绪，从而使他人高兴起来的亲社会行为。婴幼儿已经出现各种安慰行为，如满怀同情地跑到需要安慰的同伴边上，拉拉他的手，或者把玩具递给他。可见，婴幼儿的安慰行为简单朴素，且饱含真情实感。

（5）谦让行为。谦让行为是指个体因把自己喜欢的物品让给别人而使自己受到损失的亲社会行为。谦让行为是婴幼儿亲社会行为中最高层级的表现，在所有亲社会行为中的出现频率是最低的，因此，保教人员需要对婴幼儿的谦让行为做出有目的的教育和引导。

3. 亲社会行为的早期培养

（1）榜样示范。社会学习理论学派主张以呈现范例的方式来培养婴幼儿的亲社会行为。由于婴幼儿往往会通过观察成人的行为来获得最初的社会行为模式，因此，保教人员要时刻注意自己的一言一行，为培养婴幼儿的亲社会行为起到言传身教的作用。同时，保教人员也要重视婴幼儿亲社会行为的随机教育，从而有效促进婴幼儿良好社会行为的发展。

（2）提升移情能力。美国著名心理学家霍夫曼指出，移情是诸如助人、抚慰、关心、合作、分享等亲社会行为的动机基础。它能激发、促进人们的亲社会行为，是个体亲社会行为的推动器。由此可以看出，提升婴幼儿的移情能力有助于他们亲社会行为的发展。为此，保教人员要在生活中引导婴幼儿识别、感受、接受他人的情绪情感状态，使他们能设身处地地为他人着想，进而做出互助、分享、谦让等积极行为。

（3）角色扮演。角色扮演也是一种有效的助人行为培养途径。婴幼儿通过扮演帮助人或被帮助人的角色来体验助人和被帮助的感受，从而获得移情能力，产生同情心，促进亲社会行为的发展。有实验表明，经历过角色扮演训练的婴幼儿在日常生活中能表现出更多的帮助行为。[①]

（4）表扬强化。婴幼儿的亲社会行为较不稳定，因此，无论是社会认知还是亲社会行为，都需要被不断重复才能为婴幼儿掌握。为此，保教人员要对婴幼儿的亲社会行为给予强化，如当婴幼儿出现亲社会行为时，及时给予鼓励和表扬，帮助他们逐渐形成稳定的亲社会行为。

二、攻击性行为

攻击性行为是发生在婴幼儿之间的一种比较常见的不良社会行为。攻击性行为的发展既会影响攻击者的人格和品德的发展，也会对被攻击者的身心健康造成不良影响。

1. 攻击性行为的概念

攻击性行为又称侵犯性行为，是指可能对他人或群体造成损害的行为，如打人、咬人、骂人、故意损坏东西等，是婴幼儿发展过程中的一种不良的社会行为。

美国著名的心理学家哈特普把侵犯行为区分为工具性侵犯和敌意性侵犯两种。工具性侵犯是指个体渴望得到一种物体、权利或空间，并且为努力得到它而喊叫、推搡、殴打或

---

① 刘军. 学前儿童发展心理学 [M]. 南京：南京师范大学出版社，2017:240.

者攻击妨碍他的人。敌意性侵犯意味着伤害另一个人，如威胁别人，甚至是去痛打一个同伴。婴幼儿的攻击性行为大多数属于工具性侵犯，他们并非故意伤害同伴，而只是因单纯地想要得到一个玩具、角色或者空间，才会做出推、喊、抢、打人等行为。

根据表现形式的不同，攻击性行为还可以分为直接的身体攻击、语言攻击以及间接的心理攻击，婴幼儿较多表现出的是身体攻击和语言攻击。

2. 攻击性行为的发生原因

（1）生物因素。婴幼儿往往因神经类型的差异而表现出不同的气质类型。有学者认为，胆汁质型的婴幼儿比其他气质类型的婴幼儿更容易发展出攻击性行为，因为这类婴幼儿在与同伴相处的时候容易和同伴发生冲突。

（2）个体因素。婴幼儿因受心理发展水平的限制，常常为了得到某个玩具或角色而去攻击同伴，不能考虑到同伴的感受。同时，因受语言表达的影响，当婴幼儿不能明确表达自己的想法时，或者同伴不能理解他们的意图时，他们就会借助抓人、打人、推人等肢体动作来表达意愿。

（3）家庭因素。社会学习理论学派认为，婴幼儿是通过观察并模仿他们日常生活中重要人物的行为而产生攻击性行为的。对于婴幼儿来说，家庭成员无疑是他们最亲近的人，家庭成员的一言一行对婴幼儿的行为会产生重要影响。同时，家庭的不良教养方式及负面的情感氛围，也容易诱发婴幼儿的攻击性行为。

（4）社会文化因素。婴幼儿所处的文化氛围会在一定程度上对他们的行为产生影响。比如，大众传媒中展示的暴力行为可能成为婴幼儿模仿的对象，从而诱发婴幼儿的暴力倾向或行为。根据班杜拉的观察学习理论，婴幼儿会从影片情节中观察到暴力行为，从而学习到各种具体的攻击性行为。

3. 减少婴幼儿攻击性行为的保教要点

（1）创设良好的环境。对于婴幼儿的攻击性行为，保教人员应耐心引导，并多加关注。例如，在发现婴幼儿有情绪异常的情况时，应马上采取措施，阻止其攻击性行为的发生，并在事后及时同婴幼儿讲道理，告诉他这个行为是不恰当的。同时，保教人员应注意各活动区域的布局要宽敞、合理，避免婴幼儿在活动时发生拥挤或碰撞；投放的玩具、材料数量要充足，以免婴幼儿因彼此争抢玩具而发生矛盾冲突。

（2）正面引导，教授正确的交往方法。保教人员要引导婴幼儿学会和同伴友好相处，当发生冲突或矛盾时，要用正确的方法解决。在平时的集体教学活动中，保教人员可以利用故事、儿歌等形式教育婴幼儿，借助作品中的榜样行为引导婴幼儿。

（3）家园合作。保教人员应与家长多沟通，并取得家长的配合，以保持家庭和托幼机构教育环境的一致性。例如，保教人员应指导家长以良好的行为举止为婴幼儿树立榜样，避免溺爱、过分放纵或限制的教养方式，使婴幼儿的攻击性行为在良好环境的熏陶下逐渐消退，健康成长。

（4）提供宣泄途径。保教人员可以提供各种途径来帮助婴幼儿宣泄内心的紧张情绪，引导他们将烦恼、愤怒、难过等情绪用语言表达出来，同时引导他们参加各种有趣的游戏活动，转移他们的注意力，舒缓他们的消极情绪。此外，保教人员也可以引导婴幼儿在适当的场合用哭、运动等方式来宣泄不良情绪。

● 教养实践 ●

社会活动：拔萝卜（24—30个月）

1. 活动目标

增强幼儿的助人意识。

2. 活动准备

各种蔬菜道具、绘本故事《拔萝卜》、音乐《拔萝卜》、萝卜服装。

3. 活动过程

（1）保教人员出示图片，引入情境，告诉幼儿老爷爷想要拔萝卜，可是萝卜太大了，老爷爷一个人拔不动，问幼儿是否愿意帮助他。

（2）保教人员引导幼儿说："老爷爷，我来帮你拔萝卜。"

（3）保教人员扮演萝卜，幼儿听着《拔萝卜》的音乐，一起帮老爷爷拔萝卜。

（4）保教人员说引导语："老爷爷还摘了很多的蔬菜，你们愿意帮老爷爷搬回去吗？"

（5）保教人员引导幼儿想办法，一起帮爷爷搬运蔬菜。

4. 注意事项

在活动过程中，保教人员可以利用表情和动作来感染并引导幼儿的情绪。

5. 活动延伸

在平时生活中也应注意培养幼儿的助人意识，提升幼儿的交往能力。

● 家园沟通 ●

根据本学习活动所学知识，保教人员在开展家园沟通工作时，可参考以下内容：

（1）引导家长认识家庭是婴幼儿社会性发展、实现社会化的主要场所，家长作为孩子的第一任老师，其教养态度与教养方式影响着良好亲子关系的建立，对婴幼儿后期人际交往的发展有着重要意义。

（2）引导家长关注婴幼儿的亲子依恋、同伴关系、亲社会行为与攻击性行为等社会性发展的特点，并采取适当的保教措施，以促进婴幼儿社会性的良好发展。

● **学习水平评价表** ●

评价内容	观测点	分值	得分
社会性概述	• 能正确说出社会性、社会性发展、婴幼儿社会化的概念（10分） • 能正确说出社会性发展的主要内容（10分）	20分	
婴幼儿依恋的发展与良好亲子关系的培养	• 能正确说出依恋的概念（5分） • 能复述依恋的发展过程及类型（5分） • 能正确选择促进婴幼儿良好亲子关系的保教措施（10分）	20分	
婴幼儿同伴关系的发展与良好同伴关系的培养	• 能正确说出同伴关系的概念（5分） • 能复述同伴关系的早期发展阶段，以及同伴交往的类型（5分） • 能正确选择促进婴幼儿同伴交往的保教措施（10分）	20分	
亲社会行为与攻击性行为	• 能说出亲社会行为、攻击性行为的概念（5分） • 能说出亲社会行为的类型，以及攻击性行为的发生原因（5分） • 能正确选择促进婴幼儿亲社会行为发展的保教措施（10分）	20分	
素养目标达成情况	• 能在学习过程中主动提出疑问或分享自己的观点（10分） • 能根据婴幼儿社会性发展的特点因材施教，耐心、细致地促进婴幼儿社会性的发展（10分）	20分	
总　分		100分	

在线自测

------------------------------- ◯ 课后练习 ◯ -------------------------------

一、单选题

1. 当母亲离开时，婴幼儿无特别紧张或忧虑的表现；当母亲回来时，婴幼儿会欢迎母亲的到来，但这只是短暂的。这种婴幼儿依恋的类型可能是（　　）。

   A. 焦虑—回避型　　　　B. 安全型　　　　C. 矛盾型　　　　D. 焦虑—抗拒型

2. 孤儿院的孩子若未得到积极的教育和引导，往往会缺乏良好的社会适应行为，也不易建立起对人对己的信任。这是因为他们缺乏（　　）。

   A. 早期依恋关系

   B. 正常母爱

   C. 细心照料

   D. 必需的营养

3. 以下不属于婴幼儿攻击性行为发生原因的是（　　）。

   A. 生物因素　　　　B. 家庭因素　　　　C. 社会文化因素　　　D. 移情能力

4. 婴幼儿在成长的过程中，通过学习、交往等多种途径，逐渐形成诚实谦让的行为方式。这是婴幼儿（　　）的过程。

   A. 个性化　　　　B. 社会化　　　　C. 道德化　　　　D. 学习化

5. 婴幼儿在与周围的人的交往中，逐渐形成两种不同性质的关系，即（　　）。

   A. 垂直关系和水平关系　　　　　　　B. 上下关系和水平关系

   C. 垂直关系和横向关系　　　　　　　D. 横向关系和水平关系

二、简答题

1. 简述同伴交往的类型。

2. 如何建立良好的亲子关系？

三、拓展题

　　阅读案例，尝试从同伴交往对婴幼儿心理发展的影响的角度，分析浩浩父母的做法。

　　浩浩的父母担心孩子如果和外面的小伙伴一起玩，会受到不良行为的影响，因此不允许浩浩和小伙伴交往。渐渐地，浩浩的父母发现浩浩越来越沉默，不懂得怎么与人相处，有的时候还非常任性。